第2版

Google Colaboratoryで学ぶ！
グーグル　　コラボラトリー

あたらしい人工知能技術の教科書

機械学習・深層学習・強化学習で学ぶAIの基礎技術

我妻 幸長 | 著

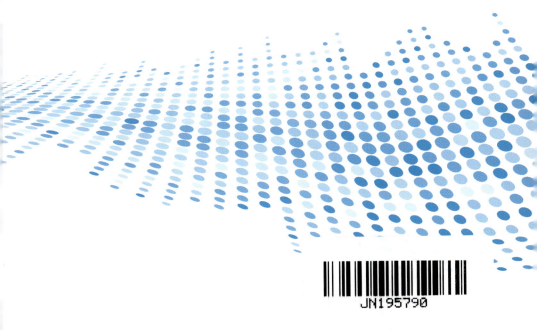

JN195790

はじめに

・

Google Colaboratoryを使って、
様々な人工知能技術の知識と実装力を
身に付けましょう。

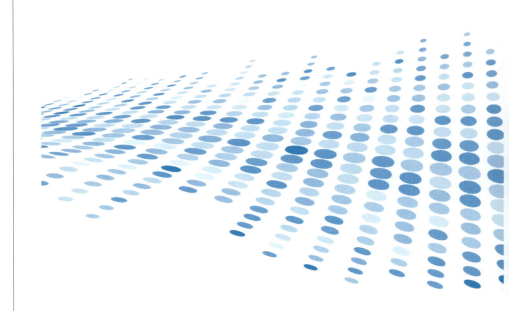

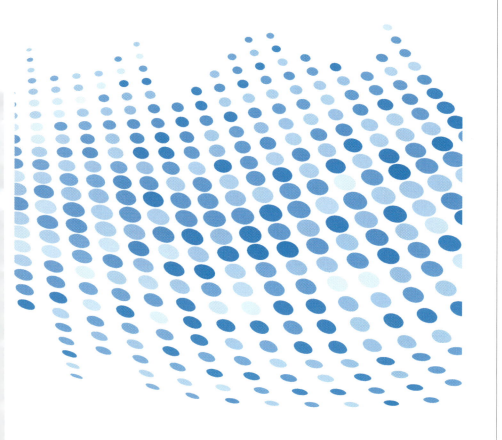

2024年9月 吉日

我妻幸長

本書内容に関するお問い合わせについて

このたびは翔泳社の書籍をお買い上げいただき、誠にありがとうございます。
弊社では、読者の皆様からのお問い合わせに適切に対応させていただくため、以下のガイドラインへのご協力をお願い致しております。
下記項目をお読みいただき、手順に従ってお問い合わせください。

ご質問される前に

弊社Webサイトの「正誤表」をご参照ください。これまでに判明した正誤や追加情報を掲載しています。

　　正誤表　https://www.shoeisha.co.jp/book/errata/

ご質問方法

弊社Webサイトの「書籍に関するお問い合わせ」をご利用ください。

　　書籍に関するお問い合わせ　https://www.shoeisha.co.jp/book/qa/

インターネットをご利用でない場合は、FAXまたは郵便にて、下記"翔泳社愛読者サービスセンター"までお問い合わせください。電話でのご質問は、お受けしておりません。

回答について

回答は、ご質問いただいた手段によってご返事申し上げます。ご質問の内容によっては、回答に数日ないしはそれ以上の期間を要する場合があります。

ご質問に際してのご注意

本書の対象を超えるもの、記述個所を特定されないもの、また読者固有の環境に起因するご質問等にはお答えできませんので、予めご了承ください。

郵便物送付先およびFAX番号

　　送付先住所　〒160-0006　東京都新宿区舟町5
　　FAX番号　　03-5362-3818
　　宛先　　　　（株）翔泳社 愛読者サービスセンター

※本書に記載されたURL等は予告なく変更される場合があります。
※本書の対象に関する詳細は005ページをご参照ください。
※本書の出版にあたっては正確な記述につとめましたが、著者や出版社などのいずれも、本書の内容に対してなんらかの保証をするものではなく、内容やサンプルに基づくいかなる運用結果に関してもいっさいの責任を負いません。
※本書に掲載されているサンプルプログラムやスクリプト、および実行結果を記した画面イメージなどは、特定の設定に基づいた環境にて再現される一例です。
※本書に記載されている会社名、製品名はそれぞれ各社の商標および登録商標です。

INTRODUCTION 本書のサンプルの動作環境と付属データ・会員特典データについて

本書のサンプルの動作環境

本書のサンプルは 表1 の環境で、問題なく動作することを確認しています。

表1 実行環境

項目	内容
ブラウザ	Google Chrome：バージョン：126.0.6478.127（Official Build）（64ビット）
実行環境	Google Colaboratory（2024年8月時点の環境）

付属データのご案内

付属データは、以下のサイトからダウンロードして入手いただけます。

- 付属データのダウンロードサイト
  URL https://www.shoeisha.co.jp/book/download/9784798186092

注意

付属データに関する権利は著者および株式会社翔泳社が所有しています。許可なく配布したり、Webサイトに転載することはできません。

付属データの提供は予告なく終了することがあります。あらかじめご了承ください。

図書館利用者の方もダウンロード可能です。

会員特典データのご案内

会員特典データは、以下のサイトからダウンロードして入手いただけます。

- 会員特典データのダウンロードサイト
  URL https://www.shoeisha.co.jp/book/present/9784798186092

注意

　会員特典データのダウンロードには、SHOEISHA iD（翔泳社が運営する無料の会員制度）への会員登録が必要です。詳しくは、Webサイトをご覧ください。

　会員特典データに関する権利は著者および株式会社翔泳社が所有しています。許可なく配布したり、Webサイトに転載することはできません。

　会員特典データの提供は予告なく終了することがあります。あらかじめご了承ください。

　図書館利用者の方もダウンロード可能です。

免責事項

　付属データおよび会員特典データの記載内容は、2024年9月現在の法令等に基づいています。

　付属データおよび会員特典データに記載されたURL等は予告なく変更される場合があります。

　付属データおよび会員特典データの提供にあたっては正確な記述につとめましたが、著者や出版社などのいずれも、その内容に対してなんらかの保証をするものではなく、内容やサンプルに基づくいかなる運用結果に関してもいっさいの責任を負いません。

　付属データおよび会員特典データに記載されている会社名、製品名はそれぞれ各社の商標および登録商標です。

著作権等について

　付属データおよび会員特典データの著作権は、著者および株式会社翔泳社が所有しています。個人で使用する以外に利用することはできません。許可なくネットワークを通じて配布を行うこともできません。個人的に使用する場合は、ソースコードの改変や流用は自由です。商用利用に関しては、株式会社翔泳社へご一報ください。

2024年9月

株式会社翔泳社　編集部

CONTENTS

はじめに …………………………………………………………………………………… ii

本書内容に関するお問い合わせについて ………………………………………… iv

本書のサンプルの動作環境と付属データ・会員特典データについて …………… v

Chapter 0 イントロダクション　　001

0.1 はじめに ………………………………………………………………………… 002
　0.1.1 本書の特徴 ………………………………………………………………… 003
　0.1.2 本書の構成 ………………………………………………………………… 004
　0.1.3 本書でできるようになること …………………………………………… 005
　0.1.4 本書の対象 ………………………………………………………………… 005
　0.1.5 本書の使い方 ……………………………………………………………… 006

Chapter 1 人工知能、ディープラーニングの概要　　007

1.1 人工知能の概要 ………………………………………………………………… 008
　1.1.1 人工知能、機械学習、ディープラーニング …………………………… 008
　1.1.2 人工知能とは？ …………………………………………………………… 008
　1.1.3 機械学習 …………………………………………………………………… 009
　1.1.4 ディープラーニング ……………………………………………………… 010
　1.1.5 生成AI ……………………………………………………………………… 011
1.2 人工知能の活用例 ……………………………………………………………… 011
　1.2.1 身近なAI …………………………………………………………………… 012
　1.2.2 画像や動画を扱う ………………………………………………………… 013
　1.2.3 言葉を扱う ………………………………………………………………… 014
　1.2.4 ゲームで活躍するAI ……………………………………………………… 015
　1.2.5 産業上の応用 ……………………………………………………………… 016
1.3 人工知能の歴史 ………………………………………………………………… 017
　1.3.1 第1次AIブーム …………………………………………………………… 017
　1.3.2 第2次AIブーム …………………………………………………………… 019
　1.3.3 第3次AIブーム …………………………………………………………… 019
　1.3.4 第4次AIブーム …………………………………………………………… 020
1.4 Chapter1のまとめ …………………………………………………………… 021

Chapter 2 開発環境　　023

2.1 Google Colaboratoryの始め方 ……… 024
　2.1.1 Google Colaboratoryの下準備 ……… 024
　2.1.2 ノートブックの使い方 ……… 025
　2.1.3 ファイルの扱い方 ……… 027
2.2 セッションとインスタンス ……… 028
　2.2.1 セッション、インスタンスとは？ ……… 028
　2.2.2 90分ルール ……… 029
　2.2.3 12時間ルール ……… 029
　2.2.4 セッションの管理 ……… 029
2.3 CPUとGPU ……… 030
　2.3.1 CPU、GPU、TPUとは？ ……… 030
　2.3.2 GPUの使い方 ……… 031
　2.3.3 パフォーマンスの比較 ……… 033
2.4 Google Colaboratoryの様々な機能 ……… 035
　2.4.1 テキストセル ……… 036
　2.4.2 スクラッチコードセル ……… 036
　2.4.3 コードスニペット ……… 037
　2.4.4 コードの実行履歴 ……… 038
　2.4.5 GitHubとの連携 ……… 038
2.5 Chapter2のまとめ ……… 040

Chapter 3 Pythonの基礎　　041

3.1 Pythonの基礎 ……… 042
　3.1.1 Pythonとは？ ……… 042
　3.1.2 変数と型 ……… 042
　3.1.3 演算子 ……… 044
　3.1.4 リスト ……… 045
　3.1.5 タプル ……… 045
　3.1.6 辞書 ……… 047
　3.1.7 セット ……… 047
　3.1.8 if文 ……… 048
　3.1.9 for文 ……… 049
　3.1.10 while文 ……… 050
　3.1.11 内包表記 ……… 050

3.1.12 関数 ··· 051

3.1.13 変数のスコープ ·· 052

3.1.14 クラス ··· 054

3.1.15 クラスの継承 ·· 055

3.1.16 __call__()メソッド ··· 056

3.1.17 with構文 ··· 057

3.1.18 ローカルとのやりとり ·· 058

3.1.19 Googleドライブとの連携 ··· 059

3.2 NumPyの基礎 ··· 062

3.2.1 NumPyの導入 ·· 062

3.2.2 NumPyの配列 ·· 062

3.2.3 配列の演算 ·· 064

3.2.4 形状の変換 ·· 066

3.2.5 要素へのアクセス ··· 068

3.2.6 NumPyの配列と関数 ·· 069

3.2.7 NumPyの様々な演算機能 ··· 070

3.3 matplotlibの基礎 ··· 071

3.3.1 matplotlibのインポート ·· 072

3.3.2 linspace()関数 ··· 072

3.3.3 グラフの描画 ··· 073

3.3.4 グラフの装飾 ··· 074

3.3.5 散布図の表示 ··· 075

3.3.6 画像の表示 ·· 076

3.4 pandasの基礎 ··· 077

3.4.1 pandasの導入 ·· 077

3.4.2 Seriesの作成 ·· 078

3.4.3 Seriesの操作 ·· 079

3.4.4 DataFrameの作成 ·· 080

3.4.5 データの特徴 ··· 082

3.4.6 DataFrameの操作 ·· 083

3.5 演習 ··· 087

3.5.1 reshapeによる配列形状の操作 ··· 087

3.5.2 3次関数の描画 ·· 087

3.6 解答例 ·· 088

3.6.1 reshapeによる配列形状の操作 ··· 088

3.6.2 3次関数の描画 ·· 089

3.7 Chapter3のまとめ ··· 089

Chapter 4 簡単なディープラーニング 091

4.1 ディープラーニングの概要 …………………………………………………… 092
4.1.1 神経細胞 ……………………………………………………………………… 092
4.1.2 神経細胞のネットワーク ……………………………………………………… 093
4.1.3 人工ニューロン ………………………………………………………………… 094
4.1.4 ニューラルネットワーク ……………………………………………………… 095
4.1.5 バックプロパゲーション ……………………………………………………… 096
4.1.6 ディープラーニング …………………………………………………………… 096
4.2 シンプルなディープラーニングの実装 ………………………………… 097
4.2.1 Kerasとは？ …………………………………………………………………… 097
4.2.2 データの読み込み ……………………………………………………………… 098
4.2.3 データの前処理 ………………………………………………………………… 099
4.2.4 訓練用データとテスト用データ ……………………………………………… 101
4.2.5 モデルの構築 …………………………………………………………………… 101
4.2.6 学習 ……………………………………………………………………………… 103
4.2.7 学習の推移 ……………………………………………………………………… 106
4.2.8 評価 ……………………………………………………………………………… 107
4.2.9 予測 ……………………………………………………………………………… 108
4.2.10 モデルの保存 …………………………………………………………………… 108
4.3 様々なニューラルネットワーク ………………………………………… 109
4.3.1 畳み込みニューラルネットワーク …………………………………………… 109
4.3.2 再帰型ニューラルネットワーク ……………………………………………… 110
4.3.3 GoogLeNet ……………………………………………………………………… 111
4.3.4 ボルツマンマシン ……………………………………………………………… 113
4.4 演習 …………………………………………………………………………… 113
4.4.1 データの準備 …………………………………………………………………… 114
4.4.2 モデルの構築 …………………………………………………………………… 114
4.4.3 学習 ……………………………………………………………………………… 116
4.4.4 学習の推移 ……………………………………………………………………… 116
4.4.5 評価 ……………………………………………………………………………… 116
4.4.6 予測 ……………………………………………………………………………… 117
4.5 解答例 ………………………………………………………………………… 117
4.6 Chapter4のまとめ ………………………………………………………… 118

Chapter 5 ディープラーニングの理論 119

5.1 数学の基礎 ··········· 120
  5.1.1 シグマ（Σ）を使った総和の表記 ··········· 120
  5.1.2 ネイピア数 e ··········· 121
  5.1.3 自然対数 log ··········· 122
5.2 単一ニューロンの計算 ··········· 123
  5.2.1 コンピュータ上における神経細胞のモデル化 ··········· 123
  5.2.2 単一ニューロンを数式で表す ··········· 124
5.3 活性化関数 ··········· 125
  5.3.1 ステップ関数 ··········· 126
  5.3.2 シグモイド関数 ··········· 127
  5.3.3 tanh ··········· 128
  5.3.4 ReLU ··········· 129
  5.3.5 恒等関数 ··········· 130
  5.3.6 ソフトマックス関数 ··········· 131
5.4 順伝播と逆伝播 ··········· 133
  5.4.1 ニューラルネットワークにおける層 ··········· 133
  5.4.2 本書における層の数え方と、層の上下 ··········· 134
  5.4.3 順伝播と逆伝播 ··········· 135
5.5 行列と行列積 ··········· 136
  5.5.1 スカラー ··········· 136
  5.5.2 ベクトル ··········· 136
  5.5.3 行列 ··········· 137
  5.5.4 行列の積 ··········· 139
  5.5.5 要素ごとの積（アダマール積） ··········· 141
  5.5.6 転置 ··········· 143
5.6 層間の計算 ··········· 144
  5.6.1 2層間の接続 ··········· 144
  5.6.2 2層間の順伝播 ··········· 145
5.7 微分の基礎 ··········· 148
  5.7.1 微分 ··········· 148
  5.7.2 微分の公式 ··········· 149
  5.7.3 合成関数 ··········· 150
  5.7.4 連鎖律 ··········· 150
  5.7.5 偏微分 ··········· 151
  5.7.6 全微分 ··········· 152

5.7.7 多変数の合成関数を微分する ····················· 152

5.7.8 ネイピア数のべき乗を微分する ····················· 153

5.8 損失関数 ··· 154

5.8.1 二乗和誤差 ···································· 154

5.8.2 交差エントロピー誤差 ························ 155

5.9 勾配降下法 ······································· 157

5.9.1 勾配降下法の概要 ···························· 157

5.9.2 勾配の求め方 ································ 159

5.10 出力層の勾配 ··································· 160

5.10.1 数式上の表記について ······················ 160

5.10.2 重みの勾配 ································· 161

5.10.3 バイアスの勾配 ···························· 162

5.10.4 入力の勾配 ································· 163

5.10.5 恒等関数＋二乗和誤差の適用 ················ 164

5.10.6 ソフトマックス関数＋交差エントロピー誤差の適用 ·········· 165

5.11 中間層の勾配 ··································· 167

5.11.1 数式上の表記について ······················ 167

5.11.2 重みの勾配 ································· 168

5.11.3 バイアス、入力の勾配 ······················ 169

5.11.4 活性化関数の適用 ·························· 170

5.12 エポックとバッチ ······························· 171

5.12.1 エポックとバッチ ·························· 171

5.12.2 バッチ学習 ································· 172

5.12.3 ミニバッチ学習 ···························· 172

5.12.4 オンライン学習 ···························· 173

5.12.5 学習の例 ··································· 173

5.13 最適化アルゴリズム ····························· 174

5.13.1 最適化アルゴリズムの概要 ·················· 174

5.13.2 確率的勾配降下法（SGD） ·················· 174

5.13.3 Momentum ································· 175

5.13.4 AdaGrad ··································· 175

5.13.5 RMSProp ··································· 176

5.13.6 Adam ······································ 176

5.14 演習 ··· 177

5.14.1 出力層の勾配を導出 ························ 177

5.15 解答例 ··· 178

5.15.1 重みの勾配 ································· 178

5.15.2 バイアスの勾配 ……………………………………………………… 179
5.16 Chapter5のまとめ ……………………………………………………… 179

Chapter 6 様々な機械学習の手法　　　181

6.1 回帰 …………………………………………………………………………… 182
　6.1.1 データセットの読み込み ………………………………………… 182
　6.1.2 単回帰 ………………………………………………………………… 186
　6.1.3 重回帰 ………………………………………………………………… 189
6.2 k平均法 ……………………………………………………………………… 191
　6.2.1 データセットの読み込み ………………………………………… 191
　6.2.2 k平均法 ……………………………………………………………… 196
6.3 サポートベクターマシン ………………………………………………… 199
　6.3.1 サポートベクターマシンとは？ ………………………………… 199
　6.3.2 データセットの読み込み ………………………………………… 200
　6.3.3 SVMの実装 ………………………………………………………… 205
6.4 演習 …………………………………………………………………………… 208
　6.4.1 データセットの読み込み ………………………………………… 208
　6.4.2 モデルの構築 ………………………………………………………… 215
6.5 解答例 ………………………………………………………………………… 216
6.6 Chapter6のまとめ ……………………………………………………… 216

Chapter 7 畳み込みニューラルネットワーク（CNN）　　　217

7.1 CNNの概要 ………………………………………………………………… 218
　7.1.1 ヒトの「視覚」 ……………………………………………………… 218
　7.1.2 畳み込みニューラルネットワーク（CNN）とは？ ………………… 218
　7.1.3 CNNの各層 ………………………………………………………… 219
7.2 畳み込みとプーリング …………………………………………………… 220
　7.2.1 畳み込み層 …………………………………………………………… 221
　7.2.2 畳み込みとは？ ……………………………………………………… 221
　7.2.3 複数のチャンネル、複数のフィルタによる畳み込み …………… 222
　7.2.4 畳み込み層で行われる処理の全体 ……………………………… 223
　7.2.5 プーリング層 ………………………………………………………… 224
　7.2.6 パディング …………………………………………………………… 225
　7.2.7 ストライド …………………………………………………………… 226
　7.2.8 畳み込みによる画像サイズの変化 ……………………………… 226

7.3 im2colとcol2im 227
 7.3.1 im2col、col2imとは？ 227
 7.3.2 im2colとは？ 228
 7.3.3 im2colによる変換 229
 7.3.4 行列積による畳み込み 230
 7.3.5 col2imとは？ 231
 7.3.6 col2imによる変換 232
7.4 畳み込みの実装 233
 7.4.1 im2colの実装 233
 7.4.2 畳み込みの実装 236
7.5 プーリングの実装 238
 7.5.1 プーリングの実装 238
7.6 CNNの実装 241
 7.6.1 CIFAR-10 241
 7.6.2 各設定 243
 7.6.3 モデルの構築 244
 7.6.4 学習 246
 7.6.5 学習の推移 249
7.7 データ拡張 251
 7.7.1 データ拡張の実装 251
 7.7.2 様々なデータ拡張 253
 7.7.3 CNNのモデル 257
 7.7.4 学習 259
 7.7.5 学習の推移 262
 7.7.6 評価 263
 7.7.7 予測 264
 7.7.8 モデルの保存 265
7.8 演習 266
 7.8.1 データセットの読み込みと前処理 266
 7.8.2 学習 268
 7.8.3 学習の推移 269
 7.8.4 評価 270
7.9 Chapter7のまとめ 270

Chapter 8 再帰型ニューラルネットワーク（RNN） 271

8.1 RNNの概要 ·········· 272
- 8.1.1 再帰型ニューラルネットワーク（RNN）とは？ ·········· 272
- 8.1.2 RNNの展開 ·········· 273
- 8.1.3 RNNで特に顕著な問題 ·········· 274

8.2 シンプルなRNNの実装 ·········· 274
- 8.2.1 訓練用データの作成 ·········· 274
- 8.2.2 RNNの構築 ·········· 276
- 8.2.3 学習 ·········· 278
- 8.2.4 学習の推移 ·········· 280
- 8.2.5 学習済みモデルの使用 ·········· 280

8.3 LSTMの概要 ·········· 282
- 8.3.1 LSTMとは？ ·········· 282
- 8.3.2 LSTM層の内部要素 ·········· 282
- 8.3.3 出力ゲート（Output gate） ·········· 284
- 8.3.4 忘却ゲート（Forget gate） ·········· 284
- 8.3.5 入力ゲート（Input gate） ·········· 285
- 8.3.6 記憶セル（Memory cell） ·········· 285

8.4 シンプルなLSTMの実装 ·········· 286
- 8.4.1 訓練用データの作成 ·········· 286
- 8.4.2 SimpleRNNとLSTMの比較 ·········· 288
- 8.4.3 学習 ·········· 290
- 8.4.4 学習の推移 ·········· 290
- 8.4.5 学習済みモデルの使用 ·········· 291

8.5 GRUの概要 ·········· 293
- 8.5.1 GRUとは？ ·········· 293

8.6 シンプルなGRUの実装 ·········· 294
- 8.6.1 訓練用データの作成 ·········· 294
- 8.6.2 LSTMとGRUの比較 ·········· 296
- 8.6.3 学習 ·········· 297
- 8.6.4 学習の推移 ·········· 298
- 8.6.5 学習済みモデルの使用 ·········· 299

8.7 RNNによる文章の自動生成 ·········· 300
- 8.7.1 テキストデータの読み込み ·········· 301
- 8.7.2 正規表現による前処理 ·········· 303
- 8.7.3 RNNの各設定 ·········· 303

8.7.4	文字のベクトル化	304
8.7.5	モデルの構築	305
8.7.6	文章生成用の関数	308
8.7.7	学習と文章の生成	309
8.7.8	学習の推移	312
8.8	**自然言語処理の概要**	313
8.8.1	自然言語処理とは？	313
8.8.2	Seq2Seqとは？	314
8.8.3	Seq2Seqによる対話文の生成	315
8.9	**演習**	316
8.9.1	テキストデータの読み込み	316
8.9.2	正規表現による前処理	316
8.9.3	RNNの各設定	317
8.9.4	文字のベクトル化	317
8.9.5	モデルの構築	318
8.9.6	文章生成用の関数	319
8.9.7	学習	320
8.10	**解答例**	321
8.11	**Chapter8のまとめ**	321

Chapter 9 変分オートエンコーダ（VAE） 323

9.1	**VAEの概要**	324
9.1.1	生成モデルとは？	324
9.1.2	オートエンコーダとは？	324
9.1.3	VAEとは？	325
9.2	**VAEの仕組み**	327
9.2.1	Reparameterization Trick	327
9.2.2	誤差の定義	328
9.2.3	再構成誤差	329
9.2.4	正則化項	329
9.2.5	実装のテクニック	330
9.3	**オートエンコーダの実装**	331
9.3.1	訓練用データの用意	331
9.3.2	オートエンコーダの各設定	332
9.3.3	モデルの構築	333
9.3.4	学習	335

9.3.5 生成結果 337

9.4 VAEの実装 339
9.4.1 訓練用データの用意 339
9.4.2 VAEの各設定 341
9.4.3 モデルの構築 341
9.4.4 学習 344
9.4.5 潜在空間の可視化 346
9.4.6 画像の生成 348

9.5 さらにVAEを学びたい方のために 349
9.5.1 理論的背景 350
9.5.2 VAEの発展技術 350
9.5.3 PyTorchによる実装 351
9.5.4 フレームワークを使わない実装 352

9.6 演習 352
9.6.1 Fashion-MNIST 352
9.6.2 解答例 353

9.7 Chapter9のまとめ 354

Chapter 10 敵対的生成ネットワーク （GAN） 355

10.1 GANの概要 356
10.1.1 GANとは？ 356
10.1.2 GANの構成 356
10.1.3 DCGAN 357
10.1.4 GANの用途 358

10.2 GANの仕組み 359
10.2.1 Discriminatorの学習 359
10.2.2 Generatorの学習 360
10.2.3 GANの評価関数 361

10.3 GANの実装 362
10.3.1 訓練用データの用意 363
10.3.2 GANの各設定 364
10.3.3 Generatorの構築 365
10.3.4 Discriminatorの構築 366
10.3.5 モデルの結合 367
10.3.6 画像を生成する関数 368
10.3.7 学習 369

10.3.8 誤差と精度の推移 ································· 376
10.4 さらにGANを学びたい方のために ················· 378
10.4.1 理論的背景 ····································· 378
10.4.2 GANの発展技術 ······························· 378
10.4.3 GANを使ったサービス ························· 379
10.4.4 PyTorchによる実装 ··························· 380
10.4.5 フレームワークを使わない実装 ················· 380
10.5 演習 ·· 381
10.5.1 バッチ正規化の導入 ··························· 381
10.6 解答例 ·· 382
10.7 Chapter10のまとめ ································· 383

Chapter 11 強化学習 385

11.1 強化学習の概要 ····································· 386
11.1.1 人工知能（AI）、機械学習、強化学習 ········· 386
11.1.2 強化学習とは？ ································· 387
11.1.3 強化学習に必要な概念 ··························· 388
11.2 強化学習のアルゴリズム ····························· 391
11.2.1 Q学習 ··· 391
11.2.2 Q値の更新 ······································· 392
11.2.3 SARSA ·· 393
11.2.4 ε-greedy法 ··································· 393
11.3 深層強化学習の概要 ································· 394
11.3.1 Q-Tableの問題点と深層強化学習 ············· 394
11.3.2 Deep Q-Network（DQN） ··················· 394
11.3.3 Deep Q-Networkの学習 ····················· 395
11.4 Cart Pole問題 ····································· 396
11.4.1 Cart Pole問題とは？ ························· 396
11.4.2 Q-Tableの設定 ································· 397
11.4.3 ニューラルネットワークの設定 ················· 398
11.4.4 デモ：Cart Pole問題 ························· 398
11.5 深層強化学習の実装 ································· 399
11.5.1 エージェントの飛行 ··························· 399
11.5.2 各設定 ··· 401
11.5.3 Brainクラス ····································· 402
11.5.4 エージェントのクラス ························· 403

11.5.5 環境のクラス ……………………………………… 405

11.5.6 アニメーション ……………………………………… 405

11.5.7 ランダムな行動 ……………………………………… 406

11.5.8 DQNの導入 ……………………………………… 408

11.5.9 DQNのテクニック ……………………………………… 410

11.6 月面着陸船の制御 ―概要― ……………………………………… 411

11.6.1 使用するライブラリ ……………………………………… 411

11.6.2 LunarLanderとは？ ……………………………………… 411

11.7 月面着陸船の制御 ―実装― ……………………………………… 413

11.7.1 ライブラリのインストール ……………………………………… 413

11.7.2 ライブラリの導入 ……………………………………… 414

11.7.3 環境の設定 ……………………………………… 414

11.7.4 モデル評価用の関数 ……………………………………… 415

11.7.5 動画表示用の関数 ……………………………………… 416

11.7.6 モデルの評価（訓練前） ……………………………………… 416

11.7.7 モデルの訓練 ……………………………………… 418

11.7.8 訓練済みモデルの評価 ……………………………………… 419

11.8 演習 ……………………………………… 421

11.8.1 各設定 ……………………………………… 421

11.8.2 Brainクラス ……………………………………… 421

11.8.3 エージェントのクラス ……………………………………… 423

11.8.4 環境のクラス ……………………………………… 424

11.8.5 アニメーション ……………………………………… 425

11.8.6 SARSAの実行 ……………………………………… 426

11.9 解答例 ……………………………………… 426

11.10 Chapter11のまとめ ……………………………………… 428

Chapter 12 転移学習 429

12.1 転移学習の概要 ……………………………………… 430

12.1.1 転移学習とは？ ……………………………………… 430

12.1.2 転移学習とファインチューニング ……………………………………… 431

12.2 転移学習の実装 ……………………………………… 431

12.2.1 各設定 ……………………………………… 432

12.2.2 VGG16の導入 ……………………………………… 432

12.2.3 CIFAR-10 ……………………………………… 434

12.2.4 モデルの構築 ……………………………………… 436

| 12.2.5 | 学習 | 437 |
| 12.2.6 | 学習の推移 | 439 |

12.3 ファインチューニングの実装 ………………………………… 440

12.3.1	各設定	441
12.3.2	VGG16の導入	441
12.3.3	CIFAR-10	443
12.3.4	モデルの構築	444
12.3.5	学習	445
12.3.6	学習の推移	447

12.4 演習 …………………………………………………………… 448

12.4.1	各設定	449
12.4.2	VGG16の導入	449
12.4.3	CIFAR-10	450
12.4.4	モデルの構築	452
12.4.5	学習	453
12.4.6	学習の推移	454

12.5 解答例 ………………………………………………………… 454

| 12.5.1 | 転移学習 | 455 |
| 12.5.2 | ファインチューニング | 455 |

12.6 Chapter12のまとめ ……………………………………… 456

Appendix さらに学びたい方のために　457

AP.1 さらに学びたい方のために ………………………………… 458

AP.1.1	コミュニティ「自由研究室 AIRS-Lab」	458
AP.1.2	著書	458
AP.1.3	News! AIRS-Lab	460
AP.1.4	YouTubeチャンネル「AI教室 AIRS-Lab」	460
AP.1.5	オンライン講座	460
AP.1.6	著者のX/Instagramアカウント	461

おわりに ……………………………………………………………… 462

INDEX ………………………………………………………………… 463

著者プロフィール …………………………………………………… 467

Chapter 0 イントロダクション

最初に、本書の導入として以下を解説します。

- 本書の特徴
- 本書の構成
- 本書でできるようになること
- 本書の対象
- 本書の使い方

0.1 はじめに

AI（人工知能）は、我々人類をサポートする重要な技術になりつつあります。多くの国家、企業、もしくは個人がAIの動向を注視しており、AIを扱える人材の需要は日々高まっています。

そんな中、近年特に注目を集めているのが「生成AI」です。生成AIとは、大量のデータを学習することで、新たなコンテンツを生成できるAIのことを指します。

例えば、OpenAIが開発したChatGPTやGoogleのGemini、AnthropicのClaudeといった大規模言語モデルは、自然な会話や文章の生成が可能です。ユーザーからの質問に対して的確に答えたり、指定されたトピックに沿った文章を作成したりできるため、ライティング支援や顧客対応など、様々な用途で活用が進んでいます。

また、StabilityAIのStable Diffusion、Midjourneyなどに代表される画像生成AIは、テキストの指示に基づいてリアルな画像を生成できます。イラストや写真の作成、デザイン案の提示など、クリエイティブな分野での活躍が始まっています。

音声合成や動画生成など、他の領域でも生成AIの研究開発が活発化しており、私たちの生活やビジネスに大きな変革をもたらしつつあります。単なるツールではなく、人間の創造性を拡張する存在として、生成AIへの注目度は今後ますます高まっていくでしょう。

しかしながら、多くの人にとってAIを基礎から本格的に学ぶのは困難を伴います。線形代数や微分、確率・統計などの数学をベースに、プログラミング言語を使ってソースコードを書いていく必要があります。

本書では、この問題に対して「Google Colaboratory」を使って対処します。Google Coolaboratoryは誰でも簡単に使い始めることができて、プログラミング言語Pythonの実行可能なコードや文章、数式を手軽に記述することができます。環境の設定などを気にせずにいつでも即、本格的なコードを実行することができるので、AIを初めて学ぶ方にもお勧めのPythonの実行環境です。

この環境で、ディープラーニング、CNN、RNN、生成モデル、強化学習などのいわゆる「人工知能」と呼ばれるものを、なるべく包括的に、基礎から体験ベースで学びます。様々な人工知能の技術を順を追って幅広く習得し、コードを実行して結果を確認します。本書を最後まで終えた方は、AIをとても馴染みのある技術に感じられるようになるのではないでしょうか。

AI技術は、今後の世界に大きな影響を与える技術の1つです。様々な領域を横断的につなげる技術でもあり、どの分野の方であってもこの技術を習得することは無駄にはなりません。新しい時代に進むために、一緒に楽しく人工知能を学んでいきましょう。

0.1.1 本書の特徴

開発環境であるGoogle Colaboratoryやプログラミング言語Pythonの解説から本書は始まりますが、チャプターが進むにつれてCNNやRNN、生成モデルや強化学習、転移学習などの有用な人工知能技術の習得へつながっていきます。フレームワークKerasを使い、CNN、RNN、生成モデル、強化学習などのディープラーニング技術を無理なく着実に身に付けることができます。

本書では、各チャプターでときとして数式を交えながらAI技術を解説し、Pythonを使って実装します。Pythonに関しては、1つのチャプターを使って本書で必要な範囲を解説します。従って、Python未経験の方でも問題なく本書を読み進むことができます。

本書で用いる開発環境のGoogle Colaboratoryは、Googleのアカウントさえあれば誰でも簡単に使い始めることができます。環境構築の敷居が低いため、AIを初めて学ぶ方でもスムーズに学習を始めることができます。また、GPUが無料で利用できるので、コードの実行時間を短縮することができます。

本書により、AI技術を包括的に身に付けることができます。効率よく人工知能技術を習得できるように、様々な工夫を凝らしています。AIをスムーズに学べる機会を提供し、可能な限り多くの方がAIを学ぶことの恩恵を受けられるようにするのが本書の目的です。本書を読了した方は、様々な場面でAIを活用したくなっているのではないでしょうか。

0-1-2 本書の構成

本書はChapter1からChapter12までで構成されています。

まずはChapter1ですが、ここでは人工知能、ディープラーニングの概要について解説します。最初にここで全体像を把握していただきます。

そして、次のChapter2では、開発環境であるGoogle Colaboratoryの使い方を解説します。

Chapter3は、Pythonの基礎を解説するチャプターです。学習に必要な準備がここまでで整います。

Chapter4では、シンプルなディープラーニングの実装を行います。ここでは、フレームワークKerasの使い方と、基本的なモデルの構築方法や訓練方法を学びます。

Chapter5では、ディープラーニングの理論を解説します。数学を一部使って、ディープラーニングの基礎となる考え方を習得します。

ディープラーニング以外の機械学習の手法については、Chapter6でいくつか紹介します。

Chapter7では、畳み込みニューラルネットワーク（CNN）を学びます。CNNの仕組みを学び、CNNによる画像分類の実装を行います。

再帰型ニューラルネットワーク（RNN）についてはChapter8で学びます。シンプルなRNNに加えて、LSTMやGRUなどの発展形も学びます。

生成モデルを扱うのはChapter9とChapter10です。それぞれ、VAEとGANの仕組みと実装について解説します。

Chapter11で解説するのは強化学習です。強化学習の考え方や、実装について学びます[1]。

そして、既存の学習済みモデルを活用するために、Chapter12では転移学習について学びます。

多くのチャプターの最後には演習があります。ここで能動的にコードを書くことで、さらに理解が深まるのではないでしょうか。

本書の内容は以上です。人工知能技術を、包括的に身に付けていきましょう。

※1　本書のオリジナルであるUdemyコースの方では、これらに加えて人工知能Webアプリの構築まで行っています。

0-1-3 本書でできるようになること

本書を最後まで読んだ方は、以下が身に付きます。

- AIに関する包括的な知識と実装力が身に付きます。
- AIを学習するために必要な、最低限のPythonと数学の知識が身に付きます。
- Pythonで機械学習のコードを読み書きする力が身に付きます。
- AIを使った問題解決力が身に付きます。

なお、本書を読み進めるに当たって以下の点にご注意ください。

- 本書は実装を重視しているため、学術論文レベルの理論の解説は、ほぼ行いません。
- Pythonの文法の解説は本書で必要な範囲に留めています。Pythonをより本格的に学びたい方は、他の書籍などを参考にしてください。
- 何らかのプログラミングの経験があった方が望ましいです。
- 高校数学以上の数学を、一部解説で扱います。
- Google Colaboratoryを使用するために、Googleアカウントが必要になります。

0-1-4 本書の対象

本書の対象は、以下のような方々です。

- 人工知能/機械学習に強い関心のある方
- AI技術全般を学びたいエンジニアの方
- AIをビジネスで扱う必要に迫られた方
- 専門分野で人工知能を応用したい研究者、エンジニアの方
- 人工知能、ディープラーニング関連の資格の取得に興味のある方

015 本書の使い方

　本書は、可能な限り多くの方がAIを学べるように、AI技術を順を追って学べるように設計されています。また、扱うプログラミングのコードは高度な抽象化よりも直感的なわかりやすさを重視しています。変数名やコメントにも注意を払い、可能な限りシンプルで可読性の高いコードを心がけています。

　本書は一応読み進めるだけでも学習を進められるようにはなっていますが、できればPythonのコードを動かしながら読み進めるのが望ましいです。本書で使用しているコードはWebサイトからダウンロード可能ですが、このコードをベースに、試行錯誤を繰り返してみることもお勧めです。実際に自分でコードをカスタマイズしてみることで、アルゴリズムの理解が進むとともに、人工知能全般に対するさらなる興味が湧いてくるかと思います。

　本書では開発環境としてGoogle Colaboratoryを使用しますが、この使用方法についてはChapter2で解説します。本書で使用するPythonのコードはノートブック形式のファイルとしてダウンロード可能です。このファイルをGoogleドライブにアップロードすれば、本書で解説するコードをご自身の手で実行することもできますし、チャプター末の演習に取り組むこともできます。

　また、ノートブックファイルにはMarkdown記法で文章を、LaTeX形式で数式を書き込むことができます。可能な限り、ノートブック内で学習が完結するようにしています。

　本書はどなたでも学べるように、少しずつ丁寧な解説を心がけておりますが、一度の説明ではわからない難しい概念に出会うこともあるかと思います。

　そういうときは、決して焦らず、時間をかけて少しずつ理解することを心がけましょう。ときには難しい数式やコードもあるかと思いますが、理解が難しいと感じた際は、じっくりと該当箇所を読み込んだり、Webで検索したり、検証用のコードを書いてみたりして取り組んでみましょう。

　専門家だけではなく、全ての人にとってAIを学ぶことは大きな意義のあることです。好奇心や探究心に任せて気軽にトライアンドエラーを繰り返し、様々なAI技術を身に付けていきましょう。

Chapter 1

人工知能、ディープ
ラーニングの概要

　本書の導入として、人工知能、ディープラーニングの概要を解説します。本チャプターには以下の内容が含まれます。

- 人工知能の概要
- 人工知能の活用例
- 人工知能の歴史

　人工知能の概要として、AIと機械学習、ディープラーニングについて概念を整理し、それぞれについて解説します。また、人工知能の活用例として、画像認識、画像生成、自然言語処理、異常検知などの例を挙げていきます。そして、人工知能の歴史を、第1次、第2次、第3次、第4次AIブームを中心に解説します。

　AI技術は、今後の世界に大きな影響を与える技術の1つです。本チャプターを通して学ぶことで、その全体像を把握しましょう。

　それでは、本チャプターをぜひお楽しみください。

1.1 人工知能の概要

最初に、人工知能の概要についてお話しします。人工知能に関する様々な概念を、まずは整理しておきましょう。

1.1.1 人工知能、機械学習、ディープラーニング

人工知能、すなわちAIと機械学習、ディープラーニングは 図1.1 のように整理することができます。

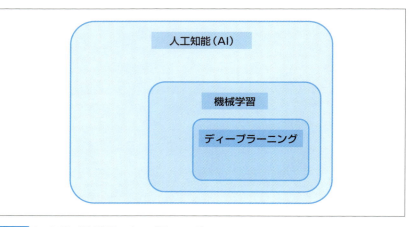

図1.1　人工知能、機械学習、ディープラーニング

これらの中で一番広い概念は、人工知能になります。そして、人工知能は機械学習を含みます。さらに、その機械学習の中の一分野に、近年注目を集めているディープラーニングがあることになります。

1.1.2 人工知能とは？

次に、「人工知能とは何か？」について解説します。人工知能はAIとも呼ばれますが、これはArtificial Intelligenceの略です。この名称は1956年にダートマス会議において初めて用いられました。

人工知能の定義は専門家によっても多少のばらつきがあるのですが、例えば以下のような定義の仕方が挙げられるかと思います。

- 自ら考える力が備わっているコンピュータのプログラム
- コンピュータによる知的な情報処理システム
- 生物の知能、もしくはその延長線上にあるものを再現する技術
  etc...

本書はこのような定義に基づき、人工知能、もしくはAIという言葉を使っていきます。

なお、人工知能は「汎用人工知能」と「特化型人工知能」という概念で分類することもできます。汎用人工知能はヒトの知能と同等、もしくはそれを超えるAIのことで、例えば、ドラえもんや鉄腕アトムなどの想像上のAIは汎用人工知能にあたります。

特化型人工知能は限定的な問題解決や推論を行うための人工知能です。チェスや将棋のAI、画像認識などは特化型人工知能にあたります。

現在地球上で実現されているのは、特化型人工知能のみで、汎用人工知能は実現されていません。ヒトのような知能を持つAIはたとえスーパーコンピュータでもまだ実現できないわけですが、ディープラーニングなどを用いて極めて部分的にヒトの知能を模倣することが、試みられています。

1-1-3 機械学習

人工知能、と呼ばれる技術には様々なものがあります。以下にいくつかを挙げます。

まずは、「機械学習」です。現在、人工知能と言えばしばしば機械学習のことを指すほどメジャーになっています。機械学習では、まるでヒトのようにコンピュータが学習と予測を行います。

そして、「遺伝的アルゴリズム」は生物の遺伝子を模倣した人工知能です。アルゴリズムが突然変異、及び交配を行います。

また、「群知能」は生物の群れを模倣した人工知能です。シンプルなルールに則って行動する個体の集合体が、集団として高度な振る舞いをします。

その他にも、「ファジィ制御」や「エキスパートシステム」など、人工知能と呼ばれる仕組みは数多くあります。

ここからは上記のうち機械学習に焦点を当てます。機械学習は近年様々なテクノロジー系の企業が、特に力を入れている分野の1つです。機械学習と言えばニューラルネットワークベースのディープラーニングが流行っているのですが、実は機械学習には様々なアルゴリズムがあります。

例えば「強化学習」は、報酬が最も高くなるように環境に適応して行動が決定されます。

「決定木」は枝分かれでデータを分類します。ツリー構造を訓練することで、データの適切な予測ができるようになります。

「ニューラルネットワーク」はヒトの脳の神経細胞ネットワークを模倣したものですが、近年大きな注目を集めているディープラーニングのベースとなっています。

他にも、機械学習には「サポートベクターマシン」や「k平均法」など様々なアルゴリズムがあります。これらのうちのいくつかは、Chapter6で実装を行います。

1-1-4 ディープラーニング

機械学習の中でも特に注目を集めているディープラーニングを解説します。図1.2は、ディープラーニングで使われる多層のニューラルネットワークの例です。

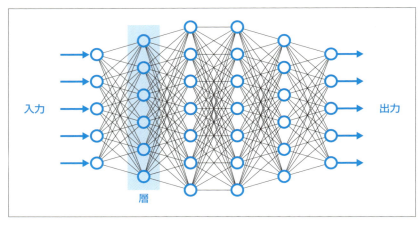

図1.2 多層からなるニューラルネットワーク

複数の層からなるネットーワに入力があり、ネットワークを通して出力となるのですが、このネットワーク、いわゆるニューラルネットワークはまるでヒトの脳のように柔軟に学習を行うことができます。この構造をコンピュータのプログラムにすることによって、コンピュータは非常に高度な認識、判断能力を身に付けることができます。

本書はこのディープラーニングの技術を中心に展開します。ディープラーニングの詳細に関しては、Chapter4以降で改めて解説します。

1 1 5 生成AI

近年、ディープラーニングの発展に伴い、生成AIの技術が急速に進歩しています。生成AIとは、既存のデータから学習し、新しいコンテンツを創造する人工知能のことを指します。

生成AIは、テキスト、画像、音声、動画など、さまざまな形式のデータを生成することができます。例えば、テキスト生成AIは人間のような文章を書き、画像生成AIは指示に基づいて新しい画像を作成することができます。

生成AIの基盤となる技術には、主に大規模言語モデル（LLM）、Transformer、拡散モデルなどがあります。大規模言語モデルは膨大なテキストデータから学習し、人間のような自然な文章を生成します。Transformerは自然言語処理タスクで高い性能を発揮し、テキスト生成の基盤技術となっています。拡散モデルは、主に画像生成に用いられ、ノイズを徐々に除去していくプロセスで高品質な画像を生成します。

生成AIは、創造的な作業の支援、データ拡張、個人化されたコンテンツの提供など、様々な分野で活用されています。例えば、文章の自動生成、画像編集、音声合成、動画作成などに応用されており、これらの技術は日々進化しています。

一方で、生成AIの発展に伴い、著作権や倫理的な問題、偽情報の拡散などの課題も浮上しています。これらの課題に対処しつつ、生成AIの可能性を最大限に活かすことが、今後の重要な課題となっています。

1.2 人工知能の活用例

AIは社会における様々な場面で活躍を始めています。本節では、社会における人工知能の活用例を以下の順で解説していきます。

- 身近なAI
- 画像や動画を扱う
- 言葉を扱う
- ゲームで活躍するAI
- 産業上の応用

1-2-1 身近なAI

　AIは既に社会における様々な領域で活用され始めています。それを実感していただくために、我々が身近に感じることのできるAIの活用例をいくつか紹介します。

　まずは、天気予報の例を紹介します。この分野でも、AIは既に活用され始めています。AIを使えば、今までのようなデータに加えて、雲の色や形からも天気予報ができるようになります。これにより、既存の天気予報の精度の向上が期待できますが、例えば個人個人がスマートフォンを雲にかざすことで局所的な天気の動向を予測することも、いつか可能になるでしょう。また、AIは自身の予報が間違った際に、その間違ったということ自体を教師データにして、次の予報の精度を上げることが可能です。自身の予測結果を元に継続的にモデルを改善することで、予報は継続的に改善していきます。

　食品産業でもAIは活用され始めています。消費者の味覚を満足させるようにAIが成分を調整したお菓子や飲料などが、既に販売されています。また、ユーザーの購買履歴などから嗜好を分析し、好みに応じて食品をレコメンドする仕組みが開発されています。

　また、スポーツの分野でもAIの導入は進んでいます。例えば、野球では膨大な配球や走塁などのデータの蓄積があるので、このようなデータを効果的に分析できるチームは次第に有利になりつつあります。実際に、福岡ソフトバンクホークスは、AIによる作戦立案や練習メニューを積極的に導入しようとしています。野球における膨大な数の不確定要素から最適解を導き出すのは、まさにAIが得意とするところです。

　他の競技、ゴルフやバスケットボール、体操などでも、AIは既に監督やコーチとして力を発揮しつつあります。AI時代では、人間はAIからアドバイスをもらったり、最適解を示してもらえるようになります。そのような意味で、AIは名監督かつ名コーチとなるでしょう。

　AIはスポーツにおける審判としても活躍を始めています。特に、フィギュアスケートやアーティスティックスイミングのような、人間にしか採点ができないと考えられてきた競技でも、AIによる判定システムが研究開発されています。このようなシステムが確立されれば、より公正なジャッジが可能になるでしょう。

　以上のように、AIは既に社会に溶け込んだツールとなりつつあります。今後もさらに多くの分野で、様々なAI技術が活用されていくことでしょう。

1-2-2 画像や動画を扱う

画像や動画に対する処理は、AIが最も得意なことの1つです。

画像に何が映っているかを判断する画像認識のタスクは、ディープラーニングの登場以前から取り組まれてきました。近年、ディープラーニングはこの分野にブレークスルーをもたらしました。ディープラーニングでは特徴量を自動で抽出可能なので、精度の高い物体認識が可能になります。このようなディープラーニングがそれ以前の機械学習の手法よりも優れている理由は当初よくわかっていませんでしたが、最近はその理論的な裏付けが徐々に進んできています。

なお、このような画像認識では、Chapter7で解説する畳み込みニューラルネットワーク（CNN）がよく使われます。

画像認識の具体的な応用ですが、例えば顔認証の技術は、スマートフォンのロック解除や防犯に使用されています。みなさんのお手元のスマートフォンでも、既に顔認証は身近な技術になっているのではないでしょうか。

他にも、クラウドサービスやスマートフォンにおける写真の分類や仕分け、Web画像検索などで画像認識は活用されています。撮影した写真のストックが、いつの間にか適切に分類されていることに驚いた方も多いと思います。

また、画像認識を医療に応用することにより、病巣部の検出やオンライン診断などが可能になります。特に、病巣部の検出で画像認識技術は大きな成果を挙げています。例の1つに、国立がんセンターは、画像認識を早期の胃がんの検出に活用しています。早期の胃がんは形状が複雑で多様であり、専門家でも判断が難しいという問題がありました。そこで、ディープラーニングによる画像認識技術を利用することにより、高精度の検出方法が確立されました。

他にも膨大な医療データの活用など、AIの活用は医療において大きな可能性を秘めています。

そして、AIによる画像や動画の生成も行われています。Chapter9、10で解説するVAEやGAN、そして近年主流となっている拡散モデルなどのAI技術を使えば、現実にはない画像や動画を自動で生成することが可能になります。

このようなデータの生成技術を利用し、モネやゴッホの画風を学習させることで現実に存在しないゴッホ風の家の絵を描くことも可能になります。他にも、線のみの絵や白黒写真を自動で着色する技術や、テキストから画像を生成するような技術も研究開発されています。

また、このような技術により、撮影していない動画コンテンツを生成することも可能になります。最近では、既存の動画中の物体の入れ替えや、モーションの変更なども技術的に可能になってきています。一方で、偽の動画と音声を生成し、

まるで本物の政府要人の発言のような動画が作成されたこともあり、悪質なフェイクニュースとして問題になりました。これらの話題は、AIの躍進により新たな仮想現実のフロンティアが生まれる一方で、デジタルなデータが本物と紐付いているかどうか、判定するのが極めて難しくなることを意味します。

1-2-3 言葉を扱う

AIは、我々が普段話したり読み書きしたりする言葉を扱うことを得意としています。コンピュータによる言葉の処理は「自然言語処理」（Natural Language Processing、NLP）と呼ばれています。以前は再帰型ニューラルネットワーク（RNN）が主流でしたが、近年特に注目を集めているのが、Transformerアーキテクチャを用いた大規模言語モデルです。

RNNは時系列データの処理に適しており、長年にわたり自然言語処理の中心的な技術でした。しかし、長い文脈の理解や並列処理に課題がありました。

これに対し、Transformerは自己注意機構（Self-Attention）を用いることで、より長い文脈を効率的に処理できます。また、並列処理にも優れているため、大規模なモデルの学習が可能になりました。

自然言語処理は主に文章の理解と生成に使われます。文章理解の例としては、スパムメールの自動判別、音声アシスタント、そして読解力テストなどがあります。2018年にGoogle社が開発したBERTというTransformerベースのモデルは、読解力テストで人間のスコアを上回る結果を残しました。

文章生成の分野では、生成AIの発展により大きな進歩が見られます。長文要約、創作小説の執筆、そして高度なチャットボットなどが実現しています。特に、GPT（Generative Pre-trained Transformer）などの大規模言語モデルを用いた生成AIは、RNNベースのモデルを大きく超える性能を示し、人間のような自然な文章を生成できるようになりました。

機械翻訳の分野でも、RNNからTransformerアーキテクチャへの移行により大きな進歩が見られます。Google翻訳をはじめとする翻訳サービスの品質が飛躍的に向上し、より自然で正確な翻訳が可能になっています。

生成AIとTransformerの登場により、自然言語処理の可能性は大きく広がりました。これらの技術は、文章の理解と生成の両面で人間に近い、あるいは人間を超える性能を示すようになっています。その結果、機械と人間の間のコミュニケーションはますますスムーズになり、様々な分野でAIの活用が進んでいます。

①②④ ゲームで活躍するAI

　様々なゲームにおいて、AIは使われ始めています。特に、Chapter11で解説する強化学習は様々なゲームで活躍しています。

　強化学習は「環境において最も報酬が得られやすい行動」を学習する機械学習の一種です。強化学習は、ロボットの制御などにおいて昔からよく研究されてきました。エンジニアが動作方法を全てコーディングしなくても、強化学習を使えばロボットが自律的に行動を学んでいきます。以前は学習にとても時間がかかってしまう問題があったのですが、ハードウェアの進化と様々な有用なアルゴリズムの登場のおかげで、現実的な学習速度で最適な行動を学ぶことができるようになりました。

　そのような強化学習をディープラーニングと組み合わせた深層強化学習は、ゲームにおいて従来は不可能だったタスクを可能にしました。

　そのようなタスクの1つに、DeepMind社によるAlphaGoを挙げることができます。AlphaGoはこれまでコンピュータには難しいとされてきた囲碁の分野で、トップ棋士であるイ・セドル九段を打ち負かすことができました。AlphaGoはそれまでの常識を覆す一手で、囲碁の世界を驚嘆させたのですが、それ以来人間である棋士の方がAIから学ぶという事例も増えつつあり、新しい定石がいくつも生まれ始めています。

　また将棋の世界でもAIの性能は向上しており、もはやプロ棋士でもトップのAIに勝つことは難しくなっています。これに伴い、将棋の研究にAIを用いる棋士が増え始め、将棋界に急激な変化が起きています。

　また、AIにビデオゲームをプレイさせる研究も進んでいます。ディープラーニングを用いれば動画情報の処理が比較的簡単になるため、これを強化学習と組み合わせることで人間よりはるかに上手にゲームをプレイするAIが開発されています。ブロック崩しやシューティングゲームなど様々なゲームにおいて、ゲーム画面の動画と成功、失敗の報酬からAIは学習し、まるで人間のように次第に上達してきます。

　また、ゲームにおけるキャラクターの制御においてもAI強化学習は活用されています。いわゆるノンプレイヤーキャラクターは次第に賢くなり、ときには人間のプレイヤーと勘違いしてしまうことさえあります。

　このように、ゲームの世界はAIの実験の場でもあり、応用の場でもあります。

1 2 5 産業上の応用

　AI技術の中でも特に産業と直接結びつきやすい、「異常検知」の例を紹介します。異常検知とは、大量の計測値を機械学習させて、複雑なパターンが異常であるかどうかを検知する技術です。様々な産業で、不正な取引の検知や、工場における装置故障の検知、機器の監視などに活用されています。

　機械学習は大きく教師あり学習、教師なし学習、強化学習の3つに分けることができますが、異常検知にはこのうち教師あり学習と教師なし学習が主に使われます。教師あり学習にはディープラーニングなどがありますが、過去のデータからパターンを見い出し、未知のデータが異常かどうかを確率として表します。十分に過去のデータが蓄積されている場合はこの教師あり学習が有効です。しかしながら、工場の装置異常などあまり頻繁に発生しない出来事、すなわち十分に過去データが蓄積されていない場合は、主成分分析などの教師なし学習が使われます。

　異常検知の製造業における活用例ですが、産業機械の稼働状況に異常がないか監視したり、画像をチェックして異常な製品を検出したりするのに使われています。また、構造物を遠隔監視し、事故につながる危険がないか早めに検知するシステムにおいても、AIによる異常検知が使われています。

　非製造業においてですが、例えば、ファイナンスの分野では不正の検出に異常検知が使われています。実際に、三井住友フィナンシャルグループなどは不正検知アルゴリズムにディープラーニングを採用し、不正な取引を自動で、なおかつそれまでよりも精度よく検出する仕組みを開発しました。また、防犯の分野においては、監視カメラ動画から侵入者を検知する仕組みが開発されており、医療の分野では、喘息の発作の検知などに異常検知が使われています。

　次に、「設計」における活用例を紹介します。AIは設計の分野でも活躍しています。

　例えば、飛行機の翼の設計では、強化学習などを用いて最適な揚力が得られる翼の形状の最適化が行われています。

　建築においては、3次元モデリング技術に基づいて、AIが短時間で複数の施工計画を提案する技術の研究が行われています。

　化学の分野では、高分子化合物の設計にAIが使用されています。高分子化合物は形状が複雑であるため、意図したものを作るのはなかなか困難でした。そこで、理化学研究所と東京大学のチームは実際に高分子化合物をAIに設計させ、望んだ特性を持つ化合物の合成に成功しています。今後、このようなAIによる高分子化合物の設計技術が進めば、医療や農業など様々な分野において技術の革新が進むことでしょう。

また、強化学習の産業への応用も進んでいます。DeepMind社によるデータセンターの電力削減の事例が有名です。この事例では深層強化学習が使われているのですが、データセンター設備の稼働状態や気候などに応じて冷却設備の設定を最適化することで、冷却設備の消費電力を40％削減できたとの報告がありました。そして、強化学習のファイナンスへの応用も研究されています。資産管理やリアルタイムトレードなど、現実の問題に適用した事例も増えてきています。しかしながら、行動を選択する理由が説明しづらく、ブラックボックス化してしまうことが難点ではあります。

以上のように、AIは様々な産業で人間の代わりを務める可能性を秘めています。今後も多くの産業で、AIの活用が模索されていくのではないでしょうか。

1.3 人工知能の歴史

人工知能の歴史を簡単に解説します。人工知能がどのような流れで発展したのか、その流れを把握しておきましょう。AIの歴史を、以下の4回のAIブームに沿って解説します。

- 第1次AIブーム（1950年代から1960年代まで）
- 第2次AIブーム（1980年代から1990年代半ばまで）
- 第3次AIブーム（2000年代から2021年まで）
- 第4次AIブーム（2022年から）

このようにAIにはこれまで4回のブームがありました。第1次、第2次AIブームの間、第2次、第3次AIブームの間にはAIの冬と呼ばれるAIが振るわない時代がありました。

1・3・1 第1次AIブーム

それではまず、1950年代から1960年代までの第1次AIブームについて解説します。

20世紀前半における神経科学の発展により、脳や神経細胞の働きが少しずつ明らかになりました。これに伴い、一部の研究者の間で、機械で知能が作れないかという議論が20世紀半ばに始まりました。

「人工知能の父」と呼ばれる人物は2人います（図1.3）。1人はイギリス人数学者アラン・チューリングです。チューリングは1947年のロンドン数学学会で、人工知能の概念を初めて提唱しました。また、1950年の論文で、真の知性を持った機械を創り出す可能性について論じました。

もう1人の人工知能の父は、アメリカのコンピュータ科学者マービン・ミンスキーです。ミンスキーは、1951年に世界初のニューラルネットワークを利用した機械学習デバイスを作りました。

図1.3 アラン・チューリング（左）：URL https://ja.wikipedia.org/wiki/アラン・チューリングより引用（パブリック・ドメイン）、マービン・ミンスキー（右）：URL https://ja.wikipedia.org/wiki/マービン・ミンスキーより引用（CC BY 3.0）

1956年のダートマス会議は、アメリカの計算機科学者ジョン・マッカーシーが開催したAIに関する最初の会議ですが、ここで「人工知能」という言葉が生まれ、人工知能は学問の新たな分野として創立されました。

ヒトの頭脳は電気信号であるためコンピュータで代替可能だという楽観的な期待から、人工知能は一時的なブームとなりました。

しかしながら、このときのブームは人工知能の処理能力の限界を指摘する声により、わずか10年程度で収束してしまいます。

現在のニューラルネットワークの原型であるパーセプトロンが、アメリカの心理学者フランク・ローゼンブラットによって提唱されたのはこの頃です。

1-3-2 第2次AIブーム

次に、1980年代から1990年代半ばまでの第2次AIブームについて解説します。

第1次AIブームから20年後、AIブームは再燃します。エキスパートシステムの誕生により、人工知能に医療や法律などの専門知識を取り込ませ、一部であれば実際の問題に対しても専門家と同様の判断が下せるようになったのです。

現実的な医療診断などが可能になったことにより、人工知能は再び注目を集めました。しかしながら、エキスパートシステムは結局のところ弱点を露呈してしまいました。人間の専門家の知識をコンピュータに覚えさせるためには膨大な量のルールの作成と入力が必要なこと、及び曖昧な事柄に極端に弱いこと、ルール外の出来事に対処できないことなどです。

これらの問題により、第2次AIブームも一時的なものに留まってしまいました。しかしながら、このブームの間に、アメリカの認知学者デビッド・ラメルハートによりバックプロパゲーションが提唱されました。これにより、ニューラルネットワークは以降次第に広く使われるようになります。

1-3-3 第3次AIブーム

2000年代から2021年までの第3次AIブームについて解説します。

2005年、アメリカの未来学者レイ・カーツワイルは、指数関数的に高度化する人工知能が2045年頃にヒトを凌駕する、シンギュラリティという概念を発表しました。

そして、2006年にジェフリー・ヒントンらが提案したディープラーニングの躍進により、AIの人気が再燃しました。このディープラーニングの躍進の背景には、技術の研究が進んだこと、IT技術の普及により大量のデータが集まるようになったこと、及びコンピュータの性能が飛躍的に向上したことがあります。

2012年には、画像認識のコンテストILSVRCにおいて、ヒントンが率いるトロント大学のチームがディープラーニングによって機械学習の研究者に衝撃を与えました。従来の手法はエラー率が26%程度だったのですが、ディープラーニングによりエラー率は17%程度まで劇的に改善しました。それ以降、ILSVRCでは毎年ディープラーニングを採用したチームが上位を占めるようになりました。

2015年にDeepMind社による「AlphaGo」が人間のプロ囲碁棋士に勝利したことにより、ディープラーニングはさらに注目を集めています。実際に、世界各地の研究機関や企業はディープラーニングに強い関心を抱いており、開発のために膨大な資金を注いでいます。

そして、我々の日常生活にも、ディープラーニングは少しずつ入り込んできています。音声認識や顔認証、自動翻訳などは、生活を少し便利にする日常のツールとなっています。

①③④ 第4次AIブーム

2022年から始まったと言われている第4次AIブームは、生成AI技術の爆発的な進化と普及によって特徴付けられます。

2022年11月、OpenAIが公開したChatGPTは、自然言語処理の分野に革命をもたらしました。高度な対話能力と幅広い知識を持つこのAIチャットボットは、一般ユーザーにもAIの可能性を実感させる存在となりました。

画像生成AIの分野でも、Stable DiffusionやMidjourney、DALL-E 2などのモデルが登場し、テキストの指示から高品質な画像を生成できるようになりました。これにより、クリエイティブ産業に大きな変革がもたらされつつあります。

また、GPT-4やClaude 3などの大規模言語モデル（LLM）の登場により、AIの理解力と生成能力はさらに向上しました。これらのモデルは、複雑な文章の理解、多言語対応、コード生成など、多岐にわたるタスクをこなすことができます。

第4次AIブームの特徴として、AIの民主化が挙げられます。APIやオープンソースモデルの普及により、個人開発者や中小企業でもAI技術を活用できるようになりました。これにより、様々な業界でAIを活用した革新的なサービスや製品が生まれています。

一方で、AIの急速な発展に伴い、倫理的な問題や社会への影響についての議論も活発化しています。著作権問題、偽情報の拡散、雇用への影響など、AIがもたらす課題に対する取り組みも進められています。

第4次AIブームは、技術の進化だけでなく、社会や経済のあり方にも大きな変革をもたらしつつあります。AIと人間の共存や、AIを活用した新たな価値創造など、私たちはAIとの関わり方を模索する新たな時代に突入したと言えるでしょう。

以上のような4回のブームを重ねて発展してきたAIは、我々の社会を支える大事な技術となりつつあり、現在も発展を続けています。

1.4 Chapter1のまとめ

　本チャプターでは、人工知能の概要、人工知能の活用例、人工知能の歴史について学びました。

　4回のAIブームを含む長い歴史を経て発展してきた人工知能は、ディープラーニング技術などの登場により急激に我々の社会を支える重要な技術となってきました。その技術は年々、より多様な領域で応用されつつあり、様々な人工知能の発展技術が生まれてきています。

　本書では、Google Colaboratoryの環境でこのような人工知能技術を学びます。AIを学ぶことは、これからの時代において大きな意義のあることです。コードを書きながら、試行錯誤を重ねて様々なAI技術を身に付けていきましょう。

　それでは、一緒に人工知能の世界を探検していきましょう。

Chapter 2

開発環境

　本書で使用する開発環境、Google Colaboratoryの概要と、使い方について解説します。Google Colaboratoryは、高機能でGPUを利用可能であるにもかかわらず、無料で簡単に始めることができます。

　本チャプターには以下の内容が含まれます。

- Google Colaboratory の始め方
- ノートブック の扱い方
- セッションとインスタンス
- CPUとGPU
- Google Colaboratory の各設定と様々な機能

　最初に、Google Colaboratory上でコードや文章を記述可能なノートブックの扱い方について説明します。

　また、特に時間のかかる処理において重要な、CPUとGPU、そしてセッションとインスタンスについて解説します。Google Colaboratoryを使いこなすためには、これらの概念を押さえておくことが大事になります。

　その上で、Google Colaboratoryの各設定と様々な機能について紹介します。

　Google Colaboratoryは人工知能の研究や学習にとても便利な環境ですので、使い方を覚えて、いつでも気軽にコードを試せるようになりましょう。

　それでは、本チャプターをぜひお楽しみください。

2.1　Google Colaboratoryの始め方

　Google Colaboratoryは、Googleが提供する研究、教育向けのPythonの実行環境で、クラウド上で動作します。ブラウザ上でとても手軽に機械学習のコードを試すことができて、なおかつGPUも無料で利用可能なので、近年人気が高まっています。

　なお、以降Google Colaboratoryのことを略して「Colab」と書くことがあります。

2.1.1　Google Colaboratoryの下準備

　Google Colaboratoryを使うためには、Googleアカウントを持っている必要があります。持っていない方は、以下のURLで取得しましょう。

- Googleアカウントの作成
  URL https://myaccount.google.com/

アカウントが取得済みであることを確認した上で、以下のGoogle Colaboratoryのサイトにアクセスしましょう。

- Google Colaboratoryのサイト
  URL https://colab.research.google.com/

　ウィンドウが表示されてファイルの選択を求められることがありますが、とりあえずキャンセルします。
　図2.1 のような導入ページが表示されることを確認しましょう。

図2.1　Google Colaboratoryの導入ページ

Google Colaboratoryはクラウド上で動作するので、端末へのインストールは必要ありません。

Google Colaboratoryに必要な設定は以上になります。

2-1-2 ノートブックの使い方

まずはGoogle Colaboratoryのノートブックを作成しましょう。ページの左上、「ファイル」（ 図2.2 ❶）から「ドライブの新しいノートブック」を選択します❷。

図2.2 ノートブックの新規作成

ノートブックが作成され、新しいページに表示されます（ 図2.3 ）。ノートブックは、.ipynbという拡張子を持ち、Googleドライブの「Colab Notebooks」フォルダに保存されます。

図2.3 ノートブックの画面[※1]

この画面では、上部にメニューなどが表示されており、様々な機能を使うことができます。

ノートブックの名前は作成直後は「Untitled0.ipynb」などになっていますが、メニューから「ファイル」→「名前の変更」を選択することで変更可能です。

※1 ここでは、セルに行番号を表示しています。行番号を表示するには、Google Colaboratoryのメニューから［ツール］→［設定］を選択して［設定］ダイアログを表示します。左から［エディタ］を選択するとエディタの設定ができます。［行番号を表示］にチェックを入れると、セルに行番号が表示されます。

「my_notebook.ipynb」などの好きな名前に変更しておきましょう。

　Pythonのコードは、画面中央に位置する「コードセル」と呼ばれる箇所に入力します。 リスト2.1 のようなコードを入力した上で、[Shift] + [Enter] キー（macOSの場合は [Shift] + [Return] キー）を押してみましょう。コードが実行されます。

リスト2.1 簡単なコード

```
print("Hello World!")
```

　 リスト2.1 のコードを実行すると、コードセルの下部に以下の実行結果が表示されます。

```
Hello World!
```

　Google Colaboratoryのノートブック上で、Pythonのコードを実行することができました。コードセルが一番下に位置する場合、新しいセルが1つ下に自動で追加されます（ 図2.4 ）。

図2.4 コードの実行結果

　また、コードは [Ctrl] + [Enter] キーで実行することもできます。この場合、コードセルが一番下にあっても新しいセルが下に追加されません。同じセルが選択されたままとなります。

　なお、コードはセル左の実行ボタンで実行することも可能です。

　また、コードセルではコードを生成AIにより生成することも可能です。本書では詳しく解説しませんが、興味のある方はぜひ調べて試してみてください。

　以上で、Google ColaboratoryでPythonのコードを実行する準備は整いました。開発環境の構築にほとんど手間がかからないのは、Google Colaboratoryの大きな長所の1つです。

2.1.3 ファイルの扱い方

本書のダウンロード可能なコードは`.ipynb`形式です。`.ipynb`形式のファイルは、一度Googleドライブにアップすれば右クリック（図2.5 ❶）→「アプリで開く」❷→「Google Colaboratory」を選択する❸などの方法で開くことができます。

図2.5 Googleドライブでノートブックを開く

また、外部ファイルをノートブックからアクセス可能な形でアップロードするためには、ページ左の「ファイル」のアイコンをクリックします（図2.6 ❶）。ファイルリストが表示され、リスト上部に3つのアイコンがありますが、左端のアイコンをクリックすると❷、外部ファイルの選択画面が表示されます。そこでファイルを指定するとファイルがアップロードされます❸。

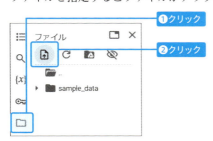

図2.6 外部ファイルのアップロード

また、ノートブックの方でGoogleドライブをマウントすることで、Googleドライブに配置した外部ファイルを使用することも可能になります。これについてはChapter3で改めて解説します。

2.2　セッションとインスタンス

Google Colaboratoryにおける、「セッション」と「インスタンス」について解説します。Google Colaboratoryにはセッションとインスタンスに関して90分ルールと12時間ルールという独自のルールがあります。学習が長時間に及ぶ際に特に重要ですので、あらかじめ把握しておきましょう。

2-2-1　セッション、インスタンスとは？

Google Colaboratoryでよく使われるセッションとインスタンスという用語について解説します。

「セッション」とは、ある活動を継続して行っている状態のことを意味します。インターネットにおいては、セッションは接続を確立してから切断するまでの一連の通信のことです。例えば、あるWebサイトにアクセスして、そのサイトを離れるかブラウザを閉じるまで、あるいはログインからログアウトまでが1つのセッションになります。

このように、セッションはある活動を継続して行っている状態のことで、活動の終了と同時にセッションも終了となりますが、一定時間、活動が休止していると自動的に終了となる場合もあります。

また、「インスタンス」は、ソフトウェアとして実装された仮想的なマシンを起動したものです。Google Colaboratoryでは、新しくノートブック を開くとこのインスタンスが立ち上がります。

なお、オブジェクト指向におけるインスタンスとは異なりますのでご注意ください。オブジェクト指向におけるインスタンスに関しては、Chapter3で解説します。

Google Colaboratoryでは一人ひとりのGoogleアカウントと紐付いたインスタンスを立ち上げることができて、その中でGPUやTPUを利用することができます。

2-2-2 90分ルール

それでは、以上を踏まえた上で90分ルールについて解説します。90分ルールとは、ノートブックのセッションが切れてから90分経過すると、インスタンスが落とされるルールのことです。

ここで、そのインスタンスが落ちる過程について説明します。Google Colaboratoryを始めるために新しくノートブックを開きますが、その際に新しくインスタンスが立ち上がります。そして、インスタンスが起動中にブラウザを閉じたり、PCがスリープに入ったりするとセッションが切れます。このようにしてセッションが切れてから90分が経過すると、インスタンスが落とされます。

インスタンスが落ちると学習がやり直しになってしまうので、90分以上学習したい場合はノートブックを常にアクティブに保ったり学習中のパラメータをGoogleドライブに保存するなどの対策を行う必要があります。

2-2-3 12時間ルール

次に、12時間ルールです。12時間ルールとは、新しいインスタンスを起動してから12時間経過するとインスタンスが落とされるルールのことです。

新しくノートブックを開くと新しいインスタンスが立ち上がりますが、その間、別に新しくノートブックを開いても同じインスタンスが使われます。そして、インスタンスの起動から、すなわち最初に新しくノートブックを開いたときから12時間経過すると、インスタンスが落とされます。

従って、12時間以上学習を行いたい際は学習中のパラメータをGoogleドライブに保存するなどの対策を行う必要があります。

2-2-4 セッションの管理

「ランタイム」（ 図2.7 ❶ ）→「セッションの管理」❷を選択すると、セッションの一覧が表示されます❸。

図2.7 セッションの一覧

　この画面では、現在アクティブなセッションを把握したり、特定のセッションを閉じたりすることができます。

2.3　CPUとGPU

　Google ColaboratoryではGPUが無料で利用可能です。計算時間が大幅に短縮されますので、積極的に利用していきましょう。

2-3-1 CPU、GPU、TPUとは？

　Google Colaboratoryでは、CPU、GPU、TPUが利用可能です。以下、それぞれについて解説します。

　「CPU」は、Central Processing Unitの略で、コンピュータにおける中心的

な演算装置です。CPUは入力装置などから受け取ったデータに対して演算を行い、結果を出力装置などで出力します。

それに対して、「GPU」（Graphics Processing Unit）は画像処理に特化した演算装置です。しかしながら、GPUは画像処理以外でも活用されます。CPUよりも並列演算性能に優れ、行列演算が得意なためディープラーニングでよく利用されます。

GPUとCPUの違いの1つは、そのコア数です。コアは実際に演算処理を行っている場所で、コア数が多いと一度に処理できる作業の数が多くなります。CPUのコア数は一般的に2から8個程度であるのに対して、GPUのコア数は数千個に及びます。

GPUはよく、「人海戦術」に例えられます。GPUはシンプルな処理しかできませんが、たくさんの作業員が同時に作業することで、タスクによっては非常に効率的に作業を進めることができます。

それに対して、CPUは「少数精鋭」で、PC全体を管理する汎用プレイヤーです。OS、アプリケーション、メモリ、ストレージ、外部とのインターフェイスなど、様々なタイプの処理を次々にこなす必要があり、タスクを高速に順番に処理していきます。

GPUは、メモリにシーケンシャルにアクセスし、かつ条件分岐のない計算に強いという特性があります。

そして、そのような要件を満たす計算に、行列計算があります。ディープラーニングでは非常に多くの行列演算が行われますので、GPUが活躍します。行列を使った演算に関しては、Chapter5で改めて解説します。

そして、「TPU」（Tensor Processing Unit）ですが、これはGoogle社が開発した、機械学習に特化した特定用途向け集積回路です。特定の条件においては、GPUよりも高速なことがあります。

Google ColaboratoryではGPUもTPUも無料で使えるのですが、本書では広く一般的に使われているGPUをメインに使用します。

2-3-2 GPUの使い方

Google ColaboratoryではGPUを無料で使うことができます。GPUは元々は画像処理に特化した演算装置ですが、CPUよりも並列演算性能に優れ、行列演算が得意なためディープラーニングでよく利用されます。GPUの速度における優位性は、特に大規模な計算において顕著になります。

GPUは、メニューの「編集」(図2.8 ❶)から「ノートブックの設定」を選択し❷、「ハードウェアアクセラレータ」で「CPU」から「T4 GPU」をクリックすると❸、「ランタイムから接続解除して削除」ダイアログになるので「OK」をクリックして❹、「T4 GPU」に変更されていることを確認し❺、「保存」をクリックすると❻、使用可能になります。

なお、Google ColaboratoryではGPUの利用に時間制限があります。GPUの利用時間について、詳しくは以下のページのリソース制限を参考にしてください。

- Colaboratory
  よくある質問

  URL
  https://research.google.com/colaboratory/faq.html

図2.8 GPUの利用

2.3.3 パフォーマンスの比較

それでは、実際にディープラーニングを行い、CPUとGPUのパフォーマンスを比較しましょう。

リスト2.2はフレームワークKerasを使って実装した、典型的な畳み込みニューラルネットワークのコードです。ニューラルネットワークが5万枚の画像を学習します。

リスト2.2のコードを実行して、CPUとGPUで、実行に要する時間を比較しましょう。デフォルトではCPUが使用されますが、メニューから「編集」→「ノートブックの設定」を選択して、「ハードウェアアクセラレータ」で「T4 GPU」を選択します。すると「ランタイムを接続解除して削除」ダイアログになるので「OK」をクリックします。「T4 GPU」に変更されていることを確認して、「保存」をクリックすると、GPUを使用できます。

実行時間は、コード入力領域の左「実行」（▶）ボタンにカーソルを合わせると確認できます（**図2.9** ❶ ❷）。

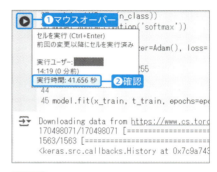

図2.9 実行時間の確認

リスト2.2 実行時間の比較

```
import numpy as np
import matplotlib.pyplot as plt
import keras
from keras.datasets import cifar10
from keras.models import Sequential
from keras.layers import Dense, Dropout, Activation, ➡
Flatten
from keras.layers import Conv2D, MaxPooling2D
from keras.optimizers import Adam

(x_train, t_train), (x_test, t_test) = ➡
cifar10.load_data()
```

```python
batch_size = 32
epochs = 1
n_class = 10

t_train = keras.utils.to_categorical(t_train, n_class)
t_test = keras.utils.to_categorical(t_test, n_class)

model = Sequential()

model.add(Conv2D(32, (3, 3), padding='same', ➡
input_shape=x_train.shape[1:]))
model.add(Activation('relu'))
model.add(Conv2D(32, (3, 3)))
model.add(Activation('relu'))
model.add(MaxPooling2D(pool_size=(2, 2)))

model.add(Conv2D(64, (3, 3), padding='same'))
model.add(Activation('relu'))
model.add(Conv2D(64, (3, 3)))
model.add(Activation('relu'))
model.add(MaxPooling2D(pool_size=(2, 2)))

model.add(Flatten())
model.add(Dense(256))
model.add(Activation('relu'))
model.add(Dropout(0.5))
model.add(Dense(n_class))
model.add(Activation('softmax'))

model.compile(optimizer=Adam(), loss='categorical_➡
crossentropy', metrics=['accuracy'])

x_train = x_train / 255
x_test = x_test / 255
```

```
model.fit(x_train, t_train, epochs=epochs, ➡
batch_size=batch_size, validation_data=(x_test, t_test))
```

Out

```
Downloading data from https://www.cs.toronto.edu/~kriz/➡
cifar-10-python.tar.gz
170498071/170498071 ———————————————————— 2s ➡
0us/step
/usr/local/lib/python3.10/dist-packages/keras/src/➡
layers/convolutional/base_conv.py:107: UserWarning: Do ➡
not pass an `input_shape`/`input_dim` argument to a ➡
layer. When using Sequential models, prefer using an ➡
`Input(shape)` object as the first layer in the model ➡
instead.
  super().__init__(activity_regularizer=➡
activity_regularizer, **kwargs)
1563/1563 ——————————————————— 220s ➡
139ms/step - accuracy: 0.3374 - loss: ➡
1.7669 - val_accuracy: 0.6024 - val_loss: 1.1211
<keras.src.callbacks.history.History at 0x78db52e81810>
```

　著者の手元で実行した結果は、CPUの場合でコードの実行時間は約240秒、
GPUの場合は約42秒でした。このように、GPUを利用することで学習に要する
時間を大幅に短縮することができます。なお、結果は実行時のGoogle
Colaboratoryのその時点での仕様により変動します。

　リスト2.2 のようなコードの読み方については、Chapter7で改めて詳しく解説
します。

2.4　Google Colaboratoryの様々な機能

Google Colaboratoryが持つ様々な機能を紹介します。

2-4-1 テキストセル

テキストセルは、文章を入力することができます。テキストセルは、ノートブック上部の「＋テキスト」をクリックすることで追加されます（図2.10）。

図2.10 テキストセルの追加

テキストセルの文章は、Markdown記法で整えることができます。また、LaTeXの記法により数式を記述することも可能です。

2-4-2 スクラッチコードセル

メニューから「挿入」（図2.11 ❶）→「スクラッチコードセル」を選択すると❷、手軽にコードを書いて試すことができるセルが画面右に出現します❸。

図2.11 スクラッチコードセル

スクラッチコードセルのコードは閉じると消えてしまうので、後に残す予定のないコードを試したいときに使用しましょう。

2 4 3 コードスニペット

メニューから「挿入」（図2.12 ❶）→「コードスニペット」❷を選択すると、より様々なコードのスニペット（切り貼りして再利用可能なコード）をノートブックに挿入することができます❸。

図2.12 コードスニペット

ファイルの読み書きや、Web関連の機能などを扱う様々なコードがあらかじめ用意されていますので、興味のある方は様々なスニペットを使ってみましょう。

2-4-4 コードの実行履歴

メニューから「表示」（図2.13 ❶）→「コードの実行履歴」を選択すると❷、コードの実行履歴を確認することができます❸。

図2.13 コードの実行履歴

2-4-5 GitHubとの連携

「Git」は、プログラミングによるサービス開発の現場などでよく使われている「バージョン管理システム」です。そして、GitHubは、Gitの仕組みを利用して、世界中の人々が自分のプロダクトを共有、公開することができるようにしたWebサービス名です。

- GitHub
  URL https://github.com/

GitHubで作成されたリポジトリ（貯蔵庫のようなもの）は、無料の場合は誰にでも公開されますが、有料の場合は指定したユーザーのみがアクセスできるプライベートなリポジトリを作ることができます。GitHubは、TensorFlowやKerasなどのオープンソースプロジェクトの公開にも利用されています。

このGitHubにGoogle Colaboratoryのノートブックをアップすることにより、ノートブックを一般に公開したり、チーム内で共有することができます。

GitHubのアカウントを持っていれば、メニューから「ファイル」（図2.14 ①）→「GitHubにコピーを保存」を選択します②。すると「ColabがGitHubからの承認を待っています」画面が表示され③、その後で「Sign in to GitHub - Google Chrome」画面ににになります。

「Username or email address」にGitHubに登録しているユーザー名かメールアドレスを④、「Password」にGitHubに登録しているパスワードを入力して⑤、「Sign in」をクリックします⑥。「Device verification」画面に変わります。このタイミングでGitHubに登録しているメールアドレスに認証コードが記載されたメールが届くので認証コードをコピーします⑦。「Device verification」画面に戻り、先ほどコピーした認証コードをペーストして⑧、「Verify」をクリックします⑨。すると「GitHubにコピー」

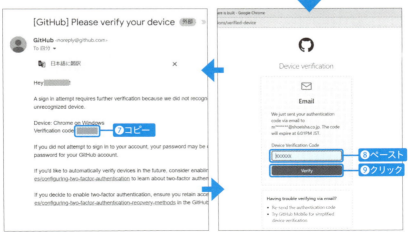

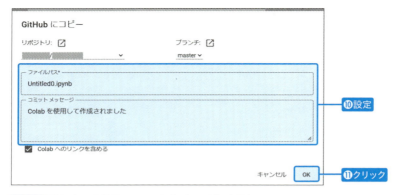

図2.14 GitHubのリポジトリにノートブックのコピーを保存

画面に変わります。この画面で既存のGitHubのリポジトリにノートブックをアップロードすることが可能です❿⓫。

他にも、Google Colaboratoryは様々な便利な機能を持っているので、ぜひ試してみましょう。

2.5　Chapter2のまとめ

本チャプターでは、開発環境であるGoogle Colaboratoryについて学びました。基本的に無料であるにもかかわらず、開発環境の構築が容易であり、なおかつ高機能な実行環境です。

以降のチャプターでは、本チャプターの内容をベースに人工知能、ディープラーニングを学んでいきます。

Google Colaboratoryには本書では紹介していない様々な機能がまだまだありますので、興味のある方はぜひ試してみてくださいね。

Chapter 3 Pythonの基礎

　本書で使用するプログラミング言語、Pythonについて解説します。Pythonを使えば人工知能に必要な処理をわかりやすく簡潔に記述することができます。

　本チャプターには以下の内容が含まれます。

- Pythonの基礎
- NumPyの基礎
- matplotlibの基礎
- pandasの基礎
- 演習

　本チャプターでは、まずPythonの文法の基礎を解説します。そして、これをベースに数値計算ライブラリNumPyの解説をします。NumPyの配列を使えばデータをシンプルな記述で高速に処理することができるので、本書ではデータをNumPyの配列の形式で扱うことが多いです。

　また、結果をグラフ表示するためにmatplotlibというライブラリを使用しますので、その使い方についても解説します。

　さらに、データ解析を支援するpandasというライブラリの使い方を学び、最後にこのチャプターの演習を行います。

　チャプターの内容は以上になりますが、本チャプターを通して学ぶことでプログラミング言語Pythonの使い方が把握できて、本書でコードを読み書きするための準備が整うかと思います。

　Pythonは、手軽さと機能性が両立し、なおかつ汎用性の高いプログラミング言語です。何度も試行錯誤を重ねて、コードを書くことに慣れておきましょう。

　それでは、本チャプターをぜひお楽しみください。

3.1 Pythonの基礎

　Pythonの基礎的な文法について解説します。Pythonは扱いやすく、人工知能や数学との相性のいいプログラミング言語です。

　本書は何らかのプログラミングの経験が前提となっていますので、プログラミングの基礎知識にあたる内容は省略されています。プログラミングが全くの初心者の方は、他の書籍などで基礎を学んだ上で先に進みましょう。

　Pythonを習得済みの方は、この節をスキップしていただいて問題ありません。

　なお、本書におけるPythonの解説は、本書に必要な範囲に絞っています。さらに詳しく知りたい方は他の書籍などを参考にしてください。

③-①-① Pythonとは？

　Pythonはシンプルで可読性が高く、比較的扱いやすいプログラミング言語です。オープンソースで誰でも無料でダウンロードすることができるので、世界中で広く使用されています。

　他の言語と比較した場合、数値計算やデータ解析に強みがあり、専門のプログラマーでなくても手軽にコードを書くことができるので、現在人工知能の開発でスタンダードとなっています。

　文法が簡潔なので、初めてプログラミングに取り組む方にも、Pythonはお勧めできます。

　その一方で、Pythonはオブジェクト指向に対応しており、高度に抽象化されたコードを書くことも可能です。

③-①-② 変数と型

　Pythonでは、変数の使用に際して前もって何らかの記述をする必要はありません。 **リスト3.1** のセルのコードのように、いきなり変数に値を代入するところから記述を始めることができます。

リスト3.1 変数に値を代入する

```
In    a = 123
```

Pythonは、他の言語のように変数に対して型を明示することは必要ありません。 **リスト3.2** のように、様々な型の値をいきなり代入することができます。

リスト3.2 変数に様々な値を代入する

```
In
a = 123              # 整数型 (int)
b = 123.456          # 浮動小数点型 (float)
c = "Hello World!"   # 文字列型 (str)
d = True             # 論理型 (bool)
e = [1, 2, 3]        # リスト型 (list)
```

#はコメントを表します。同じ行のそれ以降は、コードとして認識されることはありません。

また、bool型の値は数値として扱うことができます。**True**は1で**False**は0となります。 **リスト3.3** の例では**+**の演算子を使って**True**と**False**を足していますが、結果は1と0の和の1となります。

リスト3.3 変数にbool値を代入し、演算を行う

```
In
a = True; b = False
print(a+b)
```

```
Out
1
```

リスト3.3 のように **;**（セミコロン）で区切ることで、1行内に複数の処理を書くことができます。

また、浮動小数点型の値は指数で表記することができます。 **リスト3.4** のように**e**を用いた小数の表記が可能です。

リスト3.4 指数表記で浮動小数点型の値を表示する

```
In
1.5e6    # 1.5x10の6乗 1500000
1.5e-6   # 1.5x10の-6乗 0.0000015
```

```
Out
1.5e-06
```

3-1-3 演算子

リスト3.5 では、Pythonの演算子をいくつか使用しています。

リスト3.5 変数で様々な演算を行う

In
```python
a = 3; b = 5

c = a + b                # 足し算
print(c)

d = a < b                # 比較（aはbより小さいか）
print(d)

e = 3 < 4 and 4 < 5      # 論理積
print(e)
```

Out
```
8
True
True
```

主な演算子をまとめると **表3.1** の通りです。

表3.1 主な演算子

算術演算子	+	足し算
	-	引き算
	*	かける
	/	割る（小数）
	//	割る（整数）
	%	余り
	**	べき乗
比較演算子	<	小さい
	>	大きい
	<=	以上
	>=	以下
	==	等しい
	!=	等しくない

（続き）

論理演算子	and	両者を満たす
	or	どちらか片方を満たす
	not	満たさない

3-1-4 リスト

リストには、複数の値をまとめて格納することができます。リストは前後を **[ ]** で囲み、各要素は **,** で区切ります。

Pythonのリストにはどのような型の値でも格納することができます。リストの中にリストを格納することも可能です。

リストの各要素へのアクセスは先頭から0、1、2、…と数えるインデックスを使います。これにより、要素の追加や入れ替えなどが可能です（ **リスト3.6** ）。

リスト3.6 リストの基本的な使い方

In
```python
a = [1, 2, 3, 4, 5]      # リストの作成

b = a[3]                 # インデックスが3の要素を取得
print(b)

a.append(6)              # 末尾に要素を追加
print(a)

a[2] = 99                # 要素を入れ替える
print(a)
```

Out
```
4
[1, 2, 3, 4, 5, 6]
[1, 2, 99, 4, 5, 6]
```

3-1-5 タプル

タプルはリストと同じく複数の値をまとめて扱いたいときに利用しますが、要素の追加や削除、入れ替えなどはできません。タプルは前後を **( )** で囲み、各要

素は , で区切ります（ **リスト3.7** ）。

　要素を変更する予定がない場合は、リストよりもタプルを使用する方がベターです。

リスト3.7 タプルの作成と要素の取得

In
```
a = (1, 2, 3, 4, 5)      # タプルの作成


b = a[2]                 # インデックスが2の要素を取得
print(b)
```

Out
```
3
```

　要素が1つだけのタプルは、最後に , が必要です（ **リスト3.8** ）。

リスト3.8 要素が1つだけのタプル

In
```
(2,)
```

Out
```
(2,)
```

　リストやタプルの各要素は、 **リスト3.9** のようなコードでまとめて一度に各変数に代入することができます。

リスト3.9 リスト、タプルの要素を一度で変数に代入する

In
```
a = [1, 2, 3]  # リスト
a1, a2, a3 = a
print(a1, a2, a3)

b = (4, 5, 6)  # タプル
b1, b2, b3 = b
print(b1, b2, b3)
```

Out
```
1 2 3
4 5 6
```

3.1.6 辞書

辞書は、キーと値の組み合わせを複数格納することができます。

リスト3.10 のコードは、Pythonで辞書を扱う例です。この場合、文字列をキーとして辞書を作成し、値の取得や入れ替え、要素の追加を行っています。

リスト3.10 辞書の使用例

```
a = {"Artificial":1, "Intelligence":2}   # 辞書の作成
print(a["Artificial"])     # "Artificial"のキーを持つ値を取得

a["Intelligence"] = 7   # 値の入れ替え
print(a)

a["ML"] = 3   # 要素の追加
print(a)
```

```
1
{'Artificial': 1, 'Intelligence': 7}
{'Artificial': 1, 'Intelligence': 7, 'ML': 3}
```

3.1.7 セット

セットはリストと似ていますが、重複した値の要素を持つことができません。タプルと異なり、要素の追加や削除が可能です。

リスト3.11 の例では、重複した要素を持つリストをセットに変換しています。その結果、要素の重複はなくなります。

リスト3.11 セットの基本的な使い方の例

```
a = [1, 1, 2, 3, 4, 4, 5, 5, 5]  # リスト
print(a)

b = set(a)   # セットに変換
print(b)
```

```
b.add(6)    # 値を追加
print(b)

b.remove(3)    # 値を削除
print(b)
```

Out
```
[1, 1, 2, 3, 4, 4, 5, 5, 5]
{1, 2, 3, 4, 5}
{1, 2, 3, 4, 5, 6}
{1, 2, 4, 5, 6}
```

3-1-8 if文

　if文を使うことで分岐が可能です。**if**の右側の条件が満たされていなければ、**elif**の右側の条件が上から順番に判定されます。これらの条件が全て満たされていない場合、**else**内のブロックの処理が実行されます。

　Pythonでは、分岐後の処理を表すブロックの範囲を、行頭のインデントで表します。インデントされていない行が出現したら、その直前の行でブロックは終了していることになります（ **リスト3.12** ）。インデントには、半角スペース4つがよく使われます。

リスト3.12 if文の使い方の例

In
```
a = 13
if a < 12:
    print("Good morning!")
elif a < 17:
    print("Good afternoon!")
elif a < 21:
    print("Good evening!")
else:
    print("Good night!")
```

| Out | Good afternoon! |

3-1-9 for文

指定した回数、繰り返し処理を行うためには**for**文を使います。ループする範囲を指定するために、リストや**range**や**in**演算子がよく使われます。

以下は**range**の使い方です。**[　]**で囲まれた箇所は省略可能です。

● [記述形式]

```
range([開始番号,] 終了番号 [, ステップ数])
```

例えば**range(5)**は、0から4までの範囲になります。

リスト3.13は、リストを使った**for**文と**range**を使った**for**文の例です。

リスト3.13 for文の使い方の例

| In |
```
for a in [3, 5, 9, 17]:     # リストを使ったfor文
    print(a)


for a in range(5):      # rangeを使ったfor文
    print(a)
```

| Out |
```
3
5
9
17
0
1
2
3
4
```

3-1-10 while文

ある条件を満たしている間繰り返し処理を行いたい際は、**while**文を用います。リスト3.14は、**while**文の使用例です。

リスト3.14 while文の使い方の例

In
```
a = 0
while a < 3:    # aが3より小さい間繰り返し処理
    print(a)
    a += 1
```

Out
```
0
1
2
```

3-1-11 内包表記

内包表記は、リストの要素を操作した上で、新しいリストを作成するための記法です。通常、そのような処理は**for**や**while**によるループを使用しますが、内包表記を用いると、簡潔に記述することができます。

内包表記は、以下のような形式で記述します。

● [記述形式]

```
新たなリスト = [ 要素への処理 for 要素 in リスト]
```

リスト内の要素を1つ1つ取り出して、要素への処理を実行した上で新しいリストを作成します（リスト3.15）。

リスト3.15 内包表記の使い方の例

In
```
a = [1, 2, 3, 4, 5, 6, 7]
b = [c*2+1 for c in a]      # aの要素を2倍して1を足し新たなリス➡
トを作る
print(b)
```

Out

```
[3, 5, 7, 9, 11, 13, 15]
```

3-1-12 関数

　関数を用いることで、複数行にわたる処理をまとめることができます。関数は **def** の後に関数名を記述し、直後の **()** の中に引数を記述します。**return** の後の値が返り値になります（**リスト3.16**）。

　引数は関数が外部から受け取る値で、返り値は関数が外部に渡す値です。

リスト3.16 関数の定義と実行

In

```python
def add(a, b):           # 関数の定義（addが関数名）
    c = a + b
    return c


print(add(2, 3))         # 関数の実行
```

Out

```
5
```

　引数にはデフォルト値を設定できます。デフォルト値を設定すると、関数を呼び出す際にその引数を省略できます。

　リスト3.17 の例では、第2引数にデフォルト値が設定されています。

リスト3.17 関数と引数

In

```python
def add(a, b=4):         # 第2引数にデフォルト値を設定
    c = a + b
    return c


print(add(3))            # 第2引数は指定しない
```

Out

```
7
```

　また、＊（アスタリスク）を付けたタプルを用いて、複数の引数を一度に渡す

ことができます（**リスト3.18**）。

リスト3.18 関数にタプル型の引数を代入

In
```python
def add(a, b ,c):
    d = a + b + c
    print(d)


e = (2, 4, 6)
add(*e)             # 複数の引数を一度に渡す
```

Out
```
12
```

3-1-13 変数のスコープ

　関数の中で定義された変数がローカル変数で、関数の外で定義された変数がグローバル変数です（**リスト3.19**）。ローカル変数は同じ関数内からのみアクセスできますが、グローバル変数はどこからでもアクセスできます。

リスト3.19 グローバル変数とローカル変数のスコープ

In
```python
a = 21           # グローバル変数


def showNumbers():
    b = 43       # ローカル変数
    print(a, b)


showNumbers()
```

Out
```
21 43
```

　Pythonでは、関数内でグローバル変数と同じ名前の変数に値を代入しようとすると、その変数は新しいローカル変数とみなされます。

　リスト3.20の例では、関数内でグローバル変数aに値を代入しても、グローバル変数**a**の値は変わっていません。

リスト3.20 グローバル変数とローカル変数の性質

In
```python
a = 21


def setLocalNumber():
    a = 43          # aはローカル変数とみなされる
    print("Local:", a)


setLocalNumber()
print("Global:", a)
```

Out
```
Local: 43
Global: 21
```

　グローバル変数の値を関数内で変更するためには、**global** の記述により変数がグローバル変数であることを明記する必要があります（**リスト3.21**）。

リスト3.21 グローバル変数であることを明記する

In
```python
a = 21


def setGlobalNumber():
    global a                # グローバル変数であることを明記
    a = 43
    print("Global:", a)


setGlobalNumber()
print("Global:", a)
```

Out
```
Global: 43
Global: 43
```

3-1-14 クラス

オブジェクト指向は、オブジェクト同士の相互作用として、システムの振る舞いを捉える考え方です。Pythonでは、このようなオブジェクト指向に基づくプログラミングが可能です。

オブジェクト指向には、「クラス」と「インスタンス」という概念があります。クラスは「設計図」のようなもので、インスタンスはその設計図から作られた「製品」のようなものです。クラスからは、複数のインスタンスを生成することができます。

クラスを定義するために、Pythonでは**class**の表記を使用します。クラスには複数の「メソッド」が含まれます。メソッドは関数に似ており、**def**で記述を開始します。言わば、クラスは複数のメソッドをまとめることになります。

リスト3.22は、**Calc**クラス内に**__init__()**メソッド、**add()**メソッド、**multiply()**メソッドを実装した例です。

リスト3.22 クラスの定義

```
In
class Calc:  # Calcがクラス名
    def __init__(self, a):
        self.a = a

    def add(self, b):
        print(self.a + b)

    def multiply(self, b):
        print(self.a * b)
```

Pythonのメソッドには、第1引数として**self**を受け取る、という特徴があります。**self**を用いて、いわゆるインスタンス変数にアクセス可能になります。インスタンス変数は、クラスから生成したインスタンスが保持する変数です。

__init__()は特殊なメソッドで、イニシャライザ、もしくはコンストラクタと呼ばれています。このメソッドでは、インスタンスの生成時にインスタンスの初期設定を行うことができます。上記のクラスでは、**self.a = a**で引数として受け取った値をインスタンス変数**a**に代入しています。

add()メソッドと**multiply()**メソッドでは、引数として受け取った値とインスタンス変数**a**との間で演算を行っています。

上記の **Calc** クラスから、[リスト3.23]のようにインスタンスを生成しメソッドを呼び出すことができます。この場合、**Calc(4)** でインスタンスを生成し、変数 **calc** に代入していますが、その際に初期値として4を渡しています。この保持された値は、後で計算に利用することができます。

リスト3.23 インスタンスの生成

```
In

calc = Calc(4)  # インスタンスcalcを生成
calc.add(5)  # 4 + 5
calc.multiply(4) # 4 × 4
```

```
Out

9
16
```

初期化時に **4** という値をインスタンスに渡し、**add()** メソッドと **multiply()** メソッドを呼び出します。

実行すると、4+5と4×4、それぞれの計算結果を得ることができます。

3 1 15 クラスの継承

クラスには継承という概念があります。クラスを継承することで、既存のクラスを引き継いだ上で新たなクラスを定義することができます。

[リスト3.24]では、**Calc** クラスを継承した **CalcNext** クラスを定義しています。

リスト3.24 クラスの継承

```
In

class CalcNext(Calc):      # Calcを継承
    def subtract(self, b):
        print(self.a - b)

    def divide(self, b):
        print(self.a / b)
```

継承したクラスでは、**subtract()** メソッドと、**divide()** メソッドが新たに追加されています（[リスト3.25]）。

次に、**CalcNext** クラスからインスタンスを生成し、メソッドを呼び出します。

リスト3.25 継承したクラスからインスタンスを生成

In
```python
calc_next = CalcNext(4)  # インスタンスcalc_nextを生成
calc_next.add(5)  # 継承元のメソッド
calc_next.multiply(5)  # 継承元のメソッド
calc_next.subtract(5)
calc_next.divide(5)
```

Out
```
9
20
-1
0.8
```

CalcNext クラスから生成したインスタンスでは、継承元の **Calc** クラスで定義されたメソッドも、**CalcNext** クラスで定義されたメソッドと、同じように使用することができます。

以上のようなクラスの継承をうまく活用すれば、クラスの共通部分を効率よく管理することが可能になります。

3-1-16 __call__() メソッド

__call__() メソッドは、インスタンス名を使って呼び出すことができます。

リスト3.26 では、**Calc** クラスへ __init__() メソッドの他に __call__() メソッドを実装しています。

リスト3.26 __call__() メソッドの例

In
```python
class Calc:  # Calcクラス
    def __init__(self, a):  # __init__()メソッド
        self.a = a

    def __call__(self, c):  # __call__()メソッド
        print(self.a * c + c)

    def add(self, b):  # add()メソッド
```

```
        print(self.a + b)

    def multiply(self, b):  # multiply()メソッド
        print(self.a * b)
```

リスト3.27 では、インスタンス名 **cl** を使って **__call__()** メソッドを呼び出しています。

リスト3.27 インスタンス名clを使ったメソッドの呼び出し

In
```
cl = Calc(3)   # インスタンスclを生成

# インスタンス名clを使って__call__()メソッドを呼ぶ
cl(5)   # 3 × 5 + 5
```

Out
```
20
```

このように、**__call__()** メソッドを使えばメソッド名を記述する必要がなくなります。頻繁に用いる処理を **__call__()** メソッドに記述しておくことで、コードの記述量が少なくて済むようになります。

3-1-17 with構文

with 構文を用いて、ファイルの読み込みや保存を簡潔に記述することができます。
リスト3.28 は、文字列をファイルに保存する例です。保存されたファイルは、画面左のサイドバーで確認することができます（**図3.1**）。

リスト3.28 with構文を使ったファイルへの書き込み

In
```
greetings = "Good morning!\nGood afternoon!\➡
nGood evening!\nGood night!"

with open("greetings.txt", "w") as f:
    f.write(greetings)   # ファイルに保存
```

図3.1 保存されたファイルの確認

リスト3.29 は、リスト3.28 で保存されたファイルを読み込んで表示する例です。

リスト3.29 with構文を使ったファイルの読み込み

```python
with open("greetings.txt", "r") as f:
    print(f.read())  # ファイルの読み込み
```

```
Good morning!
Good afternoon!
Good evening!
Good night!
```

3-1-18 ローカルとのやりとり

Google Colaboratoryでは、端末からファイルをアップしたり、端末にファイルをダウンロードするコードを書くことができます。

リスト3.30 は、端末からファイルをアップロードするコードです。Outで「ファイル選択」をクリックしてテキストファイル（UTF-8形式）を選択しています。

リスト3.30 端末からGoogle Colaboratoryへファイルのアップロード

```python
from google.colab import files

uploaded = files.upload()
for key in uploaded.keys():
    print(uploaded[key].decode("utf-8"))
```

Out

```
ファイルの選択  greetings.txt
(…略…)
Saving greetings.txt to greetings (1).txt
Good morning!
Good afternoon!
Good evening!
Good night!
```

また、リスト3.31のようなコードでファイルを端末へダウンロードすることも可能です。

リスト3.31 Google Colaboratoryから端末へファイルのダウンロード

In

```
files.download("greetings.txt")
```

3-1-19 Googleドライブとの連携

リスト3.32のコードは、図3.2 ❶〜❺の手順でGoogleドライブをマウントします。

リスト3.32 Googleドライブのマウント

In

```
from google.colab import drive
drive.mount('/content/drive/')
```

このノートブックに Google ドライブのファイルへのアクセスを許可しますか？

このノートブックは Google ドライブ ファイルへのアクセスをリクエストしています。Google ドライブへのアクセスを許可すると、ノートブックで実行されたコードに対し、Google ドライブ内のファイルの変更を許可することになります。このアクセスを許可する前に、ノートブックコードをご確認ください。

スキップ Google ドライブに接続 ← ❶クリック

図3.2 Googleドライブのマウント

Out
```
Mounted at /content/drive/
```

マウントが完了すれば、**with**構文などを使ってGoogleドライブにファイルを保存することが可能になります（ リスト3.33 、 図3.3 ）。

リスト3.33 Googleドライブへのファイル保存

In
```python
import os

path = '/content/drive/My Drive/greetings/'

# ディレクトリを作成する
if not os.path.exists(path):
    os.makedirs(path)

# ファイルを保存する
with open('/content/drive/My Drive/greetings/➡
hello.txt', 'w') as f:
    f.write("Hello!")
```

図3.3 ファイルがアップロードされる

3.2 NumPyの基礎

NumPyは、ディープラーニングのコードで頻繁に使用されるPythonの拡張モジュールです。内部の処理はC言語で記述されており、高速で効率的なデータの操作を可能にします。

本書でもNumPyを度々使用します。NumPyは非常に多くの機能を持っているのですが、本節ではその中でも本書で大事な機能のみを解説します。

3 2 1 NumPyの導入

Pythonでは、**import**によりモジュールを導入することができます。NumPyを導入するためには、コードの先頭に リスト3.34 のように記述します。

リスト3.34 NumPyを導入

```
In    import numpy as np
```

as を使うことでモジュールに別の名前をつけることができます。この行以降は、**np**という名前でNumPyを扱うことができるようになります。

3 2 2 NumPyの配列

人工知能、ディープラーニングの計算には多数の数値を使用しますが、これらの数値を格納するためにNumPyの配列がよく使われます。

NumPyの配列は様々な方法で作成することができますが、 リスト3.35 の例ではNumPyの**array()**関数を使い、Pythonのリストから作成しています。

リスト3.35 PythonのリストからNumPyの配列を作る

```
In    import numpy as np

      # PythonのリストからNumPyの配列を作る
      a = np.array([0, 1, 2, 3, 4, 5])    # aが配列
      print(a)
```

Out

```
[0 1 2 3 4 5]
```

　数値が格子状に並んだ、2次元の配列を作ることも可能です。2次元の配列は、要素がリストであるリストから作ることができます（**リスト3.36**）。

リスト3.36 2重のリストからNumPyの2次元配列を作る

In

```
import numpy as np

b = np.array([[0, 1, 2], [3, 4, 5]])  # 2重のリストから➡
NumPyの2次元配列を作る
print(b)
```

Out

```
[[0 1 2]
 [3 4 5]]
```

　同じようにして、3次元以上の配列を作ることもできます。3次元配列は2次元の配列を並べたもので、**リスト3.37**のように3重のリストから作ります。

リスト3.37 3重のリストからNumPyの3次元配列を作る

In

```
import numpy as np

c = np.array([[[0, 1, 2], [1, 2, 3]], [[2, 3, 4], ➡
[3, 4, 5]]])  # 3重のリストからNumPyの3次元配列を作る
print(c)
```

Out

```
[[[0 1 2]
  [1 2 3]]

 [[2 3 4]
  [3 4 5]]]
```

3-2-3 配列の演算

リスト3.38の例では、配列と数値の間で演算を行っています。この場合、配列の各要素と数値の間で演算が行われます。

リスト3.38 配列と数値の演算

In
```python
import numpy as np

a = np.array([[0, 1, 2], [3, 4, 5]])  # 2次元配列

print(a)   # 元の配列
print()
print(a + 2)   # 各要素に2を足す
print()
print(a * 2)   # 各要素に2をかける
```

Out
```
[[0 1 2]
 [3 4 5]]

[[2 3 4]
 [5 6 7]]

[[ 0  2  4]
 [ 6  8 10]]
```

配列同士の演算を行う場合は、配列における位置が同じ要素同士で演算が行われます（**リスト3.39**）。

リスト3.39 配列同士の演算

In
```python
b = np.array([[0, 1, 2], [3, 4, 5]])   # 2次元配列
c = np.array([[1, 2, 3], [4, 5, 6]])   # 2次元配列

print(b)   # 元の配列
print()
```

```
print(c)   # 元の配列
print()
print(b + c)   # 要素同士の和
print()
print(b * c)   # 要素同士の積
```

Out

```
[[0 1 2]
 [3 4 5]]

[[1 2 3]
 [4 5 6]]

[[ 1  3  5]
 [ 7  9 11]]

[[ 0  2  6]
 [12 20 30]]
```

　また、「ブロードキャスト」という機能により、特定の条件を満たしていれば形状の異なる配列同士でも演算が可能です。以下の例では、2次元配列**d**の各行と1次元配列**e**の各要素で和が計算されます（**リスト3.40**）。

リスト3.40 異なる次元の配列同士の演算

In

```
d = np.array([[1, 1],
              [1, 1]])  # 2次元配列
e = np.array([1, 2])   # 1次元配列

print(d)   # 元の配列
print()
print(e)   # 元の配列
print()
print(d + e)   # ブロードキャストの適用
```

Out

```
[[1 1]
 [1 1]]


[1 2]


[[2 3]
 [2 3]]
```

　ブロードキャストの厳密なルールは少々複雑で、全てを説明すると長くなります。とりあえず、上記のようなケースでは配列の形状が異なっても演算可能であることを覚えておきましょう。

3-2-4 形状の変換

　shapeにより、配列の形状を得ることができます。

　リスト3.41 の例では、行数が2、列数が3の2次元配列の形状を、**shape**により取得しています。

リスト3.41 shapeにより配列の形状を得る

In

```python
import numpy as np

a = np.array([[0, 1, 2],
              [3, 4, 5]])

print(a.shape)   # 配列aの形状を表示
```

Out

```
(2, 3)
```

　reshape()メソッドにより、配列の形状を変換することが可能です。

　リスト3.42 のコードでは、要素数が12の1次元配列を 形状が **(3, 4)** の2次元配列に変換しています。

リスト3.42 reshape() メソッドにより配列の形状を変換する

In
```python
b = np.array([0, 1, 2, 3, 4, 5, 6, 7, 8, 9, 10, 11]) ➡
# 配列の作成
c = b.reshape(3, 4)   # (3, 4)の2次元配列に変換

print(b)   # 元の配列
print()
print(c)   # 形状を変換された配列
```

Out
```
[ 0  1  2  3  4  5  6  7  8  9 10 11]

[[ 0  1  2  3]
 [ 4  5  6  7]
 [ 8  9 10 11]]
```

reshape() メソッドの引数に **−1** を渡すことで、どのような形状の配列であっても1次元配列に変換できます（**リスト3.43**）。

リスト3.43 reshape() メソッドにより多次元配列を1次元配列に変換する

In
```python
d = np.array([[[0, 1, 2],
               [3, 4, 5]],
              [[5, 4, 3],
               [2, 1, 0]]])   # 3次元配列

e = d.reshape(-1)

print(d)   # 元の配列
print()
print(e)   # 形状を変換された配列
```

Out
```
[[[0 1 2]
  [3 4 5]]
```

067

```
 [[5 4 3]
  [2 1 0]]]


[0 1 2 3 4 5 5 4 3 2 1 0]
```

3-2-5 要素へのアクセス

　配列の各要素には、リストの場合と同様にインデックスを使ってアクセスすることができます。

　1次元配列の場合ですが、**リスト3.44**のように **[ ]** 内にインデックスを記述することで、要素にアクセス可能です。

リスト3.44 インデックスを指定して、配列の要素にアクセスする

In
```python
import numpy as np

a = np.array([0, 1, 2, 3, 4, 5, 6])
print(a[3])
```

Out
```
3
```

　リストと同様に、先頭から **0**、**1**、**2**...とインデックスを付けた場合の、インデックスが**3**の要素を取り出しています。

　リストの場合と同様に、インデックスを指定して要素を入れ替えることも可能です（**リスト3.45**）。

リスト3.45 インデックスを指定して、配列の要素を入れ替える

In
```python
a[3] = 99
print(a)
```

Out
```
[ 0  1  2 99  4  5  6]
```

　この場合は、インデックスが**3**の要素を**99**に置き換えています。

2次元配列の場合は、要素にアクセスする際にインデックスを2つ指定します。
[ ] 内に，（カンマ）区切りでインデックスを並べることも、インデックスを入れた **[ ]** を2つ並べた表記も可能です（**リスト3.46**）。

リスト3.46 2次元配列の要素にアクセスする

```
b = np.array([[0, 1, 2],
              [3, 4, 5]])


print(b[1, 0])  # b[1][0]と同じ
```

Out
```
3
```

インデックスを2つ指定して、要素を取り出すことができました。
要素を入れ替える際も、インデックスを2つ指定します（**リスト3.47**）。

リスト3.47 2次元配列の要素を入れ替える

```
b[1, 0] = 99


print(b)
```

Out
```
[[ 0  1  2]
 [99  4  5]]
```

2つのインデックスを使って指定した要素が入れ替わりました。
次元の数がより多い場合でも、インデックスを次元数だけ指定することで要素にアクセスすることが可能です。

3-2-6 NumPyの配列と関数

Pythonの関数の引数もしくは返り値として、NumPyの配列がよく使われます。**リスト3.48** の例において、**a_func( )** 関数は引数、返り値が配列となっています。

リスト3.48 引数、及び返り値としての配列

In
```python
import numpy as np


def a_func(x):
    y = x * 2 + 1
    return y


a = np.array([[0, 1, 2],
              [3, 4, 5]])  # 2次元配列
b = a_func(a)   # 引数として配列を渡す


print(a)   # 元の配列
print()
print(b)   # 演算後の配列
```

Out
```
[[0 1 2]
 [3 4 5]]

[[ 1  3  5]
 [ 7  9 11]]
```

3-2-7 NumPyの様々な演算機能

NumPyには様々な演算機能が備わっています。

リスト3.49 の例では、**sum**により合計、**average**により平均、**min**により最小値、**max**により最大値を計算します。

リスト3.49 NumPyが持つ様々な演算機能

In
```python
import numpy as np


a = np.array([[1, 2, 3],
              [4, 5, 6]])
```

```
print(np.sum(a))   # 合計
print(np.average(a))   # 平均
print(np.min(a))   # 最小値
print(np.max(a))   # 最大値
```

Out
```
21
3.5
1
6
```

これらの関数で**axis**を指定すると、特定の方向で演算が行われます（ リスト3.50 ）。

リスト3.50 axisを指定して演算する

In
```
import numpy as np

a = np.array([[1, 2, 3],
              [4, 5, 6]])

print(np.average(a, axis=0))   # 縦方向で平均
print(np.average(a, axis=1))   # 横方向で平均
```

Out
```
[2.5 3.5 4.5]
[2. 5.]
```

これらの関数を使う際は、状況に応じて適切な**axis**を指定する必要があります。

3.3　matplotlibの基礎

　matplotlibはNumPyと同じPythonの外部モジュールで、グラフの描画や画像の表示、簡単なアニメーションの作成などを行うことができます。
　人工知能、ディープラーニングにおいてはデータを可視化することがとても大事ですので、本節ではmatplotlibによるグラフの描画を解説します。

3-3-1 matplotlibのインポート

グラフを描画するためには、matplotlibのpyplotというモジュールをインポートします。pyplotはグラフの描画をサポートします。

表示するデータにはNumPyの配列などを使いますので、NumPyもインポートします（**リスト3.51**）。

リスト3.51 NumPyとpyplotのインポート

```
In
import numpy as np
import matplotlib.pyplot as plt
```

3-3-2 linspace()関数

matplotlibでグラフを描画する際に、NumPyの**linspace()**関数がよく使われます。**linspace()**関数は、ある区間を50に等間隔で区切ってNumPyの配列にします。

linspace()関数によって作られた配列は、グラフの横軸の値としてよく使われます（**リスト3.52**）。

リスト3.52 linspace()関数で、値が等間隔に格納された配列を作る

```
In
import numpy as np

x = np.linspace(-5, 5)   # -5から5まで50に区切る

print(x)
print(len(x))   # xの要素数
```

```
Out
[-5.         -4.79591837 -4.59183673 -4.3877551  ➡
-4.18367347 -3.97959184
 -3.7755102  -3.57142857 -3.36734694 -3.16326531 ➡
-2.95918367 -2.75510204
 -2.55102041 -2.34693878 -2.14285714 -1.93877551 ➡
-1.73469388 -1.53061224
```

```
 -1.32653061 -1.12244898 -0.91836735 -0.71428571 ➡
-0.51020408 -0.30612245
 -0.10204082  0.10204082  0.30612245  0.51020408 ➡
0.71428571  0.91836735
  1.12244898  1.32653061  1.53061224  1.73469388 ➡
1.93877551  2.14285714
  2.34693878  2.55102041  2.75510204  2.95918367 ➡
3.16326531  3.36734694
  3.57142857  3.7755102   3.97959184  4.18367347 ➡
4.3877551   4.59183673
  4.79591837  5.          ]
50
```

この配列を使って、連続に変化する横軸の値を擬似的に表現します。

3·3·3 グラフの描画

pyplotを使って直線を描画します。NumPyの**linspace( )**関数で**x**座標の
データを配列として生成し、これに値をかけて**y**座標とします。そして、pyplot
の**plot**で、**x**座標、**y**座標のデータをプロットし、**show**でグラフを表示します
（ リスト3.53 ）。

リスト3.53 直線の描画

```
import numpy as np
import matplotlib.pyplot as plt

x = np.linspace(-5, 5)   # -5から5まで
y = 2 * x   # xに2をかけてy座標とする

plt.plot(x, y)
plt.show()
```

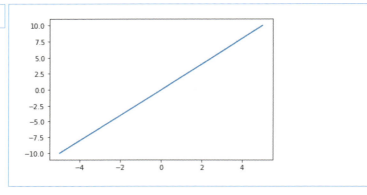

3-3-4 グラフの装飾

軸のラベルやグラフのタイトル、凡例などを表示し、線のスタイルを変更することでグラフを装飾しましょう（ リスト3.54 ）。

リスト3.54 グラフの装飾

```python
import numpy as np
import matplotlib.pyplot as plt

x = np.linspace(-5, 5)
y_1 = 2 * x
y_2 = 3 * x

# 軸のラベル
plt.xlabel("x value")
plt.ylabel("y value")

# グラフのタイトル
plt.title("My Graph")

# プロット 凡例と線のスタイルを指定
plt.plot(x, y_1, label="y1")
plt.plot(x, y_2, label="y2", linestyle="dashed")
```

```
plt.legend()  # 凡例を表示

plt.show()
```

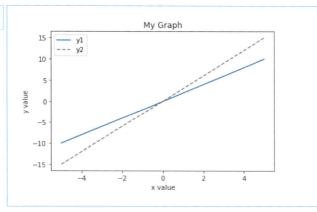

3-3-5 散布図の表示

pyplotの **scatter()** 関数により、散布図を表示することができます。
リスト3.55 のコードでは、**x**座標、**y**座標の配列から散布図を描画しています。

リスト3.55 散布図の描画

```
import numpy as np
import matplotlib.pyplot as plt

x = np.array([1.2, 2.4, 0.0, 1.4, 1.5, 0.3, 0.7])  ➡
# x座標
y = np.array([2.4, 1.4, 1.0, 0.1, 1.7, 2.0, 0.6])  ➡
# y座標

plt.scatter(x, y)   # 散布図のプロット
plt.show()
```

Out

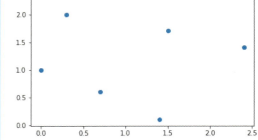

3-3-6 画像の表示

pyplotの **imshow()** 関数を使えば、NumPyの配列を画像として表示することができます。

リスト3.56 のコードは、配列を4×4の画像として表示します。

リスト3.56 配列を画像として表示する

In
```python
import numpy as np
import matplotlib.pyplot as plt

img = np.array([[0, 1, 2, 3],
                [4, 5, 6, 7],
                [8, 9, 10,11],
                [12,13,14,15]])   # 4x4の配列

plt.imshow(img, "gray")   # グレースケールで表示
plt.colorbar()    # カラーバーの表示
plt.show()
```

Out

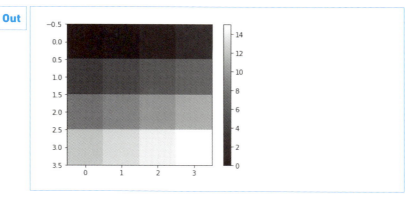

　この画像では、黒が0、白15を表します。そして、中間色はこれらの中間の値を表します。カラーバーを表示することも可能です。

3.4 pandasの基礎

　pandasはPythonでデータ分析を行うためのライブラリで、データの読み込みや編集、統計量の表示などを簡単に行うことができます。主要なコードはCythonまたはC言語で書かれており、高速に動作します。このため、pandasはPythonによるデータ分析や機械学習でよく使われます。

3-4-1 pandasの導入

　pandasを使うためには、pandasのモジュールをインポートする必要があります。NumPyもインポートしておきます（リスト3.57）。

リスト3.57 pandasのモジュールをインポート

In
```
import pandas as pd
import numpy as np
```

③-④-② Seriesの作成

Seriesはラベル付きの1次元の配列で、整数や小数、文字列など様々な型の
データを格納することができます。

pandasのデータ構造にはSeries（1次元）とDataFrame（2次元）があります
が、リスト3.58のコードはリストからSeriesを作る例です。

ラベルは**index**で指定します。

リスト3.58 リストからSeriesを作る

```
In
a = pd.Series([60, 80, 70, 50, 30], index=["Japanese", ➡
"English", "Math", "Science", "History"])
print(type(a))
print(a)
```

```
Out
<class 'pandas.core.series.Series'>
Japanese      60
English       80
Math          70
Science       50
History       30
dtype: int64
```

リスト3.58 ではリストとしてデータとラベルを渡していますが、NumPyの配列
を使っても構いません（リスト3.59）。

リスト3.59 NumPyの配列からSeriesを作る

```
In
a = pd.Series(np.array([60, 80, 70, 50, 30]), index=➡
np.array(["Japanese", "English", "Math", "Science", ➡
"History"]))
print(type(a))
print(a)
```

```
Out
<class 'pandas.core.series.Series'>
Japanese      60
```

```
English      80
Math         70
Science      50
History      30
dtype: int64
```

Seriesは、辞書から作ることもできます（**リスト3.60**）。

リスト3.60 辞書から Series を作る

In
```
a = pd.Series({"Japanese":60, "English":80, "Math":70, ➡
"Science":50, "History":30})
print(type(a))
print(a)
```

Out
```
<class 'pandas.core.series.Series'>
Japanese     60
English      80
Math         70
Science      50
History      30
dtype: int64
```

3-4-3 Series の操作

インデックスやラベルを使って、Seriesのデータの操作を行うことができます。
リスト3.61 は、データにアクセスする例です。

リスト3.61 Series のデータにアクセスする

In
```
a = pd.Series([60, 80, 70, 50, 30], index=[ ➡
"Japanese", "English", "Math", "Science", "History"])
print(a[2])    # インデックスを指定
print(a["Math"])    # ラベルを指定
```

Out
```
70
70
```

`concat()`メソッドを使ってデータを追加することができます（**リスト3.62**）。

リスト3.62 Seriesにconcat()メソッドでデータを追加する

In
```
a = pd.Series([60, 80, 70, 50, 30], index=["Japanese", ➡
"English", "Math", "Science", "History"])
b = pd.Series([20], index=["Art"])
a = pd.concat([a, b])
print(a)
```

Out
```
Japanese    60
English     80
Math        70
Science     50
History     30
Art         20
dtype: int64
```

その他、データの変更や削除、Series同士の結合なども可能です。
詳細については、公式ドキュメントなどを参考にしましょう。

• pandas：pandas.Series
  URL https://pandas.pydata.org/pandas-docs/stable/reference/api/
  pandas.Series.html

3-4-4 DataFrameの作成

DataFrameはラベル付きの2次元の配列で、整数や小数、文字列など様々な
型のデータを格納することができます。
リスト3.63は、2次元のリストからDataFrameを作る例です。

リスト3.63 DataFrameを作成する

```
In
a = pd.DataFrame([[80, 60, 70, True],
                  [90, 80, 70, True],
                  [70, 60, 75, True],
                  [40, 60, 50, False],
                  [20, 30, 40, False],
                  [50, 20, 10, False]])
a   # ノートブックではprintを使わなくても表示が可能
```

```
Out
     0    1    2       3
0   80   60   70    True
1   90   80   70    True
2   70   60   75    True
3   40   60   50   False
4   20   30   40   False
5   50   20   10   False
```

DataFrameはSeriesや辞書、NumPyの配列から作ることも可能です。行と列には、ラベルを付けることができます（**リスト3.64**）。

リスト3.64 NumPyの配列からDataFrameを作成する

```
In
a.index = ["Taro", "Hanako", "Jiro", "Sachiko", ➡
"Saburo", "Yoko"]
a.columns = ["Japanese", "English", "Math", "Result"]
a
```

```
Out
          Japanese   English   Math   Result
Taro          80        60      70     True
Hanako        90        80      70     True
Jiro          70        60      75     True
Sachiko       40        60      50    False
Saburo        20        30      40    False
Yoko          50        20      10    False
```

③④⑤ データの特徴

shapeにより、データの行数、列数を取得できます（**リスト3.65**）。

リスト3.65 データの行数、列数を取得

In
```
a.shape   # 行数、列数
```

Out
```
(6, 4)
```

最初の5行のみを表示する際は、**head()** メソッドを（**リスト3.66**）、最後の5行のみを表示する際は**tail()** メソッドを使います（**リスト3.67**）。

特に行数が多い場合に、データの概要を把握するのに便利です。

リスト3.66 データの最初の5行を取得

In
```
a.head()   # 最初の5行
```

Out

	Japanese	English	Math	Result
Taro	80	60	70	True
Hanako	90	80	70	True
Jiro	70	60	75	True
Sachiko	40	60	50	False
Saburo	20	30	40	False

リスト3.67 データの最後の5行を取得

In
```
a.tail()   # 最後の5行
```

Out

	Japanese	English	Math	Result
Hanako	90	80	70	True
Jiro	70	60	75	True
Sachiko	40	60	50	False
Saburo	20	30	40	False
Yoko	50	20	10	False

基本的な統計量は、**describe()** メソッドで一度に表示することができます
（ リスト3.68 ）。

リスト3.68 基本的な統計量の表示

```
In    a.describe()   # 基本的な統計量
```

```
Out              Japanese        English          Math
       count     6.000000       6.000000      6.000000
       mean     58.333333      51.666667     52.500000
       std      26.394444      22.286020     24.849547
       min      20.000000      20.000000     10.000000
       25%      42.500000      37.500000     42.500000
       50%      60.000000      60.000000     60.000000
       75%      77.500000      60.000000     70.000000
       max      90.000000      80.000000     75.000000
```

これらの値は、**mean()** や **max()** などのメソッドで個別に取得することもで
きます。

3-4-6 DataFrame の操作

インデックスやラベルを使って、DataFrameのデータの操作を行うことがで
きます。

リスト3.69 のコードでは、**loc()** メソッドを使って範囲を指定し、Seriesデー
タを取り出しています。

リスト3.69 DataFrameからSeriesデータを取り出す

```
In    tr = a.loc["Taro", :]   # 1行取り出す
      print(type(tr))
      tr
```

Out

```
<class 'pandas.core.series.Series'>
                    Taro
    Japanese         80
    English          60
      Math           70
    Result          True

dtype: object
```

取り出した行の型がSeriesになっていることが確認できますね。

同様に、DataFrameから列を取り出すこともできます（**リスト3.70**）。

リスト3.70 DataFrameから列を取り出す

In

```
ma = a.loc[:, "English"]  # 1列取り出す
print(type(ma))
ma
```

Out

```
<class 'pandas.core.series.Series'>
                 English
      Taro         60
    Hanako         80
      Jiro         60
    Sachiko        60
    Saburo         30
      Yoko         20

dtype: int64
```

こちらもSeries型ですね。

iloc()メソッドを使えばインデックスにより範囲を指定することも可能です（**リスト3.71**）。

リスト3.71 DataFrameから範囲を指定して取り出す

In

```
r = a.iloc[1:4, :2]  # 行:1-3、列:0-1
print(type(r))
r
```

Out

```
<class 'pandas.core.frame.DataFrame'>

         Japanese    English
Hanako         90         80
  Jiro         70         60
Sachiko        40         60
```

loc() メソッドにより、行を追加することができます（**リスト3.72**）。

リスト3.72 DataFrameに行を追加する

In

```
a.loc["Shiro"] = pd.Series([70, 80, 70, True], index=➡
["Japanese", "English", "Math", "Result"], name=➡
"Shiro")   # Seriesを行として追加
a
```

Out

```
         Japanese    English    Math    Result
   Taro         80         60      70      True
 Hanako         90         80      70      True
   Jiro         70         60      75      True
Sachiko         40         60      50     False
 Saburo         20         30      40     False
   Yoko         50         20      10     False
  Shiro         70         80      70      True
```

列のラベルを指定し、列を追加することができます（**リスト3.73**）。

リスト3.73 DataFrameに列を追加する

In

```
a["Science"] = [80, 70, 60, 50, 60, 40, 80]   # 列をリスト➡
として追加
a
```

Out

	Japanese	English	Math	Result	Science
Taro	80	60	70	True	80
Hanako	90	80	70	True	70
Jiro	70	60	75	True	60
Sachiko	40	60	50	False	50
Saburo	20	30	40	False	60
Yoko	50	20	10	False	40
Shiro	70	80	70	True	80

sort_values() メソッドにより、DataFrameをソートすることができます（ リスト3.74 ）。

リスト3.74 DataFrameをソートする

In

```
a.sort_values(by="Math",ascending=False)
```

Out

	Japanese	English	Math	Result	Science
Jiro	70	60	75	True	60
Taro	80	60	70	True	80
Hanako	90	80	70	True	70
Shiro	70	80	70	True	80
Sachiko	40	60	50	False	50
Saburo	20	30	40	False	60
Yoko	50	20	10	False	40

他にも、DataFrameにはデータの削除や変更、DataFrame同士の結合など様々な機能があります。もちろん、条件を詳しく絞ってデータを抽出することも可能です。

さらに詳しく知りたい方は、公式ドキュメントなどを参考にしましょう。

• pandas: pandas.DataFrame

URL https://pandas.pydata.org/pandas-docs/stable/reference/api/pandas.DataFrame.html

3.5 演習

NumPyとmatplotlibのコードを書くことに慣れていきましょう。

3-5-1 reshapeによる配列形状の操作

リスト3.75のコードを実行するとエラーが発生します。

reshapeにより配列**a**の形状を変更し、エラーが発生しないようにしてください。

リスト3.75 エラーが出るコード

```
import numpy as np

a = np.array([0, 1, 2, 3, 4, 5])    # この配列の形状を、➡
reshapeにより変更する
b = np.array([[5, 4, 3], [2, 1, 0]])

# この下にコードを書く


print(a + b)
```

3-5-2 3次関数の描画

以下の3次関数の曲線を、matplotlibを使って描画しましょう。

$$y = x^3 - 12x$$

リスト3.76のコードを補完してください。

リスト3.76 3次関数の曲線の描画

```python
import numpy as np
import matplotlib.pyplot as plt

x = np.linspace(-4, 4)
# この下のコードを補完する
y =

plt.xlabel("x")
plt.ylabel("y")
plt.plot(x, y)
plt.show()
```

3.6 解答例

以下に解答例を示します（**リスト3.77**、**リスト3.78**）。

③ ⑥ ① reshapeによる配列形状の操作

リスト3.77 解答例①

```python
import numpy as np

a = np.array([0, 1, 2, 3, 4, 5])   # この配列の形状を、➡
reshapeにより変更する
b = np.array([[5, 4, 3], [2, 1, 0]])

# この下にコードを書く
a = a.reshape(2, 3)

print(a + b)
```

Out

(…略…)

3 6 2 3次関数の描画

リスト3.78 解答例②

In
```python
import numpy as np
import matplotlib.pyplot as plt

x = np.linspace(-4, 4)
# この下のコードを補完する
y = x**3 - 12*x

plt.xlabel("x")
plt.ylabel("y")
plt.plot(x, y)
plt.show()
```

Out

(…略…)

3.7 Chapter3のまとめ

　本チャプターでは、人工知能、ディープラーニングを学ぶための下準備として、Pythonを基礎から学びました。学んだ内容は、Pythonの基礎的な文法、数値計算用のNumPy、グラフ表示用のmatplotlib、データ分析用のpandasです。

　本チャプターは、先のチャプターに進んだ後でも、必要に応じて必要な箇所を読み直すことをお勧めします。

　それでは、以上を踏まえて実際に簡単なディープラーニングを構築していきましょう。

Chapter 4

簡単な ディープラーニング

これまでに学んできたGoogle ColaboratoryとPythonを使って、簡単なディープラーニングの実装を行います。

本チャプターには以下の内容が含まれます。

● ディープラーニングの概要
● シンプルなディープラーニングの実装
● 様々なニューラルネットワーク
● 演習

本チャプターは、ディープラーニングの概要から始まります。

そして、Google Colaboratoryを立ち上げてシンプルなディープラーニングを実装していきます。データの読み込みと前処理を行った上で訓練用データとテスト用データを用意し、フレームワークKerasを使ってシンプルなディープラーニングのモデルを構築します。

構築したモデルは訓練用データを使って訓練されます。そして、この訓練済みのモデルを使用して、未知のデータを使った予測を行います。その後いったんコードを離れて、様々なニューラルネットワークを紹介します。

最後にこのチャプターの演習を行います。

チャプターの内容は以上になりますが、本チャプターで簡単なディープラーニングを実装することにより、ディープラーニングの実装の全体像が把握できるかと思います。最新の生成AIも同じ原理で訓練されています。AIの学習における普遍的な原理なので、ぜひ理解しておきましょう。

Google Colaboratoryを使うことにより、人工知能のコードを気軽に試すことができます。人工知能のコードを書くことに、これから少しずつ慣れていきましょう。

それでは、本チャプターをぜひお楽しみください。

4.1 ディープラーニングの概要

ディープラーニングのコードを書く前に、まずはディープラーニングの概要を解説します。多数の層からなるニューラルネットワークの学習は、ディープラーニング、もしくは深層学習と呼ばれます。ディープラーニングは、産業、科学やアートなど幅広い分野で活用されています。

4.1.1 神経細胞

ディープラーニングはニューラルネットワークをベースにしていますが、これは生物の神経細胞が作るネットワークをベースにしています。従って、最初に動物の神経細胞について解説したいと思います。

図4.1 の写真は、マウスの大脳新皮質における神経細胞です。神経細胞は水色に染色されており、画像は拡大されています。この神経細胞の大きさは、数マイクロメートル程度です。まるで木のように、枝のようなものと根のようなものが伸びて、他の神経細胞とつながっていることがわかります。

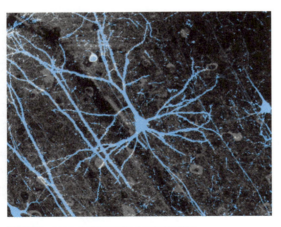

図4.1 マウスの大脳新皮質における神経細胞

URL https://en.wikipedia.org/wiki/Neuron より引用（CC BY 2.5）

神経細胞には、錐体細胞、星状細胞、顆粒細胞など様々な種類が存在しますが、脳全体ではこのような神経細胞が約1000億程度あると考えられています。

4.1.2 神経細胞のネットワーク

それでは、この神経細胞の構造、及び多数の神経細胞が形作るネットワークを図で見ていきましょう。

図4.2 の神経細胞の図にご注目ください。

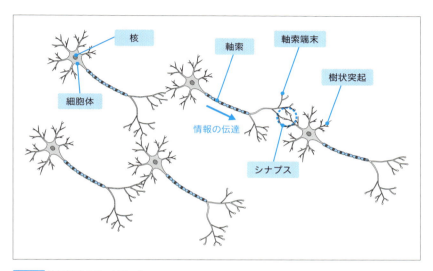

図4.2 神経細胞のネットワーク

神経細胞では、細胞体から樹状突起と呼ばれる木の枝のような突起が伸びています。この樹状突起は、多数の神経細胞からの信号を受け取ります。受け取った信号を用いて細胞体で演算が行われることにより、新たな信号が作られます。作られた信号は、長い軸索を伝わって、軸索端末まで届きます。軸索端末は多数の次の神経細胞、あるいは筋肉と接続されており、信号を次に伝えることができます。このように、神経細胞は複数の情報を統合し、新たな信号を作り他の神経細胞や筋肉に伝える役目を担っています。

また、このような神経細胞と、他の神経細胞の接合部はシナプスと呼ばれています。シナプスには複雑なメカニズムがあるのですが、結合強度が強くなったり弱くなったりすることで記憶が形成されると言われています。

このようなシナプスですが、神経細胞1個あたり1000程度あると考えられています。神経細胞は約1000億なので、脳全体で約100兆個程度のシナプスがあることになります。このように非常にたくさんのシナプスにより、複雑な記憶や、あるいは意識が形成されるとも考えられています。

4-1-3 人工ニューロン

それでは、以上を踏まえて、ここからはコンピュータ上で神経細胞、あるいは神経細胞ネットワークのモデル化について解説します。

まずは、これ以降使用する用語について少し解説します。

コンピュータ上のモデル化された神経細胞のことを、「人工ニューロン」、英語でいうとArtificial Neuronといいます。

また、コンピュータ上のモデル化された神経細胞ネットワークのことを、「人工ニューラルネットワーク」、英語ではArtificial Neural Networkといいます。しかしながら、これ以降は簡単にするためにコンピュータ上のものに対して、ニューロン、ニューラルネットワークという名称を主に使います。

それでは、このニューロンの典型的な構造を見ていきましょう（ 図4.3 ）。

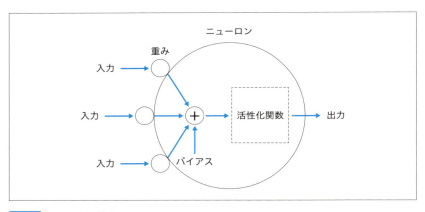

図4.3 ニューロンの構造

ニューロンには複数の入力がありますが、出力は1つだけです。これは、樹状突起への入力が複数あるのに対して、軸索からの出力が1つだけであることに対応します。

各入力には、重みをかけ合わせます。重みは結合荷重とも呼ばれ、入力ごとに値が異なります。この重みの値が脳のシナプスにおける伝達効率に相当し、値が大きければそれだけ多くの情報が流れることになります。

そして、重みと入力をかけ合わせた値の総和に、バイアスと呼ばれる定数を足します。バイアスは言わば、ニューロンの感度を表します。バイアスの大小により、ニューロンの興奮しやすさが調整されます。

入力と重みの積の総和にバイアスを足した値は、活性化関数と呼ばれる関数で

処理されます。この関数は、入力をニューロンの興奮状態を表す信号に変換します。このようなニューロンをつなぎ合わせて構築したネットワークが、ニューラルネットワークです。

4-1-4 ニューラルネットワーク

次に、ニューラルネットワークについて解説します。

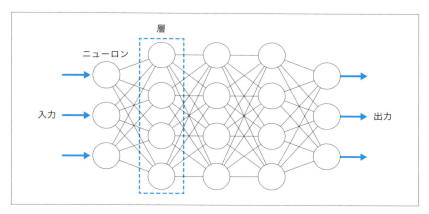

図4.4 ニューラルネットワークの例

図4.4 にニューラルネットワークの例を示しましたが、ニューロンが層状に並んでいます。ニューロンは、前の層の全てのニューロンと、後ろの層の全てのニューロンに接続されています。

ニューラルネットワークには、複数の入力と複数の出力があります。数値を入力し、情報を伝播させ結果を出力します。出力は確率などの予測値として解釈可能で、ネットワークにより予測を行うことが可能です。

また、ニューロンや層の数を増やすことで、ニューラルネットワークは高い表現力を発揮するようになります。

以上のように、ニューラルネットワークはシンプルな機能しか持たないニューロンが層を形成し、層の間で接続が行われることにより形作られます。

4.1.5 バックプロパゲーション

ここで、バックプロパゲーションによるニューラルネットワークの学習について解説します（ 図4.5 ）。

ニューラルネットワークは、出力と正解の誤差が小さくなるように重みとバイアスを調整することで学習することができます。

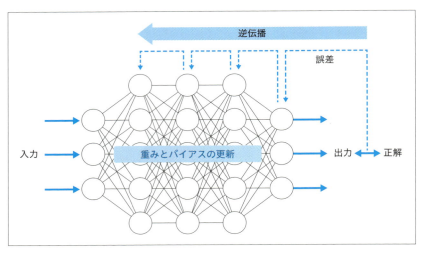

図4.5 バックプロパゲーションの例

1層ずつ遡るように誤差を伝播させて重みとバイアスを更新しますが、このアルゴリズムは、バックプロパゲーション、もしくは誤差逆伝播法と呼ばれます。バックプロパゲーションでは、ニューラルネットワークをデータが遡るようにして、ネットワークの各層のパラメータが調整されます。ニューラルネットワークの各パラメータが繰り返し調整されることでネットワークは次第に学習し、適切な予測が行われるようになります。

4.1.6 ディープラーニング

多数の層からなるニューラルネットワークの学習は、ディープラーニングもしくは深層学習と呼ばれます（ 図4.6 ）。

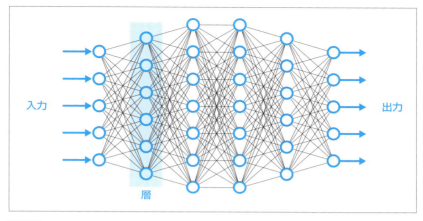

図4.6 多数の層からなるニューラルネットワーク

　ディープラーニングはヒトの知能に部分的に迫る、あるいは凌駕する高い性能をしばしば発揮することがあります。囲碁プログラムAlphaGoが囲碁チャンピオンに勝利したことや、高度な画像認識で近年特に注目を集めています。

　なお、何層以上のケースをディープラーニングと呼ぶかについては、明確な定義はありません。層がいくつも重なったニューラルネットワークによる学習を、漠然とディープラーニングと呼ぶようです。

　基本的に、層の数が多くなるほどネットワークの表現力は向上するのですが、それに伴い学習は難しくなります。

　ディープラーニングの概要の解説は以上になります。次の節から、実際に手を動かして簡単なディープラーニングのコードを書いていきましょう。

4.2 シンプルなディープラーニングの実装

　ディープラーニング用のフレームワークKerasを使い、最小限のコードでディープラーニングを実装します。
　ディープラーニングにより、花の特徴から種類を特定しましょう。

4.2.1 Kerasとは？

　本書では、ディープラーニングの実装にフレームワークKerasを利用します。

Kerasは、Pythonで書かれたTensorFlowもしくはCNTK、Theano上で実行可能な機械学習のフレームワークです。Kerasではディープラーニングのコードを簡潔に記述することが可能なため、アイディアを素早く実装し、手軽に実験することを可能にします。

なお、KerasにはスタンドアロンKerasとTensorFlow同梱版のKerasがあります。TensorFlow同梱版のKerasはtf.kerasと呼ばれていますが、本書ではライブラリや環境の対応状況に合わせてスタンドアロンのKerasとtf.kerasを使い分けています。なお、以降このフレームワークの呼び方は「Keras」に統一します。

4-2-2 データの読み込み

scikit-learnというライブラリからIris Datasetを読み込みます。Iris Datasetは、150個、3品種のIrisの花のサイズからなるデータセットです。

- The Iris Dataset
  URL https://scikit-learn.org/stable/auto_examples/datasets/plot_iris_dataset.html

各花には4つの測定値と、品種を表す0から2のラベルがあります。データの総数は150です（ リスト4.1 ）。

リスト4.1 Irisデータセットを読み込む

```
In
import numpy as np
from sklearn import datasets

iris = datasets.load_iris()
print(iris.data[:10])  # 4つの測定値を10組表示
print(iris.data.shape)  # 測定値データの形状を表示
print(iris.target)  # ラベルを全て表示
```

```
Out
[[5.1 3.5 1.4 0.2]
 [4.9 3.  1.4 0.2]
 [4.7 3.2 1.3 0.2]
 [4.6 3.1 1.5 0.2]
 [5.  3.6 1.4 0.2]
```

```
 [5.4 3.9 1.7 0.4]
 [4.6 3.4 1.4 0.3]
 [5.  3.4 1.5 0.2]
 [4.4 2.9 1.4 0.2]
 [4.9 3.1 1.5 0.1]]
(150, 4)
[0 0 0 0 0 0 0 0 0 0 0 0 0 0 0 0 0 0 0 0 0 0 0 0 0 ➡
0 0 0 0 0 0 0 0 0 0
 0 0 0 0 0 0 0 0 0 0 0 0 0 0 1 1 1 1 1 1 1 1 1 1 1 ➡
1 1 1 1 1 1 1 1 1
 1 1 1 1 1 1 1 1 1 1 1 1 1 1 1 1 1 1 1 1 1 1 1 1 2 ➡
2 2 2 2 2 2 2 2 2
 2 2 2 2 2 2 2 2 2 2 2 2 2 2 2 2 2 2 2 2 2 2 2 2 2 ➡
2 2 2 2 2 2 2 2 2
 2 2]
```

　 リスト4.1 の結果からもラベルには0、1、2の3種類あることがわかりますが、これはニューラルネットワークを訓練するために使用する正解データとなります。

4-2-3 データの前処理

　ニューラルネットワークへの入力となる入力データと、誤差を計算するために必要な正解データを前処理により作成します（ リスト4.2 ）。

　今回は、入力データへの前処理として、入力の標準化を行います。標準化は、平均値が0、標準偏差が1になるように変換する処理です。

- scikit-Learn：6.3. Preprocessing data
  URL https://scikit-learn.org/stable/modules/preprocessing.html

　また、ラベルはone-hot表現に変換します。one-hot表現は、1要素だけ1で残りは0の配列です。

- Keras Documentation：Numpyユーティリティ
  URL https://keras.io/api/utils/python_utils/

リスト4.2 データを前処理する

In

```
from sklearn import preprocessing
import tensorflow as tf


# ---- 入力データ ----
scaler = preprocessing.StandardScaler()  # 標準化のための➡
スケーラー
scaler.fit(iris.data)  # 変換のためのパラメータを計算
x = scaler.transform(iris.data)  # データの変換
print(x[:10])  # 入力を10件表示


# ---- 正解データ ----
t = tf.keras.utils.to_categorical(iris.target)  ➡
# ラベルをone-hot表現に変換
print(t[:10])  # 正解ラベルを10件表示
```

Out

```
[[-0.90068117  1.01900435 -1.34022653 -1.3154443 ]
 [-1.14301691 -0.13197948 -1.34022653 -1.3154443 ]
 [-1.38535265  0.32841405 -1.39706395 -1.3154443 ]
 [-1.50652052  0.09821729 -1.2833891  -1.3154443 ]
 [-1.02184904  1.24920112 -1.34022653 -1.3154443 ]
 [-0.53717756  1.93979142 -1.16971425 -1.05217993]
 [-1.50652052  0.78880759 -1.34022653 -1.18381211]
 [-1.02184904  0.78880759 -1.2833891  -1.3154443 ]
 [-1.74885626 -0.36217625 -1.34022653 -1.3154443 ]
 [-1.14301691  0.09821729 -1.2833891  -1.44707648]]
[[1. 0. 0.]
 [1. 0. 0.]
 [1. 0. 0.]
 [1. 0. 0.]
 [1. 0. 0.]
 [1. 0. 0.]
 [1. 0. 0.]
```

```
[1. 0. 0.]
[1. 0. 0.]]
```

4-2-4 訓練用データとテスト用データ

train_test_split() 関数を使って、データ全体を訓練用データとテスト用データに分割します（ リスト4.3 ）。

- sklearn.model_selection.train_test_split
  URL https://scikit-learn.org/stable/modules/generated/sklearn.model_selection.train_test_split.html

リスト4.3 データを訓練用データとテスト用データに分割する

```
In    from sklearn.model_selection import train_test_split

      # x_train: 訓練用の入力データ
      # x_test: テスト用の入力データ
      # t_train: 訓練用の正解データ
      # t_test: テスト用の正解データ
      # train_size=0.75: 75%が訓練用、25%がテスト用
      x_train, x_test, t_train, t_test = train_test_split➡
      (x, t, train_size=0.75)
```

4-2-5 モデルの構築

フレームワークKerasを使ってニューラルネットワークを構築します。

Kerasでは、シンプルなモデルであれば **Sequential()** 関数で作成することができます。そして、**Dense()** 関数により、通常のニューラルネットワークで使用する「全結合層」を作ることができます。

このような「層」や活性化関数などは、**add()** メソッドによりモデルに追加することができます。

今回は、3つの全結合層を持つシンプルなディープラーニング用のモデルを構

築します（ リスト4.4 ）。

- Sequential：単純に層を積み重ねるモデル

  URL https://www.tensorflow.org/api_docs/python/tf/keras/
  Sequential

- Dense：全結合層

  URL https://www.tensorflow.org/api_docs/python/tf/keras/layers/
  Dense

- Activation：活性化関数

  URL https://www.tensorflow.org/api_docs/python/tf/keras/layers/
  Activation

リスト4.4 Kerasでモデルを構築する

```
from tensorflow.keras.models import Sequential
from tensorflow.keras.layers import Input, Dense, ➡
Activation

model = Sequential()
model.add(Input(shape=(4,))) # 4つの特徴が入力なので、➡
入力の数は4
model.add(Dense(32)) # ニューロン数は32
model.add(Activation('relu')) # 活性化関数（ReLU）を追加
model.add(Dense(32)) # ニューロン数32の全結合層を追加
model.add(Activation('relu')) # 活性化関数（ReLU）を追加
model.add(Dense(3)) # 3つに分類するので、ニューロン数は3
model.add(Activation('softmax')) # 3つ以上の分類にはソフト➡
マックス関数を使用
model.compile(optimizer='sgd', loss='categorical_➡
crossentropy', metrics=['accuracy']) # モデルのコンパイル

print(model.summary())
```

Out

```
Model: "sequential_3"
```

Layer (type)	Output Shape	Param #
dense (Dense)	(None, 32)	160
activation (Activation)	(None, 32)	0
dense_1 (Dense)	(None, 32)	1,056
activation_1 (Activation)	(None, 32)	0
dense_2 (Dense)	(None, 3)	99
activation_2 (Activation)	(None, 3)	0

```
 Total params: 1,315 (5.14 KB)
 Trainable params: 1,315 (5.14 KB)
 Non-trainable params: 0 (0.00 B)
```

4 2 6 学習

訓練用の入力データと正解データを使って、モデルを訓練します（ リスト4.5 ）。

- fit：固定のエポック数でモデルを訓練する
  URL https://keras.io/api/models/model_training_apis/

リスト4.5 モデルを訓練する

In

```
history = model.fit(x_train, t_train, epochs=30, ➡
batch_size=8)
```

Out

```
Epoch 1/30
14/14 ——————————————————— 1s 2ms/step - ➡
accuracy: 0.4049 - loss: 1.1762
Epoch 2/30
14/14 ——————————————————— 0s 2ms/step - ➡
accuracy: 0.5276 - loss: 0.9946
Epoch 3/30
14/14 ——————————————————— 0s 2ms/step - ➡
accuracy: 0.7826 - loss: 0.8441
```

```
Epoch 4/30
14/14 ──────────────────────── 0s 2ms/step - ➡
accuracy: 0.8121 - loss: 0.7783
Epoch 5/30
14/14 ──────────────────────── 0s 2ms/step - ➡
accuracy: 0.7574 - loss: 0.7153
Epoch 6/30
14/14 ──────────────────────── 0s 2ms/step - ➡
accuracy: 0.8091 - loss: 0.6357
Epoch 7/30
14/14 ──────────────────────── 0s 2ms/step - ➡
accuracy: 0.8750 - loss: 0.6019
Epoch 8/30
14/14 ──────────────────────── 0s 2ms/step - ➡
accuracy: 0.8440 - loss: 0.5847
Epoch 9/30
14/14 ──────────────────────── 0s 2ms/step - ➡
accuracy: 0.8671 - loss: 0.5466
Epoch 10/30
14/14 ──────────────────────── 0s 2ms/step - ➡
accuracy: 0.8378 - loss: 0.5110
Epoch 11/30
14/14 ──────────────────────── 0s 3ms/step - ➡
accuracy: 0.8495 - loss: 0.5007
Epoch 12/30
14/14 ──────────────────────── 0s 2ms/step - ➡
accuracy: 0.8282 - loss: 0.5183
Epoch 13/30
14/14 ──────────────────────── 0s 2ms/step - ➡
accuracy: 0.9109 - loss: 0.4524
Epoch 14/30
14/14 ──────────────────────── 0s 2ms/step - ➡
accuracy: 0.8848 - loss: 0.4142
Epoch 15/30
14/14 ──────────────────────── 0s 2ms/step - ➡
```

```
accuracy: 0.8261 - loss: 0.4592
Epoch 16/30
14/14 ──────────────────────── 0s 2ms/step -
accuracy: 0.8472 - loss: 0.4411
Epoch 17/30
14/14 ──────────────────────── 0s 2ms/step -
accuracy: 0.8911 - loss: 0.4025
Epoch 18/30
14/14 ──────────────────────── 0s 2ms/step -
accuracy: 0.8997 - loss: 0.3889
Epoch 19/30
14/14 ──────────────────────── 0s 2ms/step -
accuracy: 0.8638 - loss: 0.4141
Epoch 20/30
14/14 ──────────────────────── 0s 2ms/step -
accuracy: 0.8796 - loss: 0.3627
Epoch 21/30
14/14 ──────────────────────── 0s 2ms/step -
accuracy: 0.8841 - loss: 0.3794
Epoch 22/30
14/14 ──────────────────────── 0s 2ms/step -
accuracy: 0.8498 - loss: 0.3852
Epoch 23/30
14/14 ──────────────────────── 0s 2ms/step -
accuracy: 0.8815 - loss: 0.3499
Epoch 24/30
14/14 ──────────────────────── 0s 2ms/step -
accuracy: 0.8783 - loss: 0.3903
Epoch 25/30
14/14 ──────────────────────── 0s 2ms/step -
accuracy: 0.9062 - loss: 0.3501
Epoch 26/30
14/14 ──────────────────────── 0s 2ms/step -
accuracy: 0.8612 - loss: 0.3856
Epoch 27/30
```

```
14/14 ──────────────────── 0s 2ms/step – ➡
accuracy: 0.9185 – loss: 0.2907
Epoch 28/30
14/14 ──────────────────── 0s 2ms/step – ➡
accuracy: 0.9020 – loss: 0.2966
Epoch 29/30
14/14 ──────────────────── 0s 2ms/step – ➡
accuracy: 0.8302 – loss: 0.3884
Epoch 30/30
14/14 ──────────────────── 0s 2ms/step – ➡
accuracy: 0.8741 – loss: 0.3003
```

④-②-⑦ 学習の推移

`history`には学習の経緯が記録されています。これを使って、誤差と精度（正解率）の推移を表示します（ リスト4.6 ）。

リスト4.6 モデルの学習の推移を表示する

```
import matplotlib.pyplot as plt

hist_loss = history.history['loss']   # 訓練用データの誤差
hist_acc = history.history['accuracy']   # 訓練用データの➡
精度（正解率）

plt.plot(np.arange(len(hist_loss)), hist_loss, ➡
label='loss')   # 誤差
plt.plot(np.arange(len(hist_acc)), hist_acc, ➡
label='accuracy')   # 精度（正解率）
plt.legend()
plt.show()
```

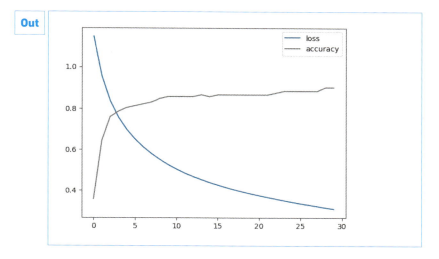

学習が進むとともに滑らかに誤差が減少し、精度が向上していることが確認できます。

4-2-8 評価

テスト用のデータを使い、モデルの評価を行います（リスト4.7）。

- evaluate：入力、正解データから誤差などを計算します。
  URL https://www.tensorflow.org/api_docs/python/tf/keras/Sequential#evaluate

リスト4.7 モデルの評価をする

```
loss, accuracy = model.evaluate(x_test, t_test)
print("誤差:", loss, "精度", accuracy)
```

```
2/2 ──────────────── 0s 13ms/step ─ ➡
accuracy: 0.7971 - loss: 0.3511
誤差: 0.3769669234752655 精度 0.7894737124443054
```

訓練済みモデルの誤差と精度（正解率）を得ることができました。

4-2-9 予測

predict() メソッドにより、学習済みのモデルを使って予測を行うことができます（ リスト4.8 ）。

- predict：モデルを使って入力を出力に変換します。
  URL https://www.tensorflow.org/api_docs/python/tf/keras/Sequential#predict

リスト4.8 学習済みのモデルで予測をする

```
In    y_test = model.predict(x_test)
      print(y_test[:10])   # 予測結果を10件表示
```

```
Out   2/2 ─────────────────────────── 0s 43ms/step
      [[0.0500798  0.34615627 0.60376394]
       [0.09382477 0.44464502 0.46153018]
       [0.06159871 0.4597794  0.47862184]
       [0.9825936  0.01055207 0.0068544 ]
       [0.04670134 0.332089   0.6212097 ]
       [0.01158016 0.12442927 0.8639906 ]
       [0.19141924 0.63010216 0.17847863]
       [0.9773701  0.01349484 0.00913514]
       [0.9732925  0.01967396 0.00703334]
       [0.97827816 0.01605036 0.00567146]]
```

予測結果は各品種に分類される確率を表すのですが、各行の和が1になっていることが確認できます。

4-2-10 モデルの保存

学習済みのモデルは保存することができます（ リスト4.9 ）。

- save：モデルを保存します。

  URL https://www.tensorflow.org/api_docs/python/tf/keras/
  Sequential#save

- load_model：保存されたモデルを読み込みます。

リスト4.9 モデルの保存と読み込み

In
```
from tensorflow.keras.models import load_model


model.save('model.keras')   # 保存
load_model('model.keras')   # 読み込み
```

Out
```
<Sequential name=sequential_3, built=True>
```

　保存された訓練済みのモデルは、読み込んで追加で訓練を行うこともできますし、アプリケーションで利用することも可能です。

4.3　様々なニューラルネットワーク

　前節では、シンプルな全結合層のみ持つニューラルネットワークを構築しました。それでは、他にどのようなニューラルネットワークがあるのでしょうか。本節では、様々なニューラルネットワークを簡単に紹介します。

4.3.1　畳み込みニューラルネットワーク

　まずは、畳み込みニューラルネットワークについて解説します。

　畳み込みニューラルネットワークはConvolutional Neural Networkの（日本語）訳ですが、以降はCNNと略します。CNNは、生物の視覚をモデルとしており、画像認識を得意としています。

　図4.7 はCNNの例ですが、CNNでは画像を入力とした分類問題をよく扱います。この図においては、出力層の各ニューロンが各動物に対応し、出力の値がその動物である確率を表します。

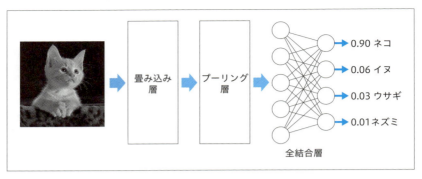

図4.7 畳み込みニューラルネットワーク

　CNNでは、画像を柔軟に精度よく認識するために、通常のニューラルネットワークとは異なる層を使います。CNNには畳み込み層、プーリング層、全結合層という名前の層が登場します。畳み込み層では、フィルタにより特徴の抽出が行われます。また、プーリング層においては位置の微妙なずれが吸収されます。

　これらの層により抽出された画像の局所的な特徴は、通常のニューラルネットワークである全結合層に渡されます。この全結合層によりその物体が何であるか最終的に判断されるわけですが、出力層の各ニューロンは、それに分類される確率となります。

　例えば、猫の写真を学習済みのCNNに入力すると、90%でネコ、6%でイヌ、3%でウサギ、1%でネズミ、のように、その物体がどのグループに分類される確率が最も高いかを教えてくれます。

　以上がCNNの概要ですが、CNNについてはChapter7で改めて詳しく解説します。

4.3.2 再帰型ニューラルネットワーク

　次に、再帰型ニューラルネットワークについて解説します。

　再帰型ニューラルネットワークはRecurrent Neural Networkの訳ですが、RNNとよく略されます。

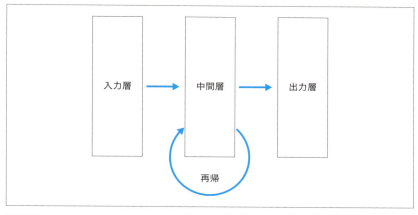

図4.8 再帰型ニューラルネットワーク（RNN）

　RNNは、**図4.8**に示すように中間層がループする構造を取ります。この場合、中間層の出力は次の入力とともに中間層への入力になります。このような自分自身へのループを「再帰」といいます。

　RNNでは、中間層が前の時刻の中間層の影響を受けるので、ニューラルネットワークが以前の時刻における情報を保持することになります。すなわち、RNNは過去の記憶を用いて判断を行うことができます。これにより、RNNは自然言語のように毎回入力の長さが異なるデータを扱うことができます。

　以上がRNNの概要ですが、詳細については改めてChapter8で解説します。

4-3-3 GoogLeNet

　複雑なニューラルネットワークの例を見ていきましょう。
　図4.9に示すのは、GoogLeNetと呼ばれるネットワークです。

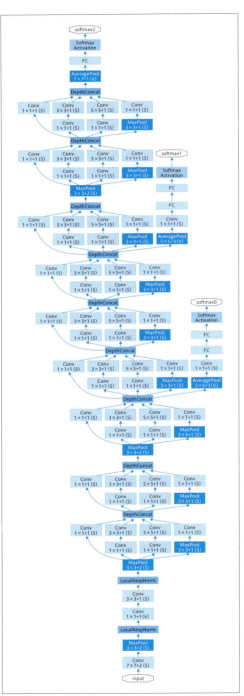

図4.9 GoogLeNetのアーキテクチャ

出典 『Going Deeper with Convolutions』（Christian Szegedy, Wei Liu, Yangqing Jia, Pierre Sermanet, Scott Reed, Dragomir Anguelov, Dumitru Erhan, Vincent Vanhoucke, Andrew Rabinovich）のFigure 3 より引用

URL https://arxiv.org/pdf/1409.4842.pdf

このネットワークは大規模画像認識コンペティションILSVRCで実際に使われたのですが、このネットワークを使用したチームはこのコンペティションで優勝しました。

このように、GoogLeNetは非常に高い性能を持つニューラルネットワークです。多くの層を持つのですが、層の分岐や合流があります。また、最初だけではなく途中からの入力も存在します。このような複雑なニューラルネットワークであっても、バックプロパゲーションを使えば学習させることが可能です。そして、さらに複雑な、100層を超えるネットワークも、これまでに開発されています。

4-3-4 ボルツマンマシン

ボルツマンマシンは、全てのニューロンが互いに接続された、情報の伝播が確率的かつ双方向に行われるニューラルネットワークです。ここまで紹介してきたニューラルネットワークのように、ニューロンが層状に並んでいるわけではありません。ボルツマンマシンでは、全てのニューロンがお互いに接続されており、接続に向きがありません。そして、通常のニューラルネットワークと異なり、情報が伝播するかどうかは確率で決まります。

ボルツマンマシンではバックプロパゲーションは行われませんが、前後のニューロンの状態に基づきニューロン同士の結合強度が更新されます。言わば、複数のニューロンの因果関係をネットワークで表現していることになります。

ボルツマンマシンは全てのネットワークが接続されているため計算量が膨大になり実用的ではありませんが、一部のニューロン間でしか接続されない「制限ボルツマンマシン」というものもあります。

以上のように、様々なニューラルネットワークがこれまでに考案されています。ニューラルネットワークは今も発展を続けており、今後も新たな形態が考案されていくことでしょう。

4.4　演習

Kerasを使って、ディープラーニングのモデルを構築します。今回もIrisの分類を行います。セルにPythonのコードを記述し、指定したモデルを構築しましょう。

4 4 1 データの準備

最初に、リスト4.10 を実行しましょう。ただし、コードは変更しないでください。

リスト4.10 データの準備

```python
import numpy as np
from sklearn import datasets
from sklearn import preprocessing
from sklearn.model_selection import train_test_split
import tensorflow as tf

iris = datasets.load_iris()

scaler = preprocessing.StandardScaler()
scaler.fit(iris.data)

x = scaler.transform(iris.data)
t = tf.keras.utils.to_categorical(iris.target)

x_train, x_test, t_train, t_test = train_test_split(x, ➡
t, train_size=0.75)
```

4 4 2 モデルの構築

`model.summary()`関数により リスト4.11 の結果が表示されるモデルを構築しましょう。

リスト4.11 結果

```
Layer (type)                Output Shape          Param #
=================================================================
dense_1 (Dense)             (None, 16)                  80
_____
activation_1 (Activation)   (None, 16)                   0
```

```
dense_2 (Dense)              (None, 16)              272

activation_2 (Activation)    (None, 16)              0

dense_3 (Dense)              (None, 3)               51

activation_3 (Activation)    (None, 3)               0
=========================================================
Total params: 403
Trainable params: 403
Non-trainable params: 0


None
```

リスト4.12 の指定した箇所にコードを追記してください。

リスト4.12 指定した箇所にコードを追記

```
from keras.models import Sequential
from keras.layers import Input, Dense, Activation

model = Sequential()
# --- ここからコードを書く ---




# --- ここまで ---
model.add(Dense(3))
model.add(Activation('softmax'))
model.compile(optimizer='sgd',loss='categorical_➡
crossentropy',metrics=['accuracy']) # モデルのコンパイル

print(model.summary())
```

4 4 3 学習

構築したモデルを訓練しましょう（ リスト4.13 ）。

リスト4.13 構築したモデルを訓練

```
history = model.fit(x_train, t_train, epochs=30, ➡
batch_size=8)
```

4 4 4 学習の推移

学習が問題なく行われたことを確認するために、学習の推移を見ましょう
（ リスト4.14 ）。

リスト4.14 学習の推移

```
import matplotlib.pyplot as plt

hist_loss = history.history['loss']    # 訓練用データの誤差
hist_acc = history.history['accuracy']    # 検証用データの誤差

plt.plot(np.arange(len(hist_loss)), hist_loss, ➡
label='loss')
plt.plot(np.arange(len(hist_acc)), hist_acc, ➡
label='accuracy')
plt.legend()
plt.show()
```

Out　（…略…）

4 4 5 評価

モデルの評価を行いましょう（ リスト4.15 ）。

リスト4.15 評価

In
```
loss, accuracy = model.evaluate(x_test, t_test)
print(loss, accuracy)
```

Out
```
(…略…)
```

4 4 6 予測

学習済みのモデルを使って、予測を行いましょう（**リスト4.16**）。

リスト4.16 予測

In
```
model.predict(x_test)
```

Out
```
(…略…)
```

4.5 解答例

リスト4.17 に解答例を示します。

リスト4.17 解答例

In
```
# --- ここからコードを書く ---
model.add(Input(shape=(4,)))
model.add(Dense(16))
model.add(Activation('relu'))
model.add(Dense(16))
model.add(Activation('relu'))
# --- ここまで ---
```

4.6 Chapter4 のまとめ

　本チャプターは、ディープラーニングの概要から始まり、実際にフレームワーク Keras を使ってシンプルなディープラーニングを実装しました。

　以降のチャプターでは、ここまでの内容をベースにさらに発展的な内容を扱っていきます。ときには複雑な仕組みを持つモデルを扱うこともありますが、実装のベースは本チャプターの内容になります。

　それでは、人工知能、ディープラーニングの仕組みを理解し、コードで実装することに、これから少しずつ慣れていきましょう。

Chapter 5

ディープラーニングの理論

ディープラーニングの仕組みを基礎から解説します。様々な派生技術を学ぶ前に、基礎となる考え方を押さえておきましょう。

本チャプターには以下の内容が含まれます。

- 数学の基礎
- 順伝播と逆伝播
- 勾配降下法
- 出力層と中間層の勾配
- 損失関数と活性化関数
  etc…
- 演習

本チャプターでは、線形代数や微分などの数学の基礎を必要に応じて解説します。そして、この数学をベースに予測を行う順伝播と学習に必要な逆伝播について学びます。また、逆伝播による学習のベースとなる勾配降下法についても同時に学びます。そして、これらに基づき出力層と中間層の勾配をそれぞれ導出していきます。また、誤差を定義する損失関数と、ニューロンの興奮状態を決定する活性化関数についても同様に解説します。

チャプターの内容は以上になりますが、本チャプターを通して学ぶことでディープラーニングの基礎的な原理が把握できて、様々な技術の背景が理解できるようになるかと思います。

ディープラーニングの原理は少々とっつきにくいところがありますが、決して本質的に難しいものではありません。少しずつ、理解を進めていきましょう。

近年注目を集めている生成AI技術も、このディープラーニングを基盤としています。ChatGPTやDALL-Eなどの革新的な生成モデルは、本チャプターで学ぶ基本原理を発展させ、大規模なデータセットで訓練することで実現されています。ディープラーニングの基礎を理解することは、これらの最先端技術の仕組みを把握する上でも重要な一歩となります。

それでは、本チャプターをぜひお楽しみください。

5.1 数学の基礎

本チャプターを学ぶために必要な、数学の基礎を解説します。

5 1 1 シグマ（Σ）を使った総和の表記

Σ（シグマ）の記号を用いることで、「総和」を簡潔な数式で表すことができます。

例えば、以下のようなn個の数値の総和を考えます。

$$a_1 + a_2 + \cdots + a_n$$

上記は、以下のようにΣを使うことで短く表記することができます。

$$\sum_{k=1}^{n} a_k \qquad \text{（式5.1.1）}$$

この式は、a_kの添字であるkを1からnまで、すなわちa_1からa_nまで足し合わせる、という意味になります。n個の数値を足し合わせることになります。

なお、文脈上総数nが明らかな場合、（式5.1.1）は以下のように簡略化されることがあります。

$$\sum_{k} a_k$$

以下の総和をコードで実装しましょう（ リスト5.1 ）。総和は、NumPyの **sum ( )** 関数を使って簡単に求めることができます。

$$a_1 = 1, a_2 = 3, a_3 = 2, a_4 = 5, a_5 = 4$$

$$y = \sum_{k=1}^{5} a_k$$

リスト5.1 NumPyのsum()関数で総和を求める

In
```
import numpy as np

a = np.array([1, 3, 2, 5, 4])  # a1からa5まで
y = np.sum(a)  # 総和
print(y)
```

Out
```
15
```

以上のように、Σを用いることで総和を簡潔に表記可能で、その式はNumPyで簡単に実装することができます。

5-1-2 ネイピア数 e

ネイピア数eは、数学的にとても便利な性質を持っています。eの値は、円周率πのように無限に桁が続く小数です。

$$e = 2.718281828459045235360287471352\ldots$$

ネイピア数は以下のような、べき乗の形でよく用いられます。

$$y = e^x \tag{式5.1.2}$$

この式は、微分しても式が変わらないという大変便利な特徴を持っています。この性質のためネイピア数は数学的に扱いやすく、人工知能における様々な数式で使用されています。

（式5.1.2）は以下のように表記されることもあります。

$$y = \exp(x)$$

この$\exp$を使った表記は、()の中に多くの記述が必要な場合に便利です。eの右肩に小さな文字で多くの記述があると、式が読みづらくなってしまうからです。

ネイピア数は、NumPyにおいて **e** で取得することができます（ **リスト5.2** ）。また、ネイピア数のべき乗はNumPyの **exp()** 関数で実装することができます。

リスト5.2 NumPyでネイピア数を得る

In
```
import numpy as np


print(np.e)  # ネイピア数
print(np.exp(1))  # eの1乗
```

Out
```
2.718281828459045
2.718281828459045
```

上記のコードにより、eの1乗、すなわちネイピア数を得ることができました。

5 1 3 自然対数 $\log$

$y = a^x$ $(a > 0、a \neq 1)$ を、左辺がxになるように変形しましょう。ここで、$\log$の記号を使います。この記号を用いて、xを次のように表します。

$$x = \log_a y$$

この式において、xは「aをべき乗してyになる数」になります。この式で、xとyを入れ替えます。

$$y = \log_a x$$

この$\log_a x$を、**対数**と呼びます。そして、特にaがネイピア数eである場合、$\log_e x$を、**自然対数**と呼びます。自然対数は次のように表されます。

$$y = \log_e x$$

この式では、eをy乗するとxになります。自然対数は、「eを何乗したらxになるか」を表します。この表記において、ネイピア数eはよく次のように省略されます。

$$y = \log x$$

自然対数は微分するのが簡単なので、数式上の扱いが楽です。そのため、ディープラーニングの数式でよく使われます。NumPyでは、**log( )**関数を使って自然対数を計算することができます（**リスト5.3**）。

リスト5.3 NumPyで自然対数を計算する

In

```python
import numpy as np

print(np.log(np.e))   # ネイピア数の自然対数
print(np.log(np.exp(2)))   # ネイピア数の2乗の自然対数
print(np.log(np.exp(12)))   # ネイピア数の12乗の自然対数
```

Out

```
1.0
2.0
12.0
```

ネイピア数の自然対数は、定義の通り1になることが確認できます。また、ネイピア数のべき乗の自然対数は、右肩の指数になることも確認できます。

5.2　単一ニューロンの計算

まずは単一のニューロンから、処理を数式で表していきましょう。単一のニューロンから始めて、ニューラルネットワークにつなげていきます。

5-2-1 コンピュータ上における神経細胞のモデル化

脳における個々の神経細胞は、比較的簡単な演算能力しか持たないと考えられています。それでも、このシンプルな神経細胞のユニットがお互いにつながり連動することで、高度な知的能力が発生します。

コンピュータ上のニューラルネットワークの場合も同様に、それぞれのニューロンで行われている演算はシンプルなものです。しかしながら、多数のニューロンがつながり協調することで高度な認識・判断能力が発揮されるようになります。

それでは、単一のニューロンをモデル化していきましょう。

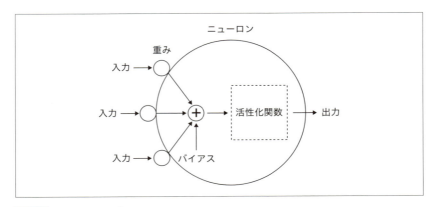

図5.1 ニューロンのモデル

図5.1のニューロンには複数の入力がありますが、出力は1つだけです。これは、神経細胞において樹状突起への入力が複数あるのに対して、軸索からの出力が1つだけであることに対応します。

各入力には、「重み」をかけ合わせます。重みは結合荷重とも呼ばれ、入力ごとに異なる値を取ります。この重みの値がシナプスにおける伝達の効率に相当し、重みの値が大きければそのシナプスにおいて多くの情報が流れることになります。そして、入力と重みをかけ合わせた値の総和に、「バイアス」と呼ばれる定数を足します。バイアスは、ニューロンの感度を表し、バイアスの大小により、ニューロンの興奮しやすさが調整されることになります。

先程の入力と重みの積の総和にバイアスを足した値は、活性化関数と呼ばれる関数で処理されます。この関数によりニューロンの興奮の度合いが決定され、これがニューロンの出力となります。

5.2.2 単一ニューロンを数式で表す

それでは、このニューロンのモデルを数式で表現してみましょう。
まずは、入力と重みの積を数式で表現します。

$$xw$$

ここで、xをニューロンへの入力、wをこの入力に対応する重みとします。xとwの単純な積ですね。

次に、入力と重みをかけ合わせたものを、1つのニューロンの全ての入力で足し合わせます。

$$\sum_{k=1}^{n} x_k w_k$$

　添字kは、それぞれの入力を表します。nは入力の数です。シグマの記号を使って、kが1からnになるまで足し合わせます。これにより、入力と重みの積が、全て足し合わされることになります。

　次に、入力と重みの積の総和にバイアスbを加えます。これを以下の式のようにuで表します。

$$u = \sum_{k=1}^{n} x_k w_k + b$$

　次に、活性化関数を使います。活性化関数をf、ニューロンからの出力をyで表すと、uとyの関係は以下の式で表されます。

$$y = f(u)$$

　先程の入力と重みの積の総和にバイアスを足し合わせたuを関数fに入れて、出力yを得ます。活性化関数には様々な種類がありますが、具体的な数式については次の**5.3**節で解説します。

　以上により、単一のニューロンのモデルを数式に落とし込むことができました。

　シンプルでコンピュータ上で扱いやすい数式なので、ニューラルネットワークでは一般的にこの数式が用いられています。このニューロンが次のニューロンにつながっている場合、出力yは次のニューロンへの入力となります。

　今回は単一のニューロンを数式で表しましたが、複数のニューロンをまとめて数式で扱うためには、**5.5**節で解説する行列が必要になります。

5.3　活性化関数

　活性化関数は、言わばニューロンを興奮させるための関数です。ニューロンへの入力と重みをかけたものの総和にバイアスを足し合わせた値を、ニューロンの興奮状態を表す値に変換します。もし活性化関数がないと、ニューロンにおける演算は単なる積の総和になってしまい、ニューラルネットワークから複雑な表現をする能力が失われてしまいます。

活性化関数として様々な関数が考案されてきましたが、本節では代表的なものをいくつか紹介します。

5-3-1 ステップ関数

ステップ関数は、その名の通り階段形状の変化を示す関数です。関数への入力 x が0以下の場合は出力 y が0、x が0より大きい場合は y は1になります。これを式で表すと、以下の通りになります。

$$y = \begin{cases} 0 & (x \leqq 0) \\ 1 & (x > 0) \end{cases}$$

リスト5.4 は、NumPyの **where()** 関数を使ったステップ関数の実装例です。**where()** 関数は、条件により異なる値を返す関数です。

リスト5.4 ステップ関数

```python
import numpy as np
import matplotlib.pyplot as plt

def step_function(x):
    return np.where(x<=0, 0, 1)   # 0以下の場合は0、それ以外の➡
場合は1を返す

x = np.linspace(-5, 5)
y = step_function(x)

plt.plot(x, y)
plt.show()
```

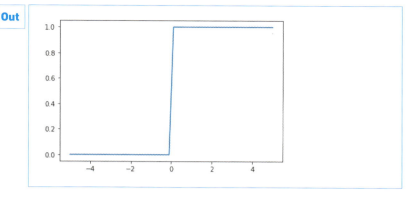

　ステップ関数を用いると、ニューロンの興奮状態を0か1でシンプルに表現することができます。実装が簡単である一方、0と1の中間の状態を表現できないというデメリットもあります。

5.3.2 シグモイド関数

　シグモイド関数は、0と1の間を滑らかに変化する関数です。関数への入力xが小さくなると関数の出力yは0に近づき、xが大きくなるとyは1に近づきます。

　シグモイド関数は、ネイピア数の累乗を表すexpを用いて以下の式のように表します。

$$y = \frac{1}{1 + \exp(-x)}$$

　この式において、xの値が負になり0から離れると、分母が大きくなるためyは0に近づきます。

　また、xの値が正になり0から離れると、$\exp(-x)$は0に近づくためyは1に近づきます。式からグラフの形状を想像することができますね。

　シグモイド関数は、 リスト5.5 のようなコードで実装することができます。

リスト5.5　シグモイド関数

```
import numpy as np
import matplotlib.pylab as plt
```

```python
def sigmoid_function(x):
    return 1/(1+np.exp(-x))

x = np.linspace(-5, 5)
y = sigmoid_function(x)

plt.plot(x, y)
plt.show()
```

Out

　このように、シグモイド関数はステップ関数と比べて滑らかであり、0と1の中間を表現することができます。

5-3-3 tanh

　tanhはハイパボリックタンジェント（hyperbolic tangent）の略です。tanhは-1と1の間を滑らかに変化する関数です。曲線の形状はシグモイド関数に似ていますが、0を中心とした対称になっているのでバランスのいい活性化関数です。

　tanhは、シグモイド関数と同じくネイピア数の累乗を用いた式で表されます。

$$y = \frac{\exp(x) - \exp(-x)}{\exp(x) + \exp(-x)}$$

　tanhは、 リスト5.6 のようなコードで実装することができます。このように、NumPyの **tanh()** 関数を用いれば、tanhを簡単にプログラムで利用することができます。

リスト5.6 tanh()関数

In
```python
import numpy as np
import matplotlib.pylab as plt

def tanh_function(x):
    return np.tanh(x)

x = np.linspace(-5, 5)
y = tanh_function(x)

plt.plot(x, y)
plt.show()
```

Out
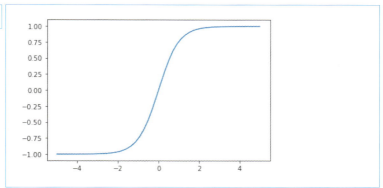

5.3.4 ReLU

ReLUはランプ関数とも呼ばれ、$x > 0$の範囲でのみ立ち上がるのが特徴的な活性化関数です。

ReLUは、以下のような式で表されます。

$$y = \begin{cases} 0 & (x \leqq 0) \\ x & (x > 0) \end{cases}$$

関数への入力xが0以下の場合、関数の出力yは0に、xが正の場合、yはxと等しくなります。

ReLUは、 リスト5.7 のようなコードで実装することができます。

NumPyの**where()**関数を使用していますが、これは$x \leqq 0$のときは0に、この条件を満たしていないときはxになることを意味します。

リスト5.7 ReLU()関数

```
import numpy as np
import matplotlib.pylab as plt

def relu_function(x):
    return np.where(x <= 0, 0, x)

x = np.linspace(-5, 5)
y = relu_function(x)

plt.plot(x, y)
plt.show()
```

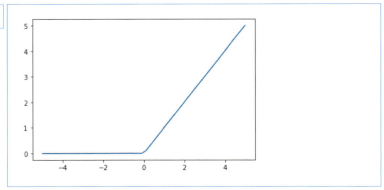

シンプルであり、なおかつ層の数が多くなっても安定した学習ができるので、最近のディープラーニングでは主にこのReLUが出力層以外の活性化関数として用いられています。

5-3-5 恒等関数

恒等関数は、入力をそのまま出力として返す関数です。形状は直線になります。

恒等関数は、以下のシンプルな式で表されます。

$$y = x$$

恒等関数は、 リスト5.8 のようなコードで実装することができます。

リスト5.8 恒等関数

```python
import numpy as np
import matplotlib.pylab as plt

x = np.linspace(-5, 5)
y = x

plt.plot(x, y)
plt.show()
```

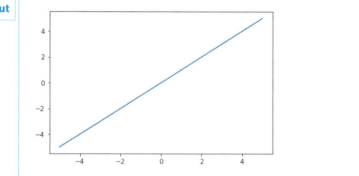

　ニューラルネットワークの出力層では、この恒等関数や次項で説明するソフトマックス関数などが活性化関数としてよく使用されます。

　恒等関数は、出力が連続値である回帰問題を扱う際によく使われます。出力の範囲に制限がなく連続的なため、連続的な数値を予測するのに適しているからです。

5.3.6 ソフトマックス関数

　ソフトマックス関数は、ニューラルネットワークで分類を行う際に適した活性化関数で、ここまで扱ってきた他の活性化関数と比べて少々トリッキーな数式で表します。

活性化関数の出力をy、入力をxとし、同じ層のニューロンの数をnとすると
ソフトマックス関数は以下の式で表されます。

$$y = \frac{\exp(x)}{\sum_{k=1}^{n} \exp(x_k)} \qquad \text{(式5.3.1)}$$

この式で、右辺の分母$\sum_{k=1}^{n} \exp(x_k)$は、同じ層の各ニューロンの活性化関数へ
の入力x_kから$\exp(x_k)$を計算し足し合わせたものです。

また、次の関係で表されるように、同じ層の全ての活性化関数の出力を足し合
わせると1になります。

$$\sum_{l=1}^{n} \left(\frac{\exp(x_l)}{\sum_{k=1}^{n} \exp(x_k)} \right) = \frac{\sum_{l=1}^{n} \exp(x_l)}{\sum_{k=1}^{n} \exp(x_k)} = 1$$

これに加えて、ネイピア数のべき乗は常に0より大きいという性質があるの
で、$0 < y < 1$となります。このため、(式5.3.1)のソフトマックス関数は、個々
のニューロンが対応する対象に分類される確率を表現することができます。

ソフトマックス関数は、 リスト5.9 のようなコードで実装することができます。

リスト5.9 ソフトマックス関数

```python
import numpy as np

def softmax_function(x):
    return np.exp(x)/np.sum(np.exp(x)) # ソフトマックス関数
```

ソフトマックス関数の分母、$\sum_{k=1}^{n} \exp(x_k)$はNumPyの**sum()**関数を用いて、
np.sum(np.exp(x))と記述します（ リスト5.9 ）。このコードの**softmax_
function()**関数を実行してみましょう（ リスト5.10 ）。NumPyの適当な配列を
入力し、出力を表示します。

リスト5.10 softmax_function()関数を実行

```python
y = softmax_function(np.array([1,2,3]))
print(y)
```

| Out | [0.09003057 0.24472847 0.66524096] |

出力された全ての要素は0から1の範囲に収まっており、合計は1となっています。ソフトマックス関数が機能していることが確認できますね。

以上のような様々な活性化関数を、層のタイプや扱う問題によって使い分けることになります。

5.4 順伝播と逆伝播

ニューラルネットワークにおける層の概念、そして順伝播、逆伝播について解説します。本書における層の数え方と、層の上下についても説明します。

ニューラルネットワークは複数の層で構成されているので、層の概念をここで把握しておきましょう。

5.4.1 ニューラルネットワークにおける層

ニューロンを複数接続しネットワーク化することで、ニューラルネットワークが構築されます。典型的なニューラルネットワークでは、ニューロンを 図5.2 のように層状に並べます。

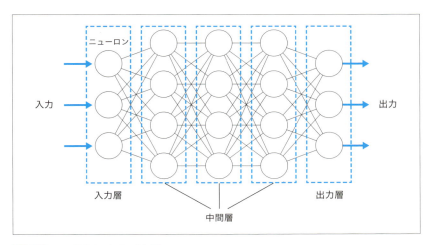

図5.2 ニューラルネットワークと層

ニューラルネットワークにおける層は、大きく入力層、中間層、出力層の3つに分類することができます。

入力層はニューラルネットワーク全体の入力を受け取り、出力層はネットワーク全体の出力を外部に渡します。

中間層は入力層と出力層の間にある複数の層です。

これらのうち、ニューロンの演算が行われるのは中間層と出力層だけで、入力層は受け取った入力を中間層に渡すのみです。

通常の全結合型ニューラルネットワークにおいては、1つのニューロンからの出力が、前後の層の全てのニューロンの入力とつながっています。しかしながら、同じ層のニューロン同士は接続されません。

5-4-2 本書における層の数え方と、層の上下

層の位置関係についてですが、本書では混乱を避けるために、よりネットワークの入力に近い層を上の層と表現します。そして、よりネットワークの出力に近い層を、下の層と表現します（図5.3）。

川の流れのように、上流から下流に情報が流れる様子をイメージしていただければわかりやすいかと思います。

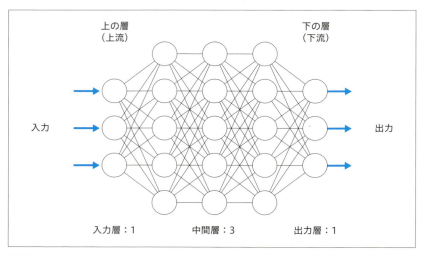

図5.3 層の上下と数え方

また、層の数え方ですが、例えば図5.3のニューラルネットワークの場合、本書では入力層が1、中間層が3、出力層が1で5層と数えます。

入力層ではニューロンの演算が行われないため、入力層をカウントしない層の数え方もありますが、本書では入力層もカウントします。

どちらを上の層にするのか、層をどのように数えるのかについては、書籍によって差異がありますのでご注意ください。

5-4-3 順伝播と逆伝播

ニューラルネットワークにおいて、入力から出力に向けて下に情報が伝わっていくことを「順伝播」といいます。逆に、出力から入力に向けて上に情報が遡っていくことを「逆伝播」といいます。

順伝播と逆伝播の関係を 図5.4 に示します。

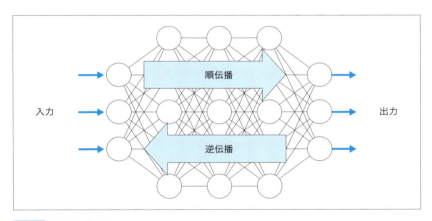

図5.4 順伝播と逆伝播

順伝播と逆伝播の解説では、層の上下について頻繁に言及しますので、混乱しないようにしましょう。順伝播はニューラルネットワークを使った推論に、逆伝播はニューラルネットワークの学習に必要になります。

以上、層の分類と、層の数え方、層の上下関係、情報の伝達方向について整理しました。以降は、このような層という概念を使ってディープラーニングについて解説していきます。

5.5 行列と行列積

スカラー、ベクトルや行列などを用いて、複数のデータをひとまとめにして扱う方法を学びます。ディープラーニングでは多くの数値を扱う必要があるのですが、行列や行列積を用いれば多くの数値に対する処理を簡潔な数式で記述することができます。そして、その数式はNumPyを使えば簡単にコードに落とし込むことができます。

5 5 1 スカラー

「スカラー」（scalar）は1、6、1.4、-8などの通常の数値のことです。本書では、数式におけるアルファベット、もしくはギリシャ文字の小文字はスカラーを表すものとします。

例：a、b、α、β）

Pythonで扱う通常の数値は、このスカラーに対応します。 リスト5.11 にコード上におけるスカラーの例をいくつか示します。

リスト5.11 様々なスカラーの例

```
a = 3
b = 1.5
c = -0.24
d = 1.4e5   # 1.4×10の5乗 140000（ネイピア数は関係ない）
```

5 5 2 ベクトル

「ベクトル」（vector）は、スカラーを直線上に並べたものです。本書における数式では、アルファベットの小文字に矢印を乗せてベクトルを表します。
ベクトルの表記の例を以下に示します。

$$\vec{a} = \begin{pmatrix} 3 \\ 2 \\ 1 \end{pmatrix}$$

$$\vec{b} = (-2.3, 0.25, -1.2, 1.8, 0.41)$$

$$\vec{p} = \begin{pmatrix} p_1 \\ p_2 \\ \vdots \\ p_m \end{pmatrix}$$

$$\vec{q} = (q_1, q_2, \cdots, q_n)$$

ベクトルには、上記の$\vec{a}$、$\vec{p}$のように縦に数値を並べる縦ベクトルと、$\vec{b}$、$\vec{q}$のように横に数値を並べる横ベクトルがあります。

また、上記の$\vec{p}$、$\vec{q}$で見られるように、要素を変数で表す際の添字の数は1つです。

ベクトルは、NumPyの1次元配列を用いることで リスト5.12 のように表されます。

リスト5.12 NumPyを使ってベクトルを表す

In
```python
import numpy as np

a = np.array([3, 2, 1])
print(a)

b = np.array([-2.3, 0.25, -1.2, 1.8, 0.41])
print(b)
```

Out
```
[3 2 1]
[-2.3   0.25 -1.2   1.8   0.41]
```

5-5-3 行列

行列はスカラーを格子状に並べたものです。以下は行列の表記の例です。

$$\begin{pmatrix} 0.12 & -0.24 & 1.2 & 0.12 \\ -1.7 & 0.35 & 0.62 & -0.71 \\ 0.26 & -3.5 & -0.12 & 1.9 \end{pmatrix}$$

行列において、水平方向のスカラーの並びを「行」、垂直方向のスカラーの並びを「列」といいます。

行は、上から1行目、2行目、3行目、…と数えます。列は、左から1列目、2列目、3列目、…と数えます。また、行がm個、列がn個並んでいる行列を、$m \times n$の行列と表現します。従って、上の図の行列は、3×4の行列になります。

なお、縦ベクトルは列の数が1の行列と、横ベクトルは行の数が1の行列と考えることもできます。

本書における数式では、アルファベット、大文字、イタリック体で行列を表します。以下は行列の表記の例です。

$$A = \begin{pmatrix} 1 & 0 & 5 \\ 4 & 3 & 2 \end{pmatrix}$$

$$P = \begin{pmatrix} p_{11} & p_{12} & \cdots & p_{1n} \\ p_{21} & p_{22} & \cdots & p_{2n} \\ \vdots & \vdots & \ddots & \vdots \\ p_{m1} & p_{m2} & \cdots & p_{mn} \end{pmatrix}$$

行列Aは2×3の行列で、行列Pは$m \times n$の行列になります。また、上記のPに見られるように、要素を変数で表す際の添字の数は2つです。

NumPyの2次元配列を使えば、 リスト5.13 のように行列を表現することができます。

リスト5.13 NumPyを使って行列を表す

```
import numpy as np

a = np.array([[1, 0, 5],
              [4, 3, 2]])  # 2×3の行列
print(a)

b = np.array([[1.2, 0.18],
              [2.3, -0.31],
```

```
                    [0.42, -4.5]])   # 3×2の行列
print(b)
```

Out
```
[[1 0 5]
 [4 3 2]]
[[ 1.2    0.18]
 [ 2.3   -0.31]
 [ 0.42  -4.5 ]]
```

5·5·4 行列の積

「行列積」では、前後2つの行列で演算を行います。前の行列における行の各要素と、後ろの行列における列の各要素をかけ合わせて総和を取り、新しい行列の要素とします。

行列積の例を見ていきましょう。行列Aと行列Bを、以下のように設定します。

$$A = \begin{pmatrix} a_{11} & a_{12} & a_{13} \\ a_{21} & a_{22} & a_{23} \end{pmatrix}$$

$$B = \begin{pmatrix} b_{11} & b_{12} \\ b_{21} & b_{22} \\ b_{31} & b_{32} \end{pmatrix}$$

Aは2×3の行列で、Bは3×2の行列です。

AとBの行列積は、以下のように演算します。

$$AB = \begin{pmatrix} a_{11} & a_{12} & a_{13} \\ a_{21} & a_{22} & a_{23} \end{pmatrix} \begin{pmatrix} b_{11} & b_{12} \\ b_{21} & b_{22} \\ b_{31} & b_{32} \end{pmatrix}$$

$$= \begin{pmatrix} a_{11}b_{11} + a_{12}b_{21} + a_{13}b_{31} & a_{11}b_{12} + a_{12}b_{22} + a_{13}b_{32} \\ a_{21}b_{11} + a_{22}b_{21} + a_{23}b_{31} & a_{21}b_{12} + a_{22}b_{22} + a_{23}b_{32} \end{pmatrix}$$

$$= \begin{pmatrix} \sum_{k=1}^{3} a_{1k}b_{k1} & \sum_{k=1}^{3} a_{1k}b_{k2} \\ \sum_{k=1}^{3} a_{2k}b_{k1} & \sum_{k=1}^{3} a_{2k}b_{k2} \end{pmatrix}$$

Aの各行とBの各列の各要素をかけ合わせて総和を取り、新しい行列の各要素とします。このとき、Aの列数と、Bの行数が一致していなければいけません。Aの列数が3であれば、Bの行数は3である必要があります。また、スカラーの積と異なり、前の行列と後ろの行列の交換は特定の条件の場合を除きできません。

上記の行列積には総和の記号Σが登場していますが、行列積は積の総和をまとめて計算する際に活躍します。ディープラーニングでは積の総和を頻繁に計算します。

試しに、数値計算をしてみましょう。2つの行列A、Bを以下の通りに設定します。

$$A = \begin{pmatrix} 0 & 1 & 2 \\ 2 & 1 & 0 \end{pmatrix}$$

$$B = \begin{pmatrix} 1 & 2 \\ 1 & 2 \\ 1 & 2 \end{pmatrix}$$

これらの行列の行列積は、以下の通りに計算できます。

$$\begin{aligned}
AB &= \begin{pmatrix} 0 & 1 & 2 \\ 2 & 1 & 0 \end{pmatrix} \begin{pmatrix} 1 & 2 \\ 1 & 2 \\ 1 & 2 \end{pmatrix} \\
&= \begin{pmatrix} 0 \times 1 + 1 \times 1 + 2 \times 1 & 0 \times 2 + 1 \times 2 + 2 \times 2 \\ 2 \times 1 + 1 \times 1 + 0 \times 1 & 2 \times 2 + 1 \times 2 + 0 \times 2 \end{pmatrix} \\
&= \begin{pmatrix} 3 & 6 \\ 3 & 6 \end{pmatrix}
\end{aligned}$$

行列積を、総和を使ってより一般的な形で表しましょう。

以下は、$l \times m$の行列Aと、$m \times n$の行列Bの行列積です。

$$AB = \begin{pmatrix} a_{11} & a_{12} & \dots & a_{1m} \\ a_{21} & a_{22} & \dots & a_{2m} \\ \vdots & \vdots & \ddots & \vdots \\ a_{l1} & a_{l2} & \dots & a_{lm} \end{pmatrix} \begin{pmatrix} b_{11} & b_{12} & \dots & b_{1n} \\ b_{21} & b_{22} & \dots & b_{2n} \\ \vdots & \vdots & \ddots & \vdots \\ b_{m1} & b_{m2} & \dots & b_{mn} \end{pmatrix}$$

$$= \begin{pmatrix} \sum_{k=1}^{m} a_{1k}b_{k1} & \sum_{k=1}^{m} a_{1k}b_{k2} & \dots & \sum_{k=1}^{m} a_{1k}b_{kn} \\ \sum_{k=1}^{m} a_{2k}b_{k1} & \sum_{k=1}^{m} a_{2k}b_{k2} & \dots & \sum_{k=1}^{m} a_{2k}b_{kn} \\ \vdots & \vdots & \ddots & \vdots \\ \sum_{k=1}^{m} a_{lk}b_{k1} & \sum_{k=1}^{m} a_{lk}b_{k2} & \dots & \sum_{k=1}^{m} a_{lk}b_{kn} \end{pmatrix}$$

行列積を全ての要素で計算するのは大変です。しかしながら、NumPyの **dot()** 関数を使えば行列積を簡単に計算することができます（ **リスト5.14** ）。

リスト5.14 NumPyを使った行列積の計算

In
```python
import numpy as np

a = np.array([[0, 1, 2],
              [2, 1, 0]])  # 2×3の行列

b = np.array([[1, 2],
              [1, 2],
              [1, 2]])  # 3×2の行列

print(np.dot(a, b))
```

Out
```
[[3 6]
 [3 6]]
```

5-5-5 要素ごとの積（アダマール積）

行列の要素ごとの積（アダマール積）は、同じ形状の行列の各要素をかけ合わせます。

以下の行列 A、B について考えます。

$$A = \begin{pmatrix} a_{11} & a_{12} & \ldots & a_{1n} \\ a_{21} & a_{22} & \ldots & a_{2n} \\ \vdots & \vdots & \ddots & \vdots \\ a_{m1} & a_{m2} & \ldots & a_{mn} \end{pmatrix}$$

$$B = \begin{pmatrix} b_{11} & b_{12} & \ldots & b_{1n} \\ b_{21} & b_{22} & \ldots & b_{2n} \\ \vdots & \vdots & \ddots & \vdots \\ b_{m1} & b_{m2} & \ldots & b_{mn} \end{pmatrix}$$

上記の行列 A、B の要素ごとの積は、演算子○を用いて以下のように表されます。

$$A \circ B = \begin{pmatrix} a_{11}b_{11} & a_{12}b_{12} & \ldots & a_{1n}b_{1n} \\ a_{21}b_{21} & a_{22}b_{22} & \ldots & a_{2n}b_{2n} \\ \vdots & \vdots & \ddots & \vdots \\ a_{m1}b_{m1} & a_{m2}b_{m2} & \ldots & a_{mn}b_{mn} \end{pmatrix}$$

例として以下の行列 A、B を考えましょう。

$$A = \begin{pmatrix} 1 & 2 & 3 \\ 4 & 5 & 6 \\ 7 & 8 & 9 \end{pmatrix}$$

$$B = \begin{pmatrix} 0 & 1 & 1 \\ 1 & 0 & 1 \\ 1 & 1 & 0 \end{pmatrix}$$

A と B の要素ごとの積は次のようになります。

$$A \circ B = \begin{pmatrix} 1 \times 0 & 2 \times 1 & 3 \times 1 \\ 4 \times 1 & 5 \times 0 & 6 \times 1 \\ 7 \times 1 & 8 \times 1 & 9 \times 0 \end{pmatrix}$$

$$= \begin{pmatrix} 0 & 2 & 3 \\ 4 & 0 & 6 \\ 7 & 8 & 0 \end{pmatrix}$$

要素ごとの積は、NumPyの配列同士を演算子*で演算することで計算することができます（ リスト5.15 ）。

リスト5.15 NumPyを用いた要素ごとの積の計算

In
```python
import numpy as np

a = np.array([[1, 2, 3],
              [4, 5, 6],
              [7, 8, 9]])  # 3×3の行列
b = np.array([[0, 1, 1],
              [1, 0, 1],
              [1, 1, 0]])  # 3×3の行列

print(a*b)
```

Out
```
[[0 2 3]
 [4 0 6]
 [7 8 0]]
```

　要素ごとの積を計算するためには、上記のように配列の形状が同じである必要があります。

　なお、要素ごとの和には演算子 **+**、要素ごとの差には演算子 **−**、要素ごとの割り算には演算子 **/** を使います。

5-5-6 転置

　行列には「転置」という操作を行うことがあります。行列を転置することで、行と列が入れ替わります。

　以下は転置の例です。例えば行列 A の転置行列は、A^{T} と表します。

$$A = \begin{pmatrix} 1 & 2 & 3 \\ 4 & 5 & 6 \end{pmatrix}$$

$$A^{\mathrm{T}} = \begin{pmatrix} 1 & 4 \\ 2 & 5 \\ 3 & 6 \end{pmatrix}$$

$$B = \begin{pmatrix} a & b \\ c & d \\ e & f \end{pmatrix}$$

$$B^{\mathrm{T}} = \begin{pmatrix} a & c & e \\ b & d & f \end{pmatrix}$$

NumPyでは、配列の変数名の後に **.T** を付けると転置が行われます（ リスト5.16 ）。

リスト5.16 NumPyを用いた転置の例

In
```
import numpy as np


a = np.array([[1, 2, 3],
              [4, 5, 6]])  # 2×3の行列
print(a.T)  # 転置
```

Out
```
[[1 4]
 [2 5]
 [3 6]]
```

　行列積を行うためには、前の行列の列数と後ろの行列の行数が一致する必要があります。転置を行うことで、これらが一致し行列積が可能になることがあります。

5.6　層間の計算

　本節では、2つの全結合層の間の順伝播を数式化します。2つの層の間で計算ができれば、残りの層間の順伝播も同じようにして計算することができます。

5 6 1 2層間の接続

　2つの全結合層間の接続を 図5.5 に示します。

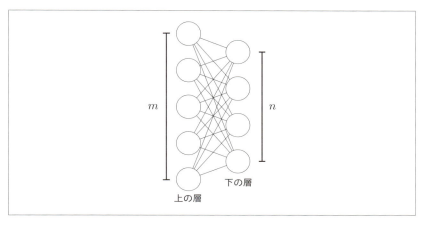

図5.5 2層間の接続

上の層の全てのニューロンは、それぞれ下の層の全てのニューロンと接続されており、下の層の全てのニューロンは、上の層の全てのニューロンと接続されています。

ニューロンへのそれぞれの入力には重みをかけるのですが、重みの数は入力の数と等しいので、上の層のニューロン数をmとすると、下の層のニューロンは1つあたりm個の重みを持つことになります。従って、下の層のニューロン数をnとすると、下の層には合計$m \times n$個の重みが存在します。

5-6-2 2層間の順伝播

例えば、上の層の1番目のニューロンから、下の層の2番目のニューロンへの入力の重みはw_{12}と表されます。このように、重みは上の層の全てのニューロンと下の層の全てのニューロンのそれぞれの組み合わせごとに設定する必要があります。

ここで、行列を使用します。以下のような$m \times n$の行列に、下の層の重みを全て格納することができます。

$$W = \begin{pmatrix} w_{11} & w_{12} & \cdots & w_{1n} \\ w_{21} & w_{22} & \cdots & w_{2n} \\ \vdots & \vdots & \ddots & \vdots \\ w_{m1} & w_{m2} & \cdots & w_{mn} \end{pmatrix}$$

Wは、重みを表す行列になります。

そして、上の層の出力、すなわち下の層への入力はベクトルで表すことができます。上の層にはm個のニューロンがあるので、下の層の各ニューロンへの入力の数はmになります。iを上の層の添字（この節では使いません）、jを下の層の添字とし、$\vec{x_j}$を下の層への入力を表すベクトルとすると、以下の表記が可能です。

$$\vec{x_j} = (x_1, x_2, \cdots, x_m)$$

バイアスもベクトルで表記することが可能です。バイアスの数は下の層のニューロンの数に等しく、下の層のニューロンの数はn個なので、バイアス$\vec{b_j}$は以下のように表すことができます。

$$\vec{b_j} = (b_1, b_2, \cdots, b_n)$$

また、下の層の出力の数はこの層のニューロンの数nに等しいので、ベクトル$\vec{y_j}$を用いて次のように表すことができます。

$$\vec{y_j} = (y_1, y_2, \cdots, y_n)$$

各ニューロンで入力と重みの積の総和を求める必要がありますが、これは行列積を用いて一度に求めることができます。下の層への入力$\vec{x_j}$を$1 \times m$の行列と考えると、以下の行列積で、下の層の全てのニューロンにおける入力と重みの積の総和を求めることができます。

$$\vec{x_j}W = (x_1, x_2, \cdots, x_m) \begin{pmatrix} w_{11} & w_{12} & \dots & w_{1n} \\ w_{21} & w_{22} & \dots & w_{2n} \\ \vdots & \vdots & \ddots & \vdots \\ w_{m1} & w_{m2} & \dots & w_{mn} \end{pmatrix}$$

$$= (\sum_{k=1}^{m} x_k w_{k1}, \sum_{k=1}^{m} x_k w_{k2}, \dots, \sum_{k=1}^{m} x_k w_{kn})$$

行列積の結果は要素数nのベクトルとなっています。このベクトルの各要素は、下の層の各ニューロンにおける重みと入力の積の総和になっていますね。これにバイアス$\vec{b_j}$を加えたものを$\vec{u_j}$とします。$\vec{u_j}$は次のように表すことができます。

$$\vec{u_j} = \vec{x_j}W + \vec{b_j}$$

$$= (x_1, x_2, \cdots, x_m) \begin{pmatrix} w_{11} & w_{12} & \dots & w_{1n} \\ w_{21} & w_{22} & \dots & w_{2n} \\ \vdots & \vdots & \ddots & \vdots \\ w_{m1} & w_{m2} & \dots & w_{mn} \end{pmatrix} + (b_1, b_2, \cdots, b_n)$$

$$= (\sum_{k=1}^{m} x_k w_{k1} + b_1, \sum_{k=1}^{m} x_k w_{k2} + b_2, \dots, \sum_{k=1}^{m} x_k w_{kn} + b_n)$$

$\vec{u_j}$ の各要素ですが、重みと入力の積の総和にバイアスを足したものになっていることがわかります。

NumPyの **dot()** 関数を使って、$\vec{u_j}$ は以下のように計算することができます。

● [$\vec{u_j}$の計算]

```
u = np.dot(x, w) + b  ➡
# x： 入力のベクトル　w： 重みの行列　b： バイアスのベクトル
```

次に、活性化関数を導入します。ベクトル $\vec{u_j}$ の各要素を活性化関数に入れて処理し、下の層の出力を表すベクトル $\vec{y_j}$ を得ることができます。

$$\vec{y_j} = (y_1, y_2, \cdots, y_n) \qquad\qquad (式5.6.1)$$

$$= f(\vec{u_j})$$

$$= f(\vec{x_j}W + \vec{b_j})$$

$$= (f(\sum_{k=1}^{m} x_k w_{k1} + b_1), f(\sum_{k=1}^{m} x_k w_{k2} + b_2), \dots, f(\sum_{k=1}^{m} x_k w_{kn} + b_n))$$

この式において、$\vec{y_j}$ の要素数は下の層のニューロン数と同じ n となっています。$\vec{y_j}$ は、以前に扱った単一ニューロンの式を層全体に拡張したものになっていますね。

さらに下に層がある場合は、$\vec{y_j}$ はその層への入力となります。

ニューロンを層として扱うことで、2つの層間の順伝播を数式にまとめることができました。層の数がさらに増えても、(式5.6.1) を使って上の層から下の層へ次々に順伝播を行うことができます。

ニューラルネットワークは、層の数が増えて規模が大きくなるほど、より高度な認識・判断能力を持つことが可能になります。そのために、各ニューロンの重

みとバイアスを自動で最適化する仕組みが必要になりますが、これについては**5.9**節以降で解説していきます。

5.7 微分の基礎

微分とはある関数の変化の割合のことで、ディープラーニングの背景となる理論には必要不可欠です。本節では、微分の基本から始めて、多変数からなる関数の微分や、複数の関数からなる合成関数の微分などを解説します。

5-7-1 微分

関数$y = f(x)$において、xを微小な変化量Δxだけ変化させます。このときのyの変化量は以下の通りです。

$$\Delta y = f(x + \Delta x) - f(x)$$

このとき、yの微小な変化量Δyとxの微小な変化量Δxの割合は、以下の式で表されます。

$$\frac{\Delta y}{\Delta x} = \frac{f(x + \Delta x) - f(x)}{\Delta x}$$

上記の式で、Δxの値を0に限りなく近づける極限を考えます。この極限は、新たな関数$f'(x)$として表すことができます。

$$f'(x) = \lim_{\Delta x \to 0} \frac{f(x + \Delta x) - f(x)}{\Delta x}$$

この関数$f'(x)$を、$f(x)$の「導関数」といいます。そして、関数$f(x)$から導関数$f'(x)$を得ることを、関数$f(x)$を「微分」する、といいます。

導関数には、以下のようにいくつかの記述の仕方があります。

$$f'(x) = \frac{df(x)}{dx} = \frac{d}{dx}f(x)$$

5-7-2 微分の公式

いくつかの関数は、公式、あるいはその組み合わせを使うことで簡単に導関数を求めることができます。以下に、そのような微分の公式をいくつか紹介します。

rを任意の実数として$f(x) = x^r$としたとき、以下が成り立ちます。

$$\frac{d}{dx}f(x) = \frac{d}{dx}x^r = rx^{r-1} \qquad \text{(公式5.7.1)}$$

また、関数の和$f(x) + g(x)$を微分する際は、それぞれを微分して足し合わせます。

$$\frac{d}{dx}(f(x) + g(x)) = \frac{d}{dx}f(x) + \frac{d}{dx}g(x) \qquad \text{(公式5.7.2)}$$

関数の積$f(x)g(x)$は、以下のように微分することができます。

$$\frac{d}{dx}(f(x)g(x)) = f(x)\frac{d}{dx}g(x) + g(x)\frac{d}{dx}f(x) \qquad \text{(公式5.7.3)}$$

定数は、微分の外に出ることができます。kを任意の定数としたとき、以下の公式が成り立ちます。

$$\frac{d}{dx}kf(x) = k\frac{d}{dx}f(x) \qquad \text{(公式5.7.4)}$$

それでは、例として以下の関数を微分してみましょう。

$$f(x) = 2x^2 + 3x - 4$$

この場合、(公式5.7.1)(公式5.7.2)(公式5.7.4)を用いて以下のように微分を行うことができます。

$$\begin{aligned}
f'(x) &= \frac{d}{dx}(2x^2) + \frac{d}{dx}(3x^1) - \frac{d}{dx}(4x^0) \\
&= 2\frac{d}{dx}(x^2) + 3\frac{d}{dx}(x^1) - 4\frac{d}{dx}(x^0) \\
&= 4x + 3
\end{aligned}$$

以上のように、公式を組み合わせることで様々な関数の導関数を求めることができます。

5-7-3 合成関数

「合成関数」は、以下のように複数の関数の合成で表される関数です。

$$y = f(u)$$
$$u = g(x)$$

例えば、関数 $y = (2x^2 + 1)^3$ は、以下のような u を挟んだ合成関数と考えることができます。

$$y = u^3$$
$$u = 2x^2 + 1$$

5-7-4 連鎖律

合成関数を微分するためには、構成する各関数の導関数の積を取れば良いことになります。これを、「連鎖律」（chain rule）といいます。以下は連鎖律の式です。

$$\frac{dy}{dx} = \frac{dy}{du}\frac{du}{dx}$$

（式5.7.1）

ここで、y が u の関数で、u が x の関数です。この式を使って、y を x で微分することが可能になります。

例として、以下の関数を連鎖率を使って微分してみましょう。

$$y = (4x^3 + 3x^2 + 2x + 1)^3$$

この式において、u を以下の通りに設定します。

$$u = 4x^3 + 3x^2 + 2x + 1$$

これにより、y を以下のように表すことが可能です。

$$y = u^3$$

ここで、（式5.7.1）の連鎖律の式を使って、y を x で微分することができます。

$$\frac{dy}{dx} = \frac{dy}{du}\frac{du}{dx}$$

$$= 3u^2(12x^2 + 6x + 2)$$

$$= 3(4x^3 + 3x^2 + 2x + 1)^2(12x^2 + 6x + 2)$$

このように、連鎖律を使って合成関数を微分することができます。

5-7-5 偏微分

複数の変数を持つ関数を、1つの変数のみで微分することを「偏微分」といいます。偏微分する際、他の変数は定数として扱います。

例えば、2つの変数からなる関数$f(x, y)$の偏微分は、以下のように表されます。

$$\frac{\partial}{\partial x}f(x, y) = \lim_{\Delta x \to 0}\frac{f(x + \Delta x, y) - f(x, y)}{\Delta x}$$

ここでは、xのみ微小量Δxだけ変化させます。そして、上記の式でΔxを限りなく0に近づけます。yは微小変化させないので、偏微分の際は定数のように扱います。

例として、以下のような変数x、yを持つ関数$f(x, y)$の偏微分を考えます。

$$f(x, y) = 2x^2 + 3xy + 4y^3$$

この関数を、xで偏微分します。yを定数として扱い、微分の公式を用いてxで微分します。これにより、以下の式が得られます。偏微分ではdではなく∂の記号を使います。

$$\frac{\partial}{\partial x}f(x, y) = 4x + 3y$$

上記のような、偏微分により求めた関数を「偏導関数」といいます。この場合ですが、偏導関数はyの値を固定した際の、xの変化に対する$f(x, y)$の変化の割合になります。$f(x, y)$をyで偏微分すると以下の通りになります。この偏微分では、xは定数として扱います。

$$\frac{\partial}{\partial y}f(x, y) = 3x + 12y^2$$

これは、x の値を固定した場合の、y の変化に対する $f(x, y)$ の変化の割合となります。

偏微分を用いることにより、ニューラルネットワークの特定のパラメータの微小な変化が、誤差へ及ぼす影響を計算することが可能になります。

5-7-6 全微分

2変数関数 $z = f(x, y)$ の「全微分」は、以下の式で表されます。

$$dz = \frac{\partial z}{\partial x}dx + \frac{\partial z}{\partial y}dy \qquad \text{(式5.7.2)}$$

x による偏導関数に x の微小変化 dx をかけたものと、y による偏導関数に y の微小変化 dy をかけたもの、これらを足し合わせて、z の微小変化 dz としています。

変数が2つより多い関数も考えられますので、より一般的な形で書いてみましょう。以下は、n 個の変数を持つ関数 z の全微分です。x_i が各変数を表します。

$$dz = \sum_{i=1}^{n} \frac{\partial z}{\partial x_i}dx_i$$

全微分を使えば、多変数関数の微小な変化量を、各変数による偏導関数と微小な変化の積の総和により求めることができます。ニューラルネットワークは多くのパラメータを持つ多変数関数と考えることができるので、全微分が役に立ちます。

5-7-7 多変数の合成関数を微分する

連鎖律を、多変数からなる合成関数に適用します。まずは、以下の合成関数を考えます。

$$z = f(u, v)$$
$$u = g(x)$$
$$v = h(x)$$

z は u と v の関数で、u と v はそれぞれ x の関数です。この合成関数で、$\frac{dz}{dx}$ を求めまます。

この場合、(式5.7.2) の全微分の式により以下が成り立ちます。

$$dz = \frac{\partial z}{\partial u}du + \frac{\partial z}{\partial v}dv$$

この式の両辺を微小量 dx で割ることで、合成関数 z の x による微分を以下のように得ることができます。

$$\frac{dz}{dx} = \frac{\partial z}{\partial u}\frac{du}{dx} + \frac{\partial z}{\partial v}\frac{dv}{dx}$$

この式を一般化しましょう。u や v のような媒介する変数が m 個ある場合、合成関数の導関数は以下のように表すことができます。

$$\frac{dz}{dx} = \sum_{i=1}^{m} \frac{\partial z}{\partial u_i}\frac{du_i}{dx}$$

u_i は、上記の u、v のような媒介する変数です。(**式 5.7.1**) の連鎖律の式に、総和の記号 Σ が追加されたことになります。多変数からなる合成関数は、以上のようにして微分することになります。

5-7-8 ネイピア数のべき乗を微分する

以下の、ネイピア数のべき乗を考えます。

$$y = e^x$$

この式は、以下のように微分しても式が変わらないという大変便利な特性を持っています。

$$\begin{aligned}
\frac{dy}{dx} &= \lim_{\Delta x \to 0} \frac{e^{x+\Delta x} - e^x}{\Delta x} \\
&= e^x
\end{aligned}$$

この特性のため、ネイピア数は数学的に扱いやすく、ディープラーニングの様々な数式で活用されています。

5.8 損失関数

損失関数（誤差関数）は、出力と正解の間の誤差を定義する関数です。損失関数には様々な種類がありますが、ここでは二乗和誤差と交差エントロピー誤差、2つの損失関数を解説します。

5.8.1 二乗和誤差

「二乗和誤差」は、出力値と正解値の差を二乗し、全ての出力層のニューロンで総和を取ることで定義される誤差です。

二乗和誤差は、E を誤差、n を出力層のニューロン数、y_k を出力層の各出力値、t_k を正解値として以下の式でよく表されます。

$$E = \frac{1}{2} \sum_{k=1}^{n} (y_k - t_k)^2$$

y_k と t_k の差を二乗し、全ての出力層のニューロンで総和を取り $\frac{1}{2}$ をかけています。$\frac{1}{2}$ をかけるのは微分の際に扱いやすくするためです。

二乗和誤差のような誤差関数を用いることで、ニューラルネットワークの出力がどの程度正解と一致しているかを定量化することができます。二乗和誤差は、正解や出力が連続的な数値であるケースに向いています。

NumPyの **sum()** 関数、**square()** 関数を用いて、二乗和誤差は リスト5.17 のように実装することができます。

リスト5.17 二乗和誤差を計算する関数

```
import numpy as np

def square_sum(y, t):
    return 1.0/2.0 * np.sum(np.square(y - t))  # 二乗和誤差
```

この **square_sum()** 関数を、リスト5.18 のコードによりテストしてみましょう。

リスト5.18 二乗和誤差を計算する

In
```python
y = np.array([3, 3, 3, 3, 3])  # 出力
t = np.array([2, 2, 2, 2, 2])  # 正解

print(square_sum(y, t))
```

Out
```
2.5
```

出力 **y** は **3** が 5 つの配列で、正解 **t** は **2** が 5 つの配列です。これらの差の二乗の総和は 5 ですが、これを 2 で割っているので、関数は **2.5** を返します。二乗和誤差が計算できていますね。正解と出力は、2.5 程度離れていることになります。

5-8-2 交差エントロピー誤差

「交差エントロピー誤差」は 2 つの分布の間のずれを表す尺度で、ニューラルネットワークで分類を行う際によく使用されます。交差エントロピー誤差は、出力 y_k の自然対数と正解値の積の総和を、マイナスにしたもので表されます。

$$E = -\sum_{k}^{n} t_k \log(y_k) \qquad \text{(式 5.8.1)}$$

この式の意味ですが、以下のように式を変形した上で解説します。

$$E = \sum_{k}^{n} t_k (-\log(y_k)) \qquad \text{(式 5.8.2)}$$

ニューラルネットワークで分類を行う際は、正解値に 1 が 1 つで残りが 0 の one-hot 表現がよく使われます。この場合、右辺の $\sum$ 内で t_k が 1 の項のみが残り、t_k が 0 の項は消えることになります。その結果、$-\log(y_i)$ $(1 \leqq i \leqq n)$ のみが残ることになるのですが、これについてグラフで考えてみましょう。

リスト5.19 のコードにより、$y = -\log x$ をグラフで描画します。

リスト5.19 交差エントロピー誤差の描画

```python
import numpy as np
import matplotlib.pyplot as plt

x = np.linspace(0.01, 1)   # 0はとれない
y = -np.log(x)   # -log x

plt.xlabel("x")
plt.ylabel("y")
plt.plot(x, y)
plt.show()
```

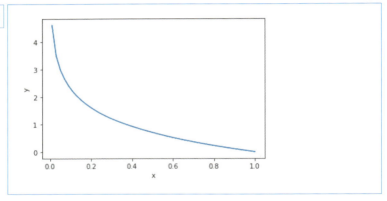

　$-\log x$はxが1のときは0で、xが0に近づくにつれて無限に大きくなります。このような$-\log x$の性質により、$-\log(y_i)$は正解1に近づくほど小さくなり、正解から離れるにつれてどこまでも大きくなります。従って、(式5.8.2)の誤差は出力が正解から離れるとどこまでも大きくなり、出力が正解に近づくと0に近づいていきます。

　交差エントロピーのメリットの1つは、出力値と正解値の隔離が大きいときに学習速度が速くなる点です。グラフからもわかる通り、出力が正解と隔離すると誤差が無限に向かって大きくなるので、隔離が早く解消されるようになります。

　NumPyの**sum()**関数、及び**log()**関数を使って、交差エントロピー誤差をリスト5.20のように実装することができます。

リスト5.20 交差エントロピー誤差の計算をする関数

```
In
import numpy as np


def cross_entropy(y, t):   # 出力、正解
    return - np.sum(t * np.log(y + 1e-7))
```

log()関数の中身が0だと自然対数が無限小に発散してしまいエラーとなってしまうので、それを防ぐために**y**に微小な値**1e-7**を加えています。この**cross_entropy()**関数を、**リスト5.21**のコードによりテストしてみましょう。

リスト5.21 交差エントロピー誤差を計算する

```
In
y = np.array([0.05, 0.9, 0.02, 0.02, 0.01])   # 出力
t = np.array([0, 1, 0, 0, 0])   # 正解

print(cross_entropy(y, t))
```

```
Out
0.1053604045467214
```

　正解と出力は、0.1程度離れていることになります。出力が正解と近いので、出力が正解と離れている場合と比較して誤差が小さくなっています。出力と正解の隔離の度合いが、表現されていることになりますね。

5.9 勾配降下法

　ディープラーニングでは、学習のために勾配降下法というアルゴリズムが使用されます。勾配降下法を使用し、重みとバイアスを少しずつ更新して最適化します。

5 9 1 勾配降下法の概要

　「勾配降下法」（gradient descent）では、結果が最小値に向かって降下するようにパラメータを変化させます。

バックプロパゲーションにおいては損失関数により求めた誤差の値を起点に、ニューラルネットワークを遡って重みやバイアスなどのパラメータの修正を行っていくのですが、この際に勾配降下法を用いて修正量を決定します。

バックプロパゲーションにおける勾配降下法のイメージを以下の図に示します。誤差が小さくなるようにパラメータを調整します。

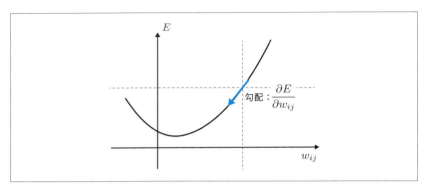

図5.6 勾配降下法

図5.6 のグラフでは、横軸の w_{ij} がある重み、縦軸の E が誤差です。重みの値に応じて誤差は変動しますが、実際にこのような曲線の形状を知ることはできないので、足元の曲線の傾き（勾配）に応じて少しずつ重みを修正していく、という戦略が取られます。

ネットワークの全てのパラメータをこの曲線を降下するように修正していけば、誤差を次第に小さくしていくことができます。この際の各パラメータの修正量は、この曲線の傾き、すなわち勾配で決まります。従って、ニューラルネットワークの全てのパラメータを修正するためにまず必要なことは、全てのパラメータに対しての誤差の「勾配」を求めることになります。

勾配降下法による重みとバイアスの更新は、w を重み、b をバイアス、E を誤差として、以下の式で表すことができます。

$$w \leftarrow w - \eta \frac{\partial E}{\partial w} \qquad \text{(式5.9.1)}$$

$$b \leftarrow b - \eta \frac{\partial E}{\partial b} \qquad \text{(式5.9.2)}$$

これらの式において、矢印はパラメータの更新を表します。

ηは「学習係数」と呼ばれる定数で、学習の速度を決める定数です。$\frac{\partial E}{\partial w}$と$\frac{\partial E}{\partial b}$が勾配で、偏微分を使って表現されています。

ηには0.1や0.01などの小さな値が使われることが多いのですが、小さすぎると学習に時間がかかりすぎるという問題が発生します。しかしながら、ηが大きすぎても、誤差が収束しにくくなるという問題が発生します。

（式5.9.1）、（式5.9.2）の勾配、$\frac{\partial E}{\partial w}$と$\frac{\partial E}{\partial b}$ですが、導出するためには数学的なテクニックが必要です。これについては、**5.10**節以降で解説します。全ての勾配を求めた後、（式5.9.1）、（式5.9.2）に基づき全てのパラメータを更新することになります。

5.9.2 勾配の求め方

勾配の求め方について、概要を解説します。勾配さえ求めれば、（式5.9.1）、（式5.9.2）に基づきパラメータを更新することができます。

図5.7 に示す、3層のニューラルネットワークを想定します。

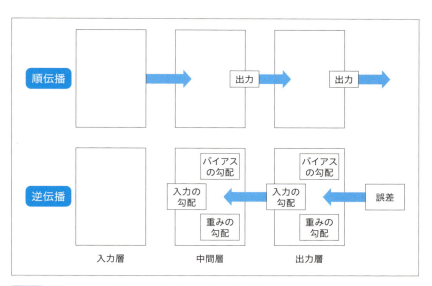

図5.7 3層のニューラルネットワークにおけるバックプロパゲーション

図5.7 のニューラルネットワークには入力層、中間層、出力層の3層があり、中間層と出力層に重みとバイアスがあります。入力層は入力を受け取り、次の層に渡すのみなので、重みとバイアスはありません。

出力層では、誤差から重みとバイアスの勾配を求めます。また、出力層への入力の勾配も同様に求めます。ここでの「勾配」は、誤差を偏微分したもの、という意味になります。

　順伝播では層の出力を上から下に伝播させますが、逆伝播ではこの入力の勾配を下から上に伝播させます。

　逆伝播において、中間層は出力層への入力の勾配を受け取り、これを元に重みとバイアスの勾配、さらに中間層への入力の勾配を計算することになります。すなわち、入力の勾配が、ネットワークを遡上していくことになります。このあたり、詳細については **5.10** 節で解説します。

　また、層の数が4層以上に増えたとしても、入力の勾配を下から上に伝播させることで、出力層以外は全て同じ方法で各勾配を求めることができます。そのため、3層のニューラルネットワークにおいて各パラメータの勾配を求めることができるのであれば、層の数がさらに増えても対応できることになります。

5.10　出力層の勾配

　以降、3層のニューラルネットワークにおける中間層、出力層の各勾配を導出していきます。まずは、誤差に近い出力層の各勾配を導出していきます。出力層で求めた入力の勾配は、中間層に伝播することになります。

5-10-1　数式上の表記について

　以降、数式を用いて出力層における各勾配を求めていくのですが、その前に変数、添字やニューロン数についてルールを決めておきます。

　各層におけるニューロンの添字とニューロン数については、以下の 表5.1 のように設定します。

表5.1 各層におけるニューロンの添字とニューロン数

層	ニューロンの添字	ニューロン数
入力層	i	l
中間層	j	m
出力層	k	n

また、本節の数式で使用する変数は以下の通りです。

w_{jk} ：重み
b_k 　：バイアス
u_k 　：（入力×重み）の総和＋バイアス
x_j 　：出力層への入力
y_k 　：出力層からの出力

　重みw_{jk}には中間層が関係するので、添字はjとkの2つになります。また、出力層への入力x_jは中間層の出力と同じなので、添字はjとしています。

5-10-2 重みの勾配

　出力層における、重みとバイアスの勾配を導出していきましょう。まずは、重みの勾配$\frac{\partial E}{\partial w_{jk}}$を導出します。重みの勾配は、連鎖律を用いて以下のように展開できます。

$$\frac{\partial E}{\partial w_{jk}} = \frac{\partial E}{\partial u_k}\frac{\partial u_k}{\partial w_{jk}} \qquad \text{（式5.10.1）}$$

ここで、右辺の$\frac{\partial u_k}{\partial w_{jk}}$の部分は、以下のように求めることができます。

$$\begin{aligned}\frac{\partial u_k}{\partial w_{jk}} &= \frac{\partial(\sum_{q=1}^{m} x_q w_{qk} + b_k)}{\partial w_{jk}}\\ &= \frac{\partial}{\partial w_{jk}}(x_1 w_{1k} + x_2 w_{2k} + \cdots + x_j w_{jk} + \cdots + x_m w_{mk} + b_k)\\ &= x_j \qquad \text{（式5.10.2）}\end{aligned}$$

　この式で、添字のqはΣによる総和のために便宜上使用しているだけなので、特に意味はありません。

　偏微分した結果、w_{jk}がかかっている項以外は全て0となりx_jのみが残ります。

　（式5.10.1）の右辺の$\frac{\partial E}{\partial u_k}$ですが、連鎖律により以下のようになります。

$$\frac{\partial E}{\partial u_k} = \frac{\partial E}{\partial y_k}\frac{\partial y_k}{\partial u_k}$$

誤差を出力層のニューロンの出力で偏微分したものと、その出力をu_kで偏微分したものの積になります。前者は損失関数を偏微分することで、後者は活性化関数を偏微分することで求めることができます。

ここで、以下のようにδ_kを設定しておきます。

$$\delta_k = \frac{\partial E}{\partial u_k} = \frac{\partial E}{\partial y_k}\frac{\partial y_k}{\partial u_k} \tag{式5.10.3}$$

このδ_kは、バイアスの勾配を求めるためにも使用します。（式5.10.2）と（式5.10.3）により、（式5.10.1）は次の形になります。

● ［重みの勾配］

$$\frac{\partial E}{\partial w_{jk}} = x_j\delta_k$$

重みの勾配$\frac{\partial E}{\partial w_{jk}}$を、$x_j$と$\delta_k$の積としてシンプルに表すことができました。

5 - 10 - 3 バイアスの勾配

バイアスの勾配も、重みの勾配と同様にして求めることができます。こちらでも連鎖率を使います。

$$\frac{\partial E}{\partial b_k} = \frac{\partial E}{\partial u_k}\frac{\partial u_k}{\partial b_k} \tag{式5.10.4}$$

ここで、右辺の$\frac{\partial u_k}{\partial b_k}$の部分は以下のようになります。

$$
\begin{aligned}
\frac{\partial u_k}{\partial b_k} &= \frac{\partial\left(\sum_{q=1}^{m} x_q w_{qk} + b_k\right)}{\partial b_k} \\
&= \frac{\partial}{\partial b_k}(x_1 w_{1k} + x_2 w_{2k} + \cdots + x_j w_{jk} + \cdots + x_m w_{mk} + b_k) \\
&= 1
\end{aligned}
$$

（式5.10.4）における$\frac{\partial E}{\partial u_k}$は、重みの勾配の場合と同じです。同様に$\delta_k$とすることで（式5.10.4）は次の形になります。

● ［バイアスの勾配］

$$\frac{\partial E}{\partial b_k} = \delta_k$$

このように、バイアスの勾配はδ_kに等しくなります。重みとバイアスの勾配を、それぞれδ_kを用いたシンプルな式で表すことができました。

5-10-4 入力の勾配

中間層で各勾配を計算するためには、出力層の入力の勾配$\frac{\partial E}{\partial x_j}$が必要になります。

これは、多変数の合成関数の連鎖律を使い、以下のようにして求めます。

$$\frac{\partial E}{\partial x_j} = \sum_{r=1}^{n} \frac{\partial E}{\partial u_r} \frac{\partial u_r}{\partial x_j}$$ （式5.10.5）

$\frac{\partial E}{\partial u_r} \frac{\partial u_r}{\partial x_j}$を出力層の全てのニューロンで足し合わせればいいことになります。添字のrは$\sum$による総和のために便宜上使用しているだけなので、特に意味はありません。

上記の式における$\frac{\partial u_r}{\partial x_j}$は、以下のように求めることができます。

$$\begin{aligned}
\frac{\partial u_r}{\partial x_j} &= \frac{\partial \left(\sum_{q=1}^{m} x_q w_{qr} + b_r \right)}{\partial x_j} \\
&= \frac{\partial}{\partial x_j} (x_1 w_{1r} + x_2 w_{2r} + \cdots + x_j w_{jr} + \cdots + x_m w_{mr} + b_r) \\
&= w_{jr}
\end{aligned}$$

ここで、（式5.10.3）と同じようにδ_rを設定します。

$$\delta_r = \frac{\partial E}{\partial u_r}$$

これにより、（式5.10.5）は以下の形になります。

● [入力の勾配]

$$\frac{\partial E}{\partial x_j} = \sum_{r=1}^{n} \delta_r w_{jr}$$

δ_rとw_{jr}の積の総和として、出力層における入力の勾配をシンプルに表すことができました。

5-10-5 恒等関数 + 二乗和誤差の適用

ニューラルネットワークの出力を範囲に制限のない連続値にしたい場合は、活性化関数に恒等関数、損失関数に二乗和誤差がよく使われます。この場合の各勾配を導出してみましょう。

最初にδ_kを求めますが、今回は（式5.10.3）を以下の形で使用します。

$$\delta_k = \frac{\partial E}{\partial y_k}\frac{\partial y_k}{\partial u_k} \tag{式5.10.6}$$

この式において、まずは$\frac{\partial E}{\partial y_k}$を求めます。これは、損失関数である二乗和誤差を出力y_kで偏微分することにより求めることができます。

$$\begin{aligned}\frac{\partial E}{\partial y_k} &= \frac{\partial}{\partial y_k}(\frac{1}{2}\sum_k (y_k - t_k)^2) \\ &= \frac{\partial}{\partial y_k}(\frac{1}{2}(y_0 - t_0)^2 + \frac{1}{2}(y_1 - t_1)^2 + \\ & \quad \cdots + \frac{1}{2}(y_k - t_k)^2 + \cdots + \frac{1}{2}(y_n - t_n)^2) \\ &= y_k - t_k\end{aligned} \tag{式5.10.7}$$

二乗和誤差の係数$\frac{1}{2}$が、2を打ち消すために使われています。

次に、$\frac{\partial y_k}{\partial u_k}$を求めます。これは、活性化関数を偏微分することで求めることができます。活性化関数は入力がそのまま出力になる恒等関数なので、以下のように偏微分します。

$$\frac{\partial y_k}{\partial u_k} = \frac{\partial u_k}{\partial u_k} = 1$$

この式と（式5.10.7）を使って、（式5.10.6）は以下のようになります。

$$\delta_k = y_k - t_k$$

δ_k を求めることができました。これを使うと、先程導出した［重みの勾配］、［バイアスの勾配］、［入力の勾配］の式は以下の通りになります。

$$\delta_k = y_k - t_k$$

$$\frac{\partial E}{\partial w_{jk}} = x_j \delta_k$$

$$\frac{\partial E}{\partial b_k} = \delta_k$$

$$\frac{\partial E}{\partial x_j} = \sum_{r=1}^{n} \delta_r w_{jr}$$

恒等関数＋二乗和誤差の場合の各勾配を、シンプルに計算可能な形で表すことができました。

5-10-6 ソフトマックス関数＋交差エントロピー誤差の適用

複数のグループから選択する分類問題のケースで、各勾配を導出してみましょう。この場合、活性化関数にはソフトマックス関数、損失関数には交差エントロピー誤差がよく使われます。

最初に δ_k を求めましょう。今回は、（式5.10.3）を次の形で使用します。

$$\delta_k = \frac{\partial E}{\partial u_k} \qquad \text{（式5.10.8）}$$

また、損失関数である交差エントロピー誤差と、活性化関数であるソフトマックス関数は以下の形で表します。

$$E = -\sum_{k} t_k \log(y_k) \qquad \text{（式5.10.9）}$$

$$y_k = \frac{\exp(u_k)}{\sum_{k} \exp(u_k)} \qquad \text{（式5.10.10）}$$

ここで、$\sum_{k}$ は出力層の全ニューロンでの総和を表します。（式5.10.9）に（式5.10.10）を代入すると以下の通りです。

$$E = -\sum_k t_k \log(\frac{\exp(u_k)}{\sum_k \exp(u_k)})$$

上記の式は、$\log \frac{p}{q} = \log p - \log q$ の関係により、以下のように変形できます。

$$
\begin{aligned}
E &= -\sum_k \Big(t_k \log(\exp(u_k)) - t_k \log \sum_k \exp(u_k) \Big) \\
&= -\sum_k \Big(t_k \log(\exp(u_k)) \Big) + \sum_k \Big(t_k \log \sum_k \exp(u_k) \Big) \quad \text{(式5.10.11)} \\
&= -\sum_k \Big(t_k \log(\exp(u_k)) \Big) + \Big(\sum_k t_k \Big) \Big(\log \sum_k \exp(u_k) \Big)
\end{aligned}
$$

ここで、$\log(\exp(x)) = x$ であり、分類問題の正解値は1つだけ1で残りは0なので、$\sum_k t_k = 1$ です。従って、(式5.10.11) は以下のようになります。

$$E = -\sum_k t_k u_k + \log \sum_k \exp(u_k)$$

これを (式5.10.8) に代入し、以下のように δ_k を求めることができます。

$$
\begin{aligned}
\delta_k &= \frac{\partial E}{\partial u_k} \\
&= \frac{\partial}{\partial u_k} \Big(-\sum_k t_k u_k + \log \sum_k \exp(u_k) \Big) \\
&= -t_k + \frac{\exp(u_k)}{\sum_k \exp(u_k)} \\
&= -t_k + y_k \\
&= y_k - t_k
\end{aligned}
$$

結果的に、δ_k は恒等関数＋二乗和誤差の場合と同じ形になりました。これを使うと、[重みの勾配]、[バイアスの勾配]、[入力の勾配] の式は以下の通りになります。

$$\delta_k = y_k - t_k$$

$$\frac{\partial E}{\partial w_{jk}} = x_j \delta_k$$

$$\frac{\partial E}{\partial b_k} = \delta_k$$

$$\frac{\partial E}{\partial x_j} = \sum_{r=1}^{n} \delta_r w_{jr}$$

ソフトマックス関数＋交差エントロピー誤差の場合の各勾配を、シンプルに計算可能な形で表すことができました。

5.11 中間層の勾配

出力層の次に、中間層における各勾配を導出しましょう。 中間層では、出力層で求めた入力の勾配を使います。

5-11-1 数式上の表記について

前節と同じく、各層におけるニューロンの添字とニューロン数を 表5.2 のように設定します。

表5.2 各層におけるニューロンの添字とニューロン数

層	ニューロンの添字	ニューロン数
入力層	i	l
中間層	j	m
出力層	k	n

本節の数式で使用する変数は以下の通りです。

w_{ij}：重み
b_j　：バイアス
u_j　：（入力×重み）の総和＋バイアス
x_i　：中間層への入力
y_j　：中間層からの出力

重みw_{ij}には入力層が関係するので、添字はiとjの2つになります。また、中間層への入力x_iは入力層の出力と同じなので、添字はiとしています。

5-11-2 重みの勾配

中間層における、重みとバイアスの勾配を導出していきましょう。まずは、重みの勾配$\frac{\partial E}{\partial w_{ij}}$を導出します。重みの勾配は、連鎖律を用いて以下のように展開できます。

$$\frac{\partial E}{\partial w_{ij}} = \frac{\partial E}{\partial u_j}\frac{\partial u_j}{\partial w_{ij}} \qquad \text{(式5.11.1)}$$

ここで、右辺の$\frac{\partial u_j}{\partial w_{ij}}$の部分は、以下のように求めることができます。

$$
\begin{aligned}
\frac{\partial u_j}{\partial w_{ij}} &= \frac{\partial \left(\sum_{p=1}^{l} x_p w_{pj} + b_j \right)}{\partial w_{ij}} \\
&= \frac{\partial}{\partial w_{ij}}(x_1 w_{1j} + x_2 w_{2j} + \cdots + x_i w_{ij} + \cdots + x_l w_{lj} + b_j) \\
&= x_i \qquad \text{(式5.11.2)}
\end{aligned}
$$

ここまでは出力層の場合とほぼ同じですね。添字のpはΣによる総和のために便宜上使用しているだけなので、特に意味はありません。

（式5.11.1）の右辺の$\frac{\partial E}{\partial u_j}$ですが、連鎖律により以下のようになります。

$$\frac{\partial E}{\partial u_j} = \frac{\partial E}{\partial y_j}\frac{\partial y_j}{\partial u_j} \qquad \text{(式5.11.3)}$$

この式の右辺の$\frac{\partial y_j}{\partial u_j}$は、活性化関数の偏微分により求めることができます。
$\frac{\partial E}{\partial y_j}$は中間層の出力の勾配ですが、出力層への入力の勾配$\frac{\partial E}{\partial x_j}$と同じです。これは前節で求めましたね。
この$\frac{\partial E}{\partial x_j}$を用いて、（式5.11.3）を以下のように$\delta_j$として表します。

$$\delta_j = \frac{\partial E}{\partial u_j} = \frac{\partial E}{\partial x_j}\frac{\partial y_j}{\partial u_j} \qquad \text{(式5.11.4)}$$

このように、δ_jを求めるためには、出力層で求めた$\frac{\partial E}{\partial x_j}$を使用することになります。ニューラルネットワークを遡っていることになりますね。

（式5.11.2）と（式5.11.4）を使うと、（式5.11.1）は以下の形になります。

● ［重みの勾配］

$$\frac{\partial E}{\partial w_{ij}} = x_i \delta_j$$

出力層の場合と同様に、シンプルな形で重みの勾配を表すことができました。

5-11-3 バイアス、入力の勾配

バイアスの勾配も、重みの勾配と同様に連鎖率を使って求めます。

$$\frac{\partial E}{\partial b_j} = \frac{\partial E}{\partial u_j} \frac{\partial u_j}{\partial b_j} \tag{式5.11.5}$$

ここで、右辺の $\frac{\partial u_j}{\partial b_j}$ の部分は以下のようになります。

$$
\begin{aligned}
\frac{\partial u_j}{\partial b_j} &= \frac{\partial\left(\sum_{p=1}^{l} x_p w_{pj} + b_j\right)}{\partial b_j} \\
&= \frac{\partial}{\partial b_j}(x_1 w_{1j} + x_2 w_{2j} + \cdots + x_i w_{ij} + \cdots + x_l w_{lj} + b_j) \\
&= 1
\end{aligned}
$$

この式と（式5.11.4）により、（式5.11.5）を以下のように表すことができます。

● ［バイアスの勾配］

$$\frac{\partial E}{\partial b_j} = \delta_j$$

このように、バイアスの勾配は出力層と同じように δ_j と等しくなります。

この層の上にさらに中間層がある場合は、出力層の場合と同じようにして以下のように入力の勾配 $\frac{\partial E}{\partial x_i}$ を求め、伝播させることになります。

● ［入力の勾配］

$$\frac{\partial E}{\partial x_i} = \sum_{q=1}^{m} \delta_q w_{iq}$$

5-11-4 活性化関数の適用

試しに、活性化関数としてシグモイド関数を適用してみましょう。

まずは、(式5.11.4) を以下の形で使用してδ_jを求めます。

$$\delta_j = \frac{\partial E}{\partial x_j} \frac{\partial y_j}{\partial u_j} \qquad \text{(式5.11.6)}$$

右辺の$\frac{\partial y_j}{\partial u_j}$を求めるために、活性化関数を偏微分しましょう。

シグモイド関数を$f(x)$としたとき、その導関数$f'(x)$は以下の通りです。

$$f'(x) = (1 - f(x))f(x)$$

従って、(式5.11.6) 右辺の$\frac{\partial y_j}{\partial u_j}$は以下のようになります。

$$\frac{\partial y_j}{\partial u_j} = (1 - y_j)y_j$$

これを (式5.11.6) に代入すると、δ_jを以下のように表すことができます。

$$\delta_j = \frac{\partial E}{\partial x_j}(1 - y_j)y_j$$

このδ_jと ［重みの勾配］、［バイアスの勾配］、［入力の勾配］ の式を使って、中間層で計算すべき勾配を以下のように表すことができます。

$$\delta_j = \frac{\partial E}{\partial x_j}(1 - y_j)y_j$$

$$\frac{\partial E}{\partial w_{ij}} = x_i \delta_j$$

$$\frac{\partial E}{\partial b_j} = \delta_j$$

$$\frac{\partial E}{\partial x_i} = \sum_{q=1}^{m} \delta_q w_{iq}$$

以上のように、中間層においても、各勾配をシンプルに計算可能な形で表すことができます。

5.12 エポックとバッチ

訓練用データを扱う際に重要な、エポックとバッチの概念について解説します。

5.12.1 エポックとバッチ

訓練用データを1回使い切って学習することを、1「エポック」（epoch）と数えます。1エポックで、訓練用データを重複することなく全て一通り使うことになります。

訓練用データのサンプル（入力と正解のペア）は複数まとめて学習に使われます。このグループのことを「バッチ」（batch）といいます。訓練用データは、1エポックごとに複数のバッチに分割されます。

訓練用データとバッチの関係を、図5.8 に示します。

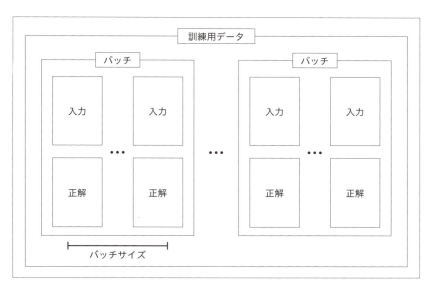

図5.8 訓練用データとバッチ

バッチに含まれるサンプル数のことを、「バッチサイズ」といいます。学習時は、バッチ内の全てのサンプルを一度に使用して勾配を計算し、パラメータの更新が行われます。バッチサイズは、基本的に学習中ずっと一定です。このバッチサイズにより、学習のタイプは以降解説する3つに分けることができます。

5-12-2 バッチ学習

「バッチ学習」においては、訓練用データ全体が1つのバッチになります。すなわち、バッチサイズが全訓練用データのサンプル数になります。1エポックごとに全訓練用データを一度に使って誤差を計算し、バックプロパゲーションにより学習を行います。パラメータは、1エポックごとに更新されることになります。

バッチ学習における誤差は、訓練用データ数をN、個々のサンプルの誤差をE_iとして以下のように定義されます。

$$E = \frac{1}{N} \sum_{i=1}^{N} E_i$$

また、パラメータwの勾配は以下のようにして求めることができます。

$$\frac{\partial E}{\partial w} = \sum_{i=1}^{N} \frac{\partial E_i}{\partial w}$$

パラメータの勾配をバッチ内の個々のデータごとに計算し、それを合計すればいいことになります。この計算は、行列を活用することにより効率的に行うことができます。

一般的に、バッチ学習は安定しており、他の2つの学習タイプと比較して高速ですが、局所的な最適解に囚われやすいという欠点があります。

5-12-3 ミニバッチ学習

「ミニバッチ学習」では、訓練用データを小さなバッチに分割し、この小さなバッチごとに学習を行います。バッチ学習よりもバッチのサイズが小さく、バッチは通常ランダムに選択されるため、バッチ学習と比較して局所的な最適解に囚われにくいというメリットがあります。

また、次項で述べるオンライン学習よりはバッチサイズが大きいので、おかしな方向に学習が進むリスクを低減できます。

ミニバッチ学習における誤差ですが、バッチサイズをn $(n \leqq N)$ として以下のように定義されます。

$$E = \frac{1}{n} \sum_{i=1}^{n} E_i$$

また、パラメータの勾配は、以下のようにサンプルごとに計算した勾配の総和を取ることで求めることができます。

$$\frac{\partial E}{\partial w} = \sum_{i=1}^{n} \frac{\partial E_i}{\partial w}$$

上記は、バッチ学習の場合と同様に行列演算を用いて一度に計算することができます。

5-12-4 オンライン学習

「オンライン学習」では、バッチサイズが1になります。すなわち、サンプルごとに誤差を計算し、バックプロパゲーションにより学習を行うことになります。個々のサンプルごとに、重みとバイアスが更新されます。

個々のサンプルのデータに振り回されるため安定性には欠けますが、かえって局所最適解に囚われにくくなるというメリットがあります。

このチャプターでここまで解説してきた勾配の求め方はオンライン学習のものですが、勾配をバッチ内で合計すればバッチ学習やミニバッチ学習にも適用可能です。

5-12-5 学習の例

訓練データのサンプル数を10000とします。このサンプルを全て使い切ると1エポックになります。

バッチ学習の場合、バッチサイズは10000で、1エポックあたり1回パラメータが更新されます。

オンライン学習の場合、バッチサイズは1で、1エポックあたり10000回パラメータの更新が行われます。

ミニバッチ学習の場合、バッチサイズを例えば50に設定すると、1エポックあたり200回パラメータ更新が行われます。

ミニバッチ学習において、バッチサイズが学習時間やパフォーマンスに少なく

ない影響を与えることは経験的に知られています。バッチサイズの最適化はなかなか難しいのですが、一般的には10-100程度のバッチサイズを設定することが多いようです。

5.13 最適化アルゴリズム

勾配降下法では、各パラメータをその勾配を使って少しずつ調整し、誤差が最小になるようにネットワークを最適化します。最適化アルゴリズムは、この最適化のための具体的なアルゴリズムです。

5-13-1 最適化アルゴリズムの概要

「最適化アルゴリズム」（Optimizer）は、誤差を最小化するための具体的なアルゴリズムです。例えるなら目をつぶったまま歩いて谷底を目指すための戦略です。何も見えないので、足元の傾斜のみが頼りです。

以下は、戦略を考える際に考慮すべき要素の例です。

- 足元の傾斜
- それまでの経路
- 経過時間
  etc...

戦略を誤ると、局所的な凹みに囚われてしまうかもしれませんし、谷底にたどり着くまで時間がかかりすぎてしまうかもしれません。そのような意味で、効率的に最適解にたどり着くために最適化アルゴリズムの選択は重要です。これまでに、様々な最適化アルゴリズムが考案されていますが、今回はこのうち代表的なものをいくつか紹介します。

5-13-2 確率的勾配降下法（SGD）

確率的勾配降下法（Stochastic Gradient Descent、SGD）は、パラメータの更新ごとにランダムにバッチを選び出す最適化アルゴリズムです。

以下は、確率的勾配降下法によるパラメータwの更新式です。

$$w \leftarrow w - \eta \frac{\partial E}{\partial w}$$

5.9節で、勾配降下法の解説に使用したのは上記の式です。訓練用データの中から更新ごとにランダムにバッチを選び出すため、局所的な最適解に囚われにくいというメリットがあります。

学習係数と勾配をかけてシンプルに更新量が決まるので、実装が簡単なのもメリットの1つです。

ただし、学習の進行具合に応じて柔軟に更新量の調整ができないのが問題点です。

5 - 13 - 3 Momentum

「Momentum」は、確率的勾配降下法にいわゆる「慣性」の項を加えたアルゴリズムです。

以下は、Momentumによるパラメータwの更新式です。

$$w \leftarrow w - \eta \frac{\partial E}{\partial w} + \alpha \Delta w$$

この式において、αは慣性の強さを決める定数で、Δwは前回の更新量です。

慣性項$\alpha \Delta w$により、新たな更新量は過去の更新量の影響を受けるようになります。

これにより、更新量の急激な変化が防がれ、パラメータの更新はより滑らかになります。

一方、SGDと比較して設定が必要な定数がη、αと2つに増えるので、これらの調整に手間がかかる、という問題点が生じます。

5 - 13 - 4 AdaGrad

「AdaGrad」は、更新量が自動的に調整されるのが特徴です。学習が進むと、学習率が次第に小さくなっていきます。

以下は、AdaGradによるパラメータwの更新式です。

$$h \leftarrow h + (\frac{\partial E}{\partial w})^2$$

$$w \leftarrow w - \eta \frac{1}{\sqrt{h}} \frac{\partial E}{\partial w}$$

この式では、更新の度にhが必ず増加します。このhは上記の下の式の分母にあるので、パラメータの更新を重ねると必ず減少していくことになります。総更新量が少ないパラメータは新たな更新量が大きくなり、総更新量が多いパラメータは新たな更新量が小さくなります。これにより、広い領域から次第に探索範囲を絞る、効率の良い探索が可能になります。

AdaGradには調整する必要がある定数がηしかないので、最適化に悩まずに済むというメリットがあります。AdaGradのデメリットは、更新量が常に減少するので、途中で更新量がほぼ0になってしまい学習が進まなくなってしまうパラメータが多数生じてしまう可能性がある点です。

5-13-5 RMSProp

「RMSProp」では、AdaGradの更新量の低下により学習が停滞するという問題が克服されています。

以下は、RMSPropによるパラメータwの更新式です。

$$h \leftarrow \rho h + (1 - \rho)(\frac{\partial E}{\partial w})^2$$

$$w \leftarrow w - \eta \frac{1}{\sqrt{h}} \frac{\partial E}{\partial w}$$

ρにより、過去のhをある割合で「忘却する」ことをします。これにより、更新量が低下したパラメータでも再び学習が進むようになります。

5-13-6 Adam

「Adam」（Adaptive moment estimation）は様々な最適化アルゴリズムの良い点を併せ持ちます。そのため、しばしば他のアルゴリズムよりも高い性能を発揮することがあります。

以下は、Adamによるパラメータwの更新式です。

$$m_0 = v_0 = 0$$

$$m_t = \beta_1 m_{t-1} + (1 - \beta_1) \frac{\partial E}{\partial w}$$

$$v_t = \beta_2 v_{t-1} + (1 - \beta_2)(\frac{\partial E}{\partial w})^2$$

$$\hat{m}_t = \frac{m_t}{1 - \beta_1^t}$$

$$\hat{v}_t = \frac{v_t}{1 - \beta_2^t}$$

$$w \leftarrow w - \eta \frac{\hat{m}_t}{\sqrt{\hat{v}_t} + \epsilon}$$

定数には、β_1、β_2、η、ϵの4つがあります。tはパラメータの更新回数です。

大まかにですが、MomentumとAdaGradを統合したようなアルゴリズムとなっています。定数の数が多いですが、元の論文には推奨パラメータが記載されています。

- Adam：A Method for Stochastic Optimization
  URL https://arxiv.org/abs/1412.6980

少々複雑な式ですが、Keras、PyTorchなどのフレームワークを使えばOptimizerにAdamを指定するのみで簡単に実装することができます。

5.14 演習

出力層における重みとバイアスの勾配を、自力で導出してみましょう。

5-14-1 出力層の勾配を導出

以下の式を起点に、

$$\frac{\partial E}{\partial w_{jk}} = \frac{\partial E}{\partial u_k} \frac{\partial u_k}{\partial w_{jk}}$$

$$\frac{\partial E}{\partial b_k} = \frac{\partial E}{\partial u_k} \frac{\partial u_k}{\partial b_k}$$

以下の重み、バイアスの勾配の式を自力で導出しましょう。

$$\delta_k = \frac{\partial E}{\partial u_k} = \frac{\partial E}{\partial y_k}\frac{\partial y_k}{\partial u_k}$$

$$\frac{\partial E}{\partial w_{jk}} = x_j \delta_k$$

$$\frac{\partial E}{\partial b_k} = \delta_k$$

導出過程は、紙に書いても構いませんし、LaTeXがわかる方はテキストセルに書いても構いません。

5.15 解答例

以下は解答例になります。

5-15-1 重みの勾配

$$\frac{\partial E}{\partial w_{jk}} = \frac{\partial E}{\partial u_k}\frac{\partial u_k}{\partial w_{jk}} \tag{式5.15.1}$$

$$
\begin{aligned}
\frac{\partial u_k}{\partial w_{jk}} &= \frac{\partial\left(\sum_{q=1}^{m} x_q w_{qk} + b_k\right)}{\partial w_{jk}} \\
&= \frac{\partial}{\partial w_{jk}}(x_1 w_{1k} + x_2 w_{2k} + \cdots + x_j w_{jk} + \cdots + x_m w_{mk} + b_k) \\
&= x_j
\end{aligned}
\tag{式5.15.2}
$$

$$\frac{\partial E}{\partial u_k} = \frac{\partial E}{\partial y_k}\frac{\partial y_k}{\partial u_k}$$

$$\delta_k = \frac{\partial E}{\partial u_k} = \frac{\partial E}{\partial y_k}\frac{\partial y_k}{\partial u_k} \tag{式5.15.3}$$

（式5.15.2）と（式5.15.3）により、（式5.15.1）は以下の形に。

$$\frac{\partial E}{\partial w_{jk}} = x_j \delta_k$$

5-15-2 バイアスの勾配

$$\frac{\partial E}{\partial b_k} = \frac{\partial E}{\partial u_k}\frac{\partial u_k}{\partial b_k}$$

（式5.15.4）

$$
\begin{aligned}
\frac{\partial u_k}{\partial b_k} &= \frac{\partial\left(\sum\limits_{q=1}^{m} x_q w_{qk} + b_k\right)}{\partial b_k}\\
&= \frac{\partial}{\partial b_k}(x_1 w_{1k} + x_2 w_{2k} + \cdots + x_j w_{jk} + \cdots + x_m w_{mk} + b_k)\\
&= 1
\end{aligned}
$$

上記の結果を踏まえて、（式5.15.4）は以下の形になります。

$$\frac{\partial E}{\partial b_k} = \delta_k$$

5.16 Chapter5のまとめ

本チャプターでは、ディープラーニングの原理を基礎から学びました。

線形代数や微分などの数学の基礎に基づき、順伝播及びニューラルネットワークの学習に必要な逆伝播について学びました。そして、勾配降下法に必要なパラメータの勾配を出力層、中間層で導出しました。また、損失関数、活性化関数、エポックやバッチなどディープラーニングに必要な様々な概念を学びました。

以上で、ディープラーニングに取り組むための準備ができたことになります。後は、Pythonのコードを書きながらディープラーニングについて実践的な内容を学んでいきましょう。

Chapter 6

様々な機械学習の手法

　様々な機械学習の手法について解説します。

　ディープラーニングは機械学習の一種ですが、それ以外の手法についてもいくつか把握しておきましょう。

　本チャプターには以下の内容が含まれます。

● 回帰
● k平均法
● サポートベクターマシン
● 演習

　本チャプターでは機械学習の手法として、データの傾向を捉える回帰、教師データに頼らずにデータを分類するk平均法、超平面を使ってデータを分類するサポートベクターマシンなどを学びます。それぞれ、Google Colaboratory上でコードを書いて実装します。主に使うのは、scikit-learnという機械学習用のライブラリです。また、このチャプターの最後には理解度を確かめるための演習が入ります。

　本チャプターを通して学ぶことで、機械学習全般について概要を掴むことができるかと思います。様々な機械学習の手法を、コードを書いて実装できるようになりましょう。それでは、本チャプターをぜひお楽しみください。

6.1　回帰

回帰は、教師あり学習の一種で、変数間の関係を予測します。今回は、回帰の中でもシンプルな「単回帰」と「重回帰」の2つを解説します。

6.1.1　データセットの読み込み

scikit-learnのdatasetsを使い、カリフォルニア住宅価格のデータセットを読み込みます（ **リスト6.1** ）。このデータセットには、「説明変数」と「目的変数」が含まれます。

- **説明変数**：何かの原因となっている変数
- **目的変数**：その原因を受けて発生した結果である変数

リスト6.1 カリフォルニア住宅価格データセットの読み込み

In
```
import pandas as pd
from sklearn import datasets

housing = datasets.fetch_california_housing()
housing_df = pd.DataFrame(housing.data, ➡
columns=housing.feature_names)  # data: 説明変数
housing_df["PRICE"] = housing.target  # target: 目的変数
housing_df.head()  # 最初の5行を表示
```

Out

	MedInc	HouseAge	AveRooms	AveBedrms	Population	AveOccup	Latitude	Longitude	PRICE
0	8.3252	41.0	6.984127	1.023810	322.0	2.555556	37.88	-122.23	4.526
1	8.3014	21.0	6.238137	0.971880	2401.0	2.109842	37.86	-122.22	3.585
2	7.2574	52.0	8.288136	1.073446	496.0	2.802260	37.85	-122.24	3.521
3	5.6431	52.0	5.817352	1.073059	558.0	2.547945	37.85	-122.25	3.413
4	3.8462	52.0	6.281853	1.081081	565.0	2.181467	37.85	-122.25	3.422

説明変数は、個々の家の値ではなく、グループごとの値です。

平均の部屋数（AveRooms）、緯度（Latitude）などの様々な住宅の特徴で、目的変数が住宅の価格（PRICE）です。

各列のラベルの意味は、 リスト6.2 のように DESCR で表示することができます。

リスト6.2 各列のラベルの意味

In

```
print(housing.DESCR)  # データセットの説明
```

Out

```
.. _california_housing_dataset:

California Housing dataset
--------------------------

**Data Set Characteristics:**

    :Number of Instances: 20640

    :Number of Attributes: 8 numeric, predictive ➡
attributes and the target

    :Attribute Information:
        - MedInc        median income in block group
        - HouseAge      median house age in block group
        - AveRooms      average number of rooms per ➡
household
        - AveBedrms     average number of bedrooms per ➡
household
        - Population    block group population
        - AveOccup      average number of household ➡
members
        - Latitude      block group latitude
        - Longitude     block group longitude

    :Missing Attribute Values: None
```

This dataset was obtained from the StatLib repository.
https://www.dcc.fc.up.pt/~ltorgo/Regression/
cal_housing.html

The target variable is the median house value for
California districts,
expressed in hundreds of thousands of dollars ($100,000).

This dataset was derived from the 1990 U.S. census,
using one row per census
block group. A block group is the smallest
geographical unit for which the U.S.
Census Bureau publishes sample data (a block group
typically has a population
of 600 to 3,000 people).

A household is a group of people residing within
a home. Since the average
number of rooms and bedrooms in this dataset are
provided per household, these
columns may take surprisingly large values for block
groups with few households
and many empty houses, such as vacation resorts.

It can be downloaded/loaded using the
:func:`sklearn.datasets.fetch_california_housing`
function.

.. topic:: References

    - Pace, R. Kelley and Ronald Barry, Sparse Spatial
Autoregressions,
        Statistics and Probability Letters,
33 (1997) 291–297

データセットの特徴を把握するために、平均値（mean）や標準偏差（std）などの統計量を表示します（**リスト6.3**）。

リスト6.3 各統計量を表示

In
```
housing_df.describe()
```

Out

	MedInc	HouseAge	AveRooms	AveBedrms
count	20640.000000	20640.000000	20640.000000	20640.000000
mean	3.870671	28.639486	5.429000	1.096675
std	1.899822	12.585558	2.474173	0.473911
min	0.499900	1.000000	0.846154	0.333333
25%	2.563400	18.000000	4.440716	1.006079
50%	3.534800	29.000000	5.229129	1.048780
75%	4.743250	37.000000	6.052381	1.099526
max	15.000100	52.000000	141.909091	34.066667

Population	AveOccup	Latitude	Longitude	PRICE
20640.000000	20640.000000	20640.000000	20640.000000	20640.000000
1425.476744	3.070655	35.631861	−119.569704	2.068558
1132.462122	10.386050	2.135952	2.003532	1.153956
3.000000	0.692308	32.540000	−124.350000	0.149990
787.000000	2.429741	33.930000	−121.800000	1.196000
1166.000000	2.818116	34.260000	−118.490000	1.797000
1725.000000	3.282261	37.710000	−118.010000	2.647250
35682.000000	1243.333333	41.950000	−114.310000	5.000010

データセットを、**train_test_split()** 関数により訓練用データとテスト用のデータに分割します（**リスト6.4**）。

リスト6.4 訓練用データとテスト用データに分割

In
```
from sklearn.model_selection import train_test_split

# 訓練用データとテスト用データに分割
x_train, x_test, t_train, t_test = train_test_split➡
(housing.data, housing.target, random_state=0)
```

6-1-2 単回帰

単回帰では、直線を使い1つの説明変数で目的変数を予測します。

x を説明変数、y を目的変数、a を係数、b を切片としたとき、単回帰は以下の式で表されます。

$$y = ax + b$$

リスト6.5 では、**linear_model.LinearRegression()** 関数により線形回帰のモデルを設定しています。そして、**fit()** メソッドにより、モデルの訓練が行われ係数と切片が最適化されます。ここでは、説明変数にMedInc（所得の中央値）のみを使うことで単回帰とします。

リスト6.5 単回帰の訓練

```
from sklearn import linear_model

# MedInc（所得の中央値）の列を取得
x_rm_train = x_train[:, [0]]
x_rm_test = x_test[:, [0]]

model = linear_model.LinearRegression() # 線形回帰モデル
model.fit(x_rm_train, t_train)  # モデルの訓練
```

Out

```
▼ LinearRegression
LinearRegression()
```

訓練済みのモデルから、係数と切片を取得します（**リスト6.6**）。

リスト6.6 単回帰で係数と切片を取得

```
a = model.coef_ # 係数
b = model.intercept_ # 切片
print("a: ", a)
print("b: ", b)
```

```
Out   a:  [0.42273457]
      b:  0.43642774209171264
```

元のデータ、及び取得した係数と切片を使った回帰直線をグラフで表示します（ リスト6.7 ）。

リスト6.7 データと回帰直線の表示

```
In   import matplotlib.pyplot as plt

     plt.scatter(x_rm_train, t_train, label="Train")  ➡
     # 訓練用データ
     plt.scatter(x_rm_test, t_test, label="Test")  ➡
     # テスト用データ

     y_reg = a * x_rm_train + b  # 回帰直線
     plt.plot(x_rm_train, y_reg, c="red")

     plt.xlabel("MedInc")
     plt.ylabel("Price")
     plt.legend()
     plt.show()
```

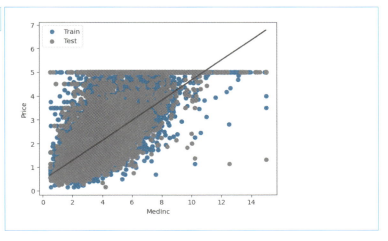

回帰直線は、所得が高くなると価格が上がるというデータの傾向をシンプルに表しています。

次に、モデルのMSE（Mean Squared Error、平均二乗誤差）を計算します。MSEは、Eを誤差、y_kを予測値、t_kを正解値として以下の式で定義されます。

$$E = \frac{1}{n} \sum_{k=1}^{n} (y_k - t_k)^2$$

この誤差が小さいほどモデルの誤差が小さくなります。

リスト6.8 のコードは、訓練用データとテスト用データ、それぞれでMSEを**mean_squared_error()**関数により計算します。

リスト6.8 MSEの計算

```
from sklearn.metrics import mean_squared_error

# 訓練用データ
y_train = model.predict(x_rm_train)
mse_train = mean_squared_error(t_train, y_train)
print("MSE(Train): ", mse_train)

# テスト用データ
y_test = model.predict(x_rm_test)
mse_test = mean_squared_error(t_test, y_test)
print("MSE(Test): ", mse_test)
```

Out
```
MSE(Train):  0.6931905488837381
MSE(Test):  0.7253534565158776
```

テスト用データのMSEは訓練用データのMSEと同程度であり、モデルが訓練用データのみに最適化されていないことがわかります。

6.1.3 重回帰

重回帰では、複数の説明変数を使い目的変数を予測します。重回帰は、x_kを各説明変数として以下の式で表されます。

$$y = \sum_{k=1}^{n} a_k x_k + b$$

ここでは、カリフォルニア住宅価格データセットの8種類の説明変数を全て使って、重回帰分析を行います。

単回帰の場合と同じく、**linear_model.LinearRegression()**関数を使用します（リスト6.9）。

リスト6.9 重回帰の訓練

```
model = linear_model.LinearRegression() # 線形回帰

# 全ての説明変数を使い学習
model.fit(x_train, t_train)
```

Out
```
▼ LinearRegression
LinearRegression()
```

各説明変数に対応した係数を、取得して表示します（リスト6.10）。

リスト6.10 重回帰で係数を取得

```
a_df = pd.DataFrame(housing.feature_names, ➡
columns=["Exp"])
a_df["a"] = pd.Series(model.coef_)
a_df
```

Out

	Exp	a
0	MedInc	0.439091
1	HouseAge	0.009599
2	AveRooms	−0.103311
3	AveBedrms	0.616730
4	Population	−0.000008
5	AveOccup	−0.004488
6	Latitude	−0.417353
7	Longitude	−0.430614

切片を、取得して表示します（**リスト6.11**）。

リスト6.11 重回帰で切片を取得

In
```
print("b: ", model.intercept_)
```

Out
```
b:  −36.609593778714334
```

訓練用データとテスト用データ、それぞれでMSE（平均二乗誤差）を計算します（**リスト6.12**）。

リスト6.12 MSEを計算

In
```
# 訓練用データ
y_train = model.predict(x_train)
mse_train = mean_squared_error(t_train, y_train)
print("MSE(Train): ", mse_train)

# テスト用データ
y_test = model.predict(x_test)
mse_test = mean_squared_error(t_test, y_test)
print("MSE(Test): ", mse_test)
```

Out
```
MSE(Train):  0.5192270684511335
MSE(Test):  0.5404128061709095
```

単回帰の場合よりも誤差が小さくなりましたが、テスト用データの誤差は訓練用データの誤差よりも明らかに大きくなりました。モデルが訓練用データに過剰に適合していないか、慎重に判断する必要がありそうです。

6.2 k平均法

「k平均法」はk-means clusteringとも呼ばれる教師なし学習の手法です。「距離」に基づき、データをk個のクラスタに分類します。

6 2 1 データセットの読み込み

ここでは、Irisデータセットを使用します。説明変数は以下の通りです。

- sepal length (cm)：がくの長さ
- sepal width (cm)：がくの幅
- petal length (cm)：花弁の長さ
- petal width (cm)：花弁の幅

目的変数は**class**ですが、これは0から2の整数で、花の品種を表します（**リスト6.13**）。

リスト6.13 Irisデータセットの読み込み

```
import pandas as pd
import numpy as np
from sklearn.cluster import KMeans
from sklearn.datasets import load_iris

iris = load_iris()
iris_df = pd.DataFrame(iris.data, columns=iris.feature_➡
names)  # data: 説明変数
iris_df["class"] = iris.target  # target: 目的変数
iris_df.head()  # 最初の5行を表示
```

Out

	sepal length (cm)	sepal width (cm)	petal length (cm)	petal width (cm)	class
0	5.1	3.5	1.4	0.2	0
1	4.9	3.0	1.4	0.2	0
2	4.7	3.2	1.3	0.2	0
3	4.6	3.1	1.5	0.2	0
4	5.0	3.6	1.4	0.2	0

データセットの説明を表示します（ リスト6.14 ）。

リスト6.14 データセットの説明を表示

In

```
print(iris.DESCR)
```

Out

```
.. _iris_dataset:


Iris plants dataset
--------------------


**Data Set Characteristics:**


    :Number of Instances: 150 (50 in each of three ➡
classes)
    :Number of Attributes: 4 numeric, predictive ➡
attributes and the class
    :Attribute Information:
        - sepal length in cm
        - sepal width in cm
        - petal length in cm
        - petal width in cm
        - class:
                - Iris-Setosa
                - Iris-Versicolour
                - Iris-Virginica


    :Summary Statistics:
```

```
============== ==== ==== ===== ===== ================
               Min  Max  Mean  SD    Class Correlation
============== ==== ==== ===== ===== ================
sepal length:  4.3  7.9  5.84  0.83   0.7826
sepal width:   2.0  4.4  3.05  0.43  -0.4194
petal length:  1.0  6.9  3.76  1.76   0.9490   (high!)
petal width:   0.1  2.5  1.20  0.76   0.9565   (high!)
============== ==== ==== ==== ====== ================
```

```
:Missing Attribute Values: None
:Class Distribution: 33.3% for each of 3 classes.
:Creator: R.A. Fisher
:Donor: Michael Marshall (MARSHALL%PLU@io.arc.nasa.➡
gov)
:Date: July, 1988
```

```
The famous Iris database, first used by Sir R.A. ➡
Fisher. The dataset is taken
from Fisher's paper. Note that it's the same as in R, ➡
but not as in the UCI
Machine Learning Repository, which has two wrong data ➡
points.
```

```
This is perhaps the best known database to be found in ➡
the
pattern recognition literature.  Fisher's paper is a ➡
classic in the field and
is referenced frequently to this day.  (See Duda & ➡
Hart, for example.)  The
data set contains 3 classes of 50 instances each, ➡
where each class refers to a
type of iris plant.  One class is linearly separable ➡
from the other 2; the
latter are NOT linearly separable from each other.
```

```
|details-start|
**References**
|details-split|

- Fisher, R.A. "The use of multiple measurements in ➡
taxonomic problems"
  Annual Eugenics, 7, Part II, 179-188 (1936); also in ➡
"Contributions to
  Mathematical Statistics" (John Wiley, NY, 1950).
- Duda, R.O., & Hart, P.E. (1973) Pattern ➡
Classification and Scene Analysis.
  (Q327.D83) John Wiley & Sons.  ISBN 0-471-22361-1.  ➡
See page 218.
- Dasarathy, B.V. (1980) "Nosing Around the ➡
Neighborhood: A New System
  Structure and Classification Rule for Recognition in ➡
Partially Exposed
  Environments".  IEEE Transactions on Pattern ➡
Analysis and Machine
  Intelligence, Vol. PAMI-2, No. 1, 67-71.
- Gates, G.W. (1972) "The Reduced Nearest Neighbor ➡
Rule".  IEEE Transactions
  on Information Theory, May 1972, 431-433.
- See also: 1988 MLC Proceedings, 54-64.  Cheeseman et ➡
al"s AUTOCLASS II
  conceptual clustering system finds 3 classes in the ➡
data.
- Many, many more ...

|details-end|
```

各統計量を表示します（ リスト6.15 ）。

リスト6.15 各統計量を表示

In
```
iris_df.describe()
```

Out

	sepal length (cm)	sepal width (cm)	petal length (cm)	petal width (cm)	class
count	150.000000	150.000000	150.000000	150.000000	150.000000
mean	5.843333	3.057333	3.758000	1.199333	1.000000
std	0.828066	0.435866	1.765298	0.762238	0.819232
min	4.300000	2.000000	1.000000	0.100000	0.000000
25%	5.100000	2.800000	1.600000	0.300000	0.000000
50%	5.800000	3.000000	4.350000	1.300000	1.000000
75%	6.400000	3.300000	5.100000	1.800000	2.000000
max	7.900000	4.400000	6.900000	2.500000	2.000000

ライブラリseabornの**pairplot()**関数により、説明変数同士、及び説明変数と目的変数の関係を一覧表示することができます（**リスト6.16**）。

リスト6.16 説明変数、目的変数の互いの関係を一覧表示

In
```
import seaborn as sns

sns.pairplot(iris_df, hue="class")
```

Out
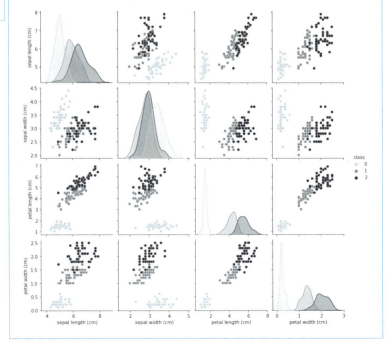

6·2·2 k平均法

「クラスタ分析」はデータを似たもの同士でグループ分けする分析ですが、k平均法はこのようなクラスタ分析の手法の1つです。k平均法では、以下の手順によりグループ分けが行われます。

1. 各サンプルに、ランダムにグループを割り当てる。
2. 各グループの重心を計算する。
3. 各サンプルが属するグループを、一番重心が近いグループに変更する。
4. 変化がなくなれば終了。変化がある場合は 2. に戻る。

リスト6.17 のコードは、k平均法によりデータをグループ分けします。品種の数が3なので、クラスタ数を3に設定しています。

リスト6.17 k平均法の実装

```
from sklearn.cluster import KMeans


model = KMeans(n_clusters=3)  # k平均法 クラスタ数は3
model.fit(iris.data)  # モデルの訓練
```

```
/usr/local/lib/python3.10/dist-packages/sklearn/➡
cluster/_kmeans.py:1416: FutureWarning: The default ➡
value of `n_init` will change from 10 to 'auto' in ➡
1.4. Set the value of `n_init` explicitly to suppress ➡
the warning
  super()._check_params_vs_input(X, default_n_init=10)
```

```
▼        KMeans
KMeans(n_clusters=3)
```

k平均法で分けられた各グループを、散布図で表示します（ リスト6.18 ）。

リスト6.18 k平均法で分けられたグループ

```
import matplotlib.pyplot as plt


axis_1 = 2
axis_2 = 3
```

```python
# ラベルが0のグループ
group_0 = iris.data[model.labels_==0]    # 訓練済みのモデル➡
からラベルを取得
plt.scatter(group_0[:, axis_1], group_0[:, axis_2], ➡
marker="x")

# ラベルが1のグループ
group_1 = iris.data[model.labels_==1]
plt.scatter(group_1[:, axis_1], group_1[:, axis_2], ➡
marker=".")

# ラベルが2のグループ
group_2 = iris.data[model.labels_==2]
plt.scatter(group_2[:, axis_1], group_2[:, axis_2], ➡
marker="+")

plt.xlabel(iris.feature_names[axis_1])
plt.ylabel(iris.feature_names[axis_2])
plt.show()
```

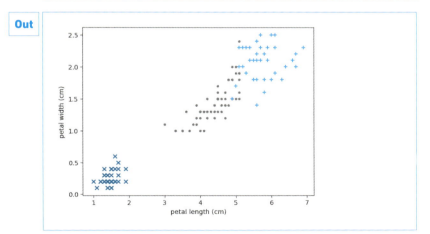

k平均法が機能し、各色でグループ分けが行われました。比較のため、元のデータセットのラベルを使ってグループ分けした結果を表示します（ リスト6.19 ）。

リスト6.19 元のラベルを使って分けたグループ

```python
axis_1 = 2
axis_2 = 3

# ラベルが0のグループ
group_0 = iris.data[iris.target==0]   # 元のデータセットのラベルを使用
plt.scatter(group_0[:, axis_1], group_0[:, axis_2], marker=".")

# ラベルが1のグループ
group_1 = iris.data[iris.target==1]
plt.scatter(group_1[:, axis_1], group_1[:, axis_2], marker="+")

# ラベルが2のグループ
group_2 = iris.data[iris.target==2]
plt.scatter(group_2[:, axis_1], group_2[:, axis_2], marker="x")

plt.xlabel(iris.feature_names[axis_1])
plt.ylabel(iris.feature_names[axis_2])
plt.show()
```

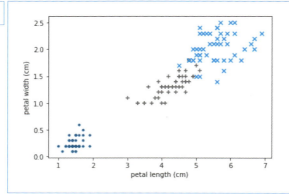

グループの境界が多少異なりますが、k平均法によりほぼ適切なグループ分けができていたことがわかります。

6.3 サポートベクターマシン

サポートベクターマシン（Support Vector Machine、SVM）とは、パターン識別のための教師あり機械学習の手法です。「マージン最大化」というアイデアに基づいているのですが、しばしば優れたパターン識別能力を発揮します。

6.3.1 サポートベクターマシンとは？

簡単にするために、2つの特徴量を持つデータを2つのグループに分類する図を使います（図6.1）。

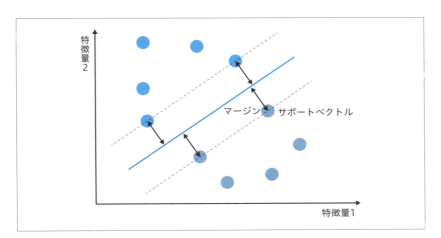

図6.1　サポートベクターマシンの概念

サポートベクターマシンとは、一言でいうとグループを明確に分ける境界線を引くための手法です。図6.1の例では、2つのクラスを明確に分ける境界線を引いています。この図で特徴量は2つ（2次元）なので境界は線になりますが、3次元の場合は境界は面になります。

数学的に、直線や平面を一般化した概念に「超平面」があります。線形サポートベクターマシンでは、この超平面を使ってn次元のデータの境界を定めます。

図6.1 における直線の引き方ですが、「マージン最大化」により決定されます。この場合のマージンは、境界となる線から最も近い点との距離のことです。この場合は、明るい青色と暗い青色それぞれのグループから線に最も近い2つずつの点のマージンを最大化するように線を引いています。このようなマージンの最大化に使われる境界付近の点を、サポートベクトルと呼びます。マージンを最大化するために、明るい青色のグループからも暗い青色のグループからも最も遠い境界線を引くことになります。

このような境界線、あるいは超平面は「分類器」として機能し、新しいデータがどちらのグループに属するかを判別することができます。

⑥-③-② データセットの読み込み

ここでは、scikit-learnに含まれるワインのデータセットを使用します。説明変数は、アルコール濃度（**alcohol**）やリンゴ酸濃度（**malic_acid**）などの様々なワインの特徴です。目的変数は**class**ですが、これは0から2の整数でワインの品種を表します（**リスト6.20**）。

リスト6.20 モジュールのインポートとデータセットの読み込み

In
```python
import pandas as pd
import numpy as np
from sklearn.datasets import load_wine

wine = load_wine()
wine_df = pd.DataFrame(wine.data, columns=wine.feature_➡
names)  # data: 説明変数
wine_df["class"] = wine.target  # target: 目的変数
wine_df.head()  # 最初の5行を表示
```

Out

	alcohol	malic_acid	ash	alcalinity_of_ash	magnesium	total_phenols	flavanoids	nonflavanoid_phenols
0	14.23	1.71	2.43	15.6	127.0	2.80	3.06	0.28
1	13.20	1.78	2.14	11.2	100.0	2.65	2.76	0.26
2	13.16	2.36	2.67	18.6	101.0	2.80	3.24	0.30
3	14.37	1.95	2.50	16.8	113.0	3.85	3.49	0.24
4	13.24	2.59	2.87	21.0	118.0	2.80	2.69	0.39

proanthocyanins	color_intensity	hue	od280/od315_of_diluted_wines	proline	class
2.29	5.64	1.04	3.92	1065.0	0
1.28	4.38	1.05	3.40	1050.0	0
2.81	5.68	1.03	3.17	1185.0	0
2.18	7.80	0.86	3.45	1480.0	0
1.82	4.32	1.04	2.93	735.0	0

データセットの説明を表示します（ リスト6.21 ）。

リスト6.21 データセットの説明を表示

In
```
print(wine.DESCR)
```

Out
```
.. _wine_dataset:

Wine recognition dataset
------------------------

**Data Set Characteristics:**

    :Number of Instances: 178
    :Number of Attributes: 13 numeric, predictive ➡
attributes and the class
    :Attribute Information:
    - Alcohol
    - Malic acid
    - Ash
    - Alcalinity of ash
    - Magnesium
    - Total phenols
    - Flavanoids
    - Nonflavanoid phenols
    - Proanthocyanins
    - Color intensity
    - Hue
    - OD280/OD315 of diluted wines
    - Proline

    - class:
            - class_0
            - class_1
            - class_2
```

```
:Summary Statistics:


============================== ==== ===== ====== =====
                               Min  Max   Mean    SD
============================== ==== ===== ====== =====
Alcohol:                       11.0  14.8  13.0   0.8
Malic Acid:                    0.74  5.80  2.34  1.12
Ash:                           1.36  3.23  2.36  0.27
Alcalinity of Ash:             10.6  30.0  19.5   3.3
Magnesium:                     70.0 162.0  99.7  14.3
Total Phenols:                 0.98  3.88  2.29  0.63
Flavanoids:                    0.34  5.08  2.03  1.00
Nonflavanoid Phenols:          0.13  0.66  0.36  0.12
Proanthocyanins:               0.41  3.58  1.59  0.57
Colour Intensity:               1.3  13.0   5.1   2.3
Hue:                           0.48  1.71  0.96  0.23
OD280/OD315 of diluted wines:  1.27  4.00  2.61  0.71
Proline:                        278  1680   746   315
============================== ==== ===== ====== =====


    :Missing Attribute Values: None
    :Class Distribution: class_0 (59), class_1 (71), ➡
class_2 (48)
    :Creator: R.A. Fisher
    :Donor: Michael Marshall (MARSHALL%PLU@io.arc.nasa. ➡
gov)
    :Date: July, 1988


This is a copy of UCI ML Wine recognition datasets.
https://archive.ics.uci.edu/ml/machine-learning- ➡
databases/wine/wine.data


The data is the results of a chemical analysis of ➡
wines grown in the same
```

region in Italy by three different cultivators. There ➡
are thirteen different
measurements taken for different constituents found in ➡
the three types of
wine.

Original Owners:

Forina, M. et al, PARVUS -
An Extendible Package for Data Exploration, ➡
Classification and Correlation.
Institute of Pharmaceutical and Food Analysis and ➡
Technologies,
Via Brigata Salerno, 16147 Genoa, Italy.

Citation:

Lichman, M. (2013). UCI Machine Learning Repository
[https://archive.ics.uci.edu/ml]. Irvine, CA: ➡
University of California,
School of Information and Computer Science.

|details-start|
References
|details-split|

(1) S. Aeberhard, D. Coomans and O. de Vel,
Comparison of Classifiers in High Dimensional Settings,
Tech. Rep. no. 92-02, (1992), Dept. of Computer ➡
Science and Dept. of
Mathematics and Statistics, James Cook University of ➡
North Queensland.
(Also submitted to Technometrics).

```
The data was used with many others for comparing various
classifiers. The classes are separable, though only RDA
has achieved 100% correct classification.
(RDA : 100%, QDA 99.4%, LDA 98.9%, 1NN 96.1% ➡
(z-transformed data))
(All results using the leave-one-out technique)

(2) S. Aeberhard, D. Coomans and O. de Vel,
"THE CLASSIFICATION PERFORMANCE OF RDA"
Tech. Rep. no. 92-01, (1992), Dept. of Computer ➡
Science and Dept. of
Mathematics and Statistics, James Cook University of ➡
North Queensland.
(Also submitted to Journal of Chemometrics).

|details-end|
```

各統計量を表示します（**リスト6.22**）。

リスト6.22 各統計量を表示

In
```
wine_df.describe()
```

Out

	alcohol	malic_acid	ash	alcalinity_of_ash	magnesium	total_phenols	flavanoids	nonflavanoid_phenols
count	178.000000	178.000000	178.000000	178.000000	178.000000	178.000000	178.000000	178.000000
mean	13.000618	2.336348	2.366517	19.494944	99.741573	2.295112	2.029270	0.361854
std	0.811827	1.117146	0.274344	3.339564	14.282484	0.625851	0.998859	0.124453
min	11.030000	0.740000	1.360000	10.600000	70.000000	0.980000	0.340000	0.130000
25%	12.362500	1.602500	2.210000	17.200000	88.000000	1.742500	1.205000	0.270000
50%	13.050000	1.865000	2.360000	19.500000	98.000000	2.355000	2.135000	0.340000
75%	13.677500	3.082500	2.557500	21.500000	107.000000	2.800000	2.875000	0.437500
max	14.830000	5.800000	3.230000	30.000000	162.000000	3.880000	5.080000	0.660000

proanthocyanins	color_intensity	hue	od280/od315_of_diluted_wines	proline	class
178.000000	178.000000	178.000000	178.000000	178.000000	178.000000
1.590899	5.058090	0.957449	2.611685	746.893258	0.938202
0.572359	2.318286	0.228572	0.709990	314.907474	0.775035
0.410000	1.280000	0.480000	1.270000	278.000000	0.000000
1.250000	3.220000	0.782500	1.937500	500.500000	0.000000
1.555000	4.690000	0.965000	2.780000	673.500000	1.000000
1.950000	6.200000	1.120000	3.170000	985.000000	2.000000
3.580000	13.000000	1.710000	4.000000	1680.000000	2.000000

　ライブラリseabornの**pairplot()**関数により、説明変数同士、及び説明変数と目的変数の関係を一覧表示します（**リスト6.23**）。

リスト6.23 説明変数、目的変数の互いの関係を一覧表示

In
```
import seaborn as sns

sns.pairplot(wine_df, hue="class")
```

Out
```
(…略…)
```

6-3-3 SVMの実装

　サポートベクターマシンを使い、ワインの分類を行います。データセットを訓練用データとテスト用データに分割し、**StandardScaler()**関数を使って標準化し、平均値が0、標準偏差が1になるようにします（**リスト6.24**）。

- sklearn.preprocessing.StandardScaler
  - URL https://scikit-learn.org/stable/modules/generated/sklearn.preprocessing.StandardScaler.html

リスト6.24 データセットを訓練用データとテスト用データに分割し、標準化する

In
```
from sklearn.model_selection import train_test_split
from sklearn.preprocessing import StandardScaler

# 訓練用データとテスト用データに分割
x_train, x_test, t_train, t_test = train_test_split➡
(wine.data, wine.target, random_state=0)

# データの標準化
std_scl = StandardScaler()
std_scl.fit(x_train)
x_train = std_scl.transform(x_train)
x_test = std_scl.transform(x_test)
```

ここでは、比較的シンプルな線形サポートベクターマシンを使い、超平面により
データを分類します。**fit()** メソッドにより、超平面が決定されます（リスト6.25）。

リスト6.25 SVMでデータを分類する

```
In

from sklearn.svm import LinearSVC  # 線形サポートベクターマシン


model = LinearSVC(random_state=0)


# 全ての説明変数を使い学習
model.fit(x_train, t_train)
```

```
Out

/usr/local/lib/python3.10/dist-packages/sklearn/svm/ ➡
_classes.py:32: FutureWarning: The default value of ➡
`dual` will change from `True` to `'auto'` in 1.5. Set ➡
the value of `dual` explicitly to suppress the warning.
  warnings.warn(

▼        LinearSVC
LinearSVC(random_state=0)
```

　訓練済みのモデルを使い、訓練用データ及びテスト用データで予測を行いま
す。そして、その正解率を測定します（リスト6.26）。

リスト6.26 予測・正解率を測定

```
In

from sklearn.metrics import accuracy_score

# 予測結果
y_train = model.predict(x_train)
y_test = model.predict(x_test)

# 正解率
acc_train = accuracy_score(t_train, y_train)
print("正解率（訓練）:", acc_train)
acc_test = accuracy_score(t_test, y_test)
print("正解率（テスト）:", acc_test)
```

Out

正解率（訓練）: 1.0
正解率（テスト）: 1.0

訓練用データ、テスト用データともに正解率は1.0で全て正解でした。

それでは、テスト用データのグループ分け結果をmatplotlibの散布図で表示してみましょう。**リスト6.27**のコードは、x軸をアルコール濃度、y軸をリンゴ酸濃度に設定し、グループ分けの結果を表示します。

リスト6.27 グループ分け結果をプロット

In

```python
import matplotlib.pyplot as plt

axis_1 = 0   # アルコール濃度（alcohol）
axis_2 = 1   # リンゴ酸濃度（malic_acid）

x = x_test   # テスト用データの説明変数
y = y_test # テスト用データの分類結果

# 0にクラス分類されたグループ
group_0 = x[y==0]
plt.scatter(group_0[:, axis_1], group_0[:, axis_2], ➡
marker="x")

# 1にクラス分類されたグループ
group_1 = x[y==1]
plt.scatter(group_1[:, axis_1], group_1[:, axis_2], ➡
marker=".")

# 2にクラス分類されたグループ
group_2 = x[y==2]
plt.scatter(group_2[:, axis_1], group_2[:, axis_2], ➡
marker="+")

plt.xlabel(wine.feature_names[axis_1])
plt.ylabel(wine.feature_names[axis_2])
plt.show()
```

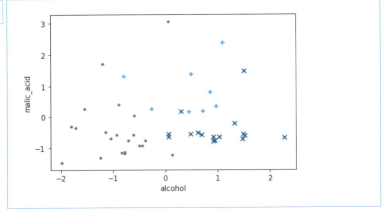

　分類器は訓練用データを使って訓練しましたが、分類器はテスト用データであっても適切に3つのグループに分けることができるようです。

　説明変数が多数あっても、適切に訓練が行われれば、サポートベクターマシンの分類器は高い分類能力を発揮するようになります。

6.4　演習

　好きな機械学習の手法を使って、乳がんを診断するモデルを構築しましょう。

6.4.1　データセットの読み込み

　ここでは、scikit-learnに含まれる乳がん診断のデータセットを使用します。説明変数は、乳房塊の微細針吸引物（FNA）のデジタル化画像から計算した平均半径（**mean radius**）や平均面積（**mean area**）などの様々な特徴です。目的変数は**class**ですが、これは0と1で悪性か良性かを表します（リスト6.28）。

リスト6.28 乳がん診断のデータセットの読み込み

```
import pandas as pd
import numpy as np
from sklearn.datasets import load_breast_cancer
```

```python
bc = load_breast_cancer()
bc_df = pd.DataFrame(bc.data, columns=bc.feature_➡
names)  # data: 説明変数
bc_df["class"] = bc.target  # target: 目的変数
bc_df.head()
```

Out

	mean radius	mean texture	mean perimeter	mean area	mean smoothness	mean compactness	mean concavity
0	17.99	10.38	122.80	1001.0	0.11840	0.27760	0.3001
1	20.57	17.77	132.90	1326.0	0.08474	0.07864	0.0869
2	19.69	21.25	130.00	1203.0	0.10960	0.15990	0.1974
3	11.42	20.38	77.58	386.1	0.14250	0.28390	0.2414
4	20.29	14.34	135.10	1297.0	0.10030	0.13280	0.1980

mean concave points	mean symmetry	mean fractal dimension	...	worst texture	worst perimeter	worst area
0.14710	0.2419	0.07871	...	17.33	184.60	2019.0
0.07017	0.1812	0.05667	...	23.41	158.80	1956.0
0.12790	0.2069	0.05999	...	25.53	152.50	1709.0
0.10520	0.2597	0.09744	...	26.50	98.87	567.7
0.10430	0.1809	0.05883	...	16.67	152.20	1575.0

worst smoothness	worst compactness	worst concavity	worst concave points	worst symmetry
0.1622	0.6656	0.7119	0.2654	0.4601
0.1238	0.1866	0.2416	0.1860	0.2750
0.1444	0.4245	0.4504	0.2430	0.3613
0.2098	0.8663	0.6869	0.2575	0.6638
0.1374	0.2050	0.4000	0.1625	0.2364

worst fractal dimension	class
0.11890	0
0.08902	0
0.08758	0
0.17300	0
0.07678	0

5 rows × 31 columns

データセットの説明を表示します（**リスト6.29**）。

リスト6.29 データセットの説明

In

```python
print(bc.DESCR)
```

Out

```
.. _breast_cancer_dataset:

Breast cancer wisconsin (diagnostic) dataset
--------------------------------------------

**Data Set Characteristics:**

    :Number of Instances: 569

    :Number of Attributes: 30 numeric, predictive ➡
```

```
attributes and the class

    :Attribute Information:
        - radius (mean of distances from center to ➡
points on the perimeter)
        - texture (standard deviation of gray-scale ➡
values)
        - perimeter
        - area
        - smoothness (local variation in radius lengths)
        - compactness (perimeter^2 / area - 1.0)
        - concavity (severity of concave portions of ➡
the contour)
        - concave points (number of concave portions ➡
of the contour)
        - symmetry
        - fractal dimension ("coastline approximation" ➡
- 1)

        The mean, standard error, and "worst" or ➡
largest (mean of the three
        worst/largest values) of these features were ➡
computed for each image,
        resulting in 30 features.  For instance, field ➡
0 is Mean Radius, field
        10 is Radius SE, field 20 is Worst Radius.

        - class:
                - WDBC-Malignant
                - WDBC-Benign

    :Summary Statistics:
```

```
========================================  ======  ======
                                            Min     Max
========================================  ======  ======
radius (mean):                             6.981   28.11
texture (mean):                            9.71    39.28
perimeter (mean):                          43.79   188.5
area (mean):                               143.5   2501.0
smoothness (mean):                         0.053   0.163
compactness (mean):                        0.019   0.345
concavity (mean):                          0.0     0.427
concave points (mean):                     0.0     0.201
symmetry (mean):                           0.106   0.304
fractal dimension (mean):                  0.05    0.097
radius (standard error):                   0.112   2.873
texture (standard error):                  0.36    4.885
perimeter (standard error):                0.757   21.98
area (standard error):                     6.802   542.2
smoothness (standard error):               0.002   0.031
compactness (standard error):              0.002   0.135
concavity (standard error):                0.0     0.396
concave points (standard error):           0.0     0.053
symmetry (standard error):                 0.008   0.079
fractal dimension (standard error):        0.001   0.03
radius (worst):                            7.93    36.04
texture (worst):                           12.02   49.54
perimeter (worst):                         50.41   251.2
area (worst):                              185.2   4254.0
smoothness (worst):                        0.071   0.223
compactness (worst):                       0.027   1.058
concavity (worst):                         0.0     1.252
concave points (worst):                    0.0     0.291
symmetry (worst):                          0.156   0.664
fractal dimension (worst):                 0.055   0.208
========================================  ======  ======
```

```
    :Missing Attribute Values: None

    :Class Distribution: 212 - Malignant, 357 - Benign

    :Creator:  Dr. William H. Wolberg, W. Nick Street, ➡
Olvi L. Mangasarian

    :Donor: Nick Street

    :Date: November, 1995

This is a copy of UCI ML Breast Cancer Wisconsin ➡
(Diagnostic) datasets.
https://goo.gl/U2Uwz2

Features are computed from a digitized image of a fine ➡
needle
aspirate (FNA) of a breast mass.  They describe
characteristics of the cell nuclei present in the image.

Separating plane described above was obtained using
Multisurface Method-Tree (MSM-T) [K. P. Bennett, ➡
"Decision Tree
Construction Via Linear Programming." Proceedings of ➡
the 4th
Midwest Artificial Intelligence and Cognitive Science ➡
Society,
pp. 97-101, 1992], a classification method which uses ➡
linear
programming to construct a decision tree.  Relevant ➡
features
were selected using an exhaustive search in the space ➡
of 1-4
features and 1-3 separating planes.

The actual linear program used to obtain the ➡
```

separating plane

in the 3-dimensional space is that described in:

[K. P. Bennett and O. L. Mangasarian: "Robust Linear

Programming Discrimination of Two Linearly Inseparable ➡

Sets",

Optimization Methods and Software 1, 1992, 23-34].

This database is also available through the UW CS ftp ➡

server:

ftp ftp.cs.wisc.edu

cd math-prog/cpo-dataset/machine-learn/WDBC/

|details-start|

References

|details-split|

- W.N. Street, W.H. Wolberg and O.L. Mangasarian. ➡

Nuclear feature extraction

  for breast tumor diagnosis. IS&T/SPIE 1993 ➡

International Symposium on

  Electronic Imaging: Science and Technology, ➡

volume 1905, pages 861-870,

  San Jose, CA, 1993.

- O.L. Mangasarian, W.N. Street and W.H. Wolberg. ➡

Breast cancer diagnosis and

  prognosis via linear programming. Operations ➡

Research, 43(4), pages 570-577,

  July-August 1995.

- W.H. Wolberg, W.N. Street, and O.L. Mangasarian. ➡

Machine learning techniques

  to diagnose breast cancer from fine-needle ➡

aspirates. Cancer Letters 77 (1994)

  163-171.

|details-end|

各統計量を表示します（リスト6.30）。

リスト6.30 各統計量

In
```
bc_df.describe()
```

Out

	mean radius	mean texture	mean perimeter	mean area	mean smoothness	mean compactness	mean concavity
count	569.000000	569.000000	569.000000	569.000000	569.000000	569.000000	569.000000
mean	14.127292	19.289649	91.969033	654.889104	0.096360	0.104341	0.088799
std	3.524049	4.301036	24.298981	351.914129	0.014064	0.052813	0.079720
min	6.981000	9.710000	43.790000	143.500000	0.052630	0.019380	0.000000
25%	11.700000	16.170000	75.170000	420.300000	0.086370	0.064920	0.029560
50%	13.370000	18.840000	86.240000	551.100000	0.095870	0.092630	0.061540
75%	15.780000	21.800000	104.100000	782.700000	0.105300	0.130400	0.130700
max	28.110000	39.280000	188.500000	2501.000000	0.163400	0.345000	0.426800

mean concave points	mean symmetry	mean fractal dimension	...	worst texture	worst perimeter	worst area
569.000000	569.000000	569.000000	...	569.000000	569.000000	569.000000
0.048919	0.181162	0.062798	...	25.677223	107.261213	880.583128
0.038803	0.027414	0.007060	...	6.146258	33.602542	569.356993
0.000000	0.106000	0.049960	...	12.020000	50.410000	185.200000
0.020310	0.161900	0.057700	...	21.080000	84.110000	515.300000
0.033500	0.179200	0.061540	...	25.410000	97.660000	686.500000
0.074000	0.195700	0.066120	...	29.720000	125.400000	1084.000000
0.201200	0.304000	0.097440	...	49.540000	251.200000	4254.000000

worst smoothness	worst compactness	worst concavity	worst concave points	worst symmetry
569.000000	569.000000	569.000000	569.000000	569.000000
0.132369	0.254265	0.272188	0.114606	0.290076
0.022832	0.157336	0.208624	0.065732	0.061867
0.071170	0.027290	0.000000	0.000000	0.156500
0.116600	0.147200	0.114500	0.064930	0.250400
0.131300	0.211900	0.226700	0.099930	0.282200
0.146000	0.339100	0.382900	0.161400	0.317900
0.222600	1.058000	1.252000	0.291000	0.663800

worst fractal dimension	class
569.000000	569.000000
0.083946	0.627417
0.018061	0.483918
0.055040	0.000000
0.071460	0.000000
0.080040	1.000000
0.092080	1.000000
0.207500	1.000000

8 rows × 31 columns

ライブラリseabornの**pairplot()**関数により、説明変数同士、及び説明変数と目的変数の関係を一覧表示します（リスト6.31）。なおリスト6.31のOut（一覧表示）は省略します。

リスト6.31 説明変数同士、及び説明変数と目的変数の関係を一覧表示

In
```
import seaborn as sns

sns.pairplot(bc_df, hue="class")
```

Out
（…略…）

6 4 2 モデルの構築

まずは、データセットを訓練用データとテスト用データに分割し、**Standard Scaler()**関数を使って標準化し、平均値が0、標準偏差が1になるようにします（**リスト6.32**）。

リスト6.32 データセットを訓練用データとテスト用データに分割して標準化する

```
In
from sklearn.model_selection import train_test_split
from sklearn.preprocessing import StandardScaler

# 訓練用データとテスト用データに分割
x_train, x_test, t_train, t_test = train_test_split➡
(bc.data, bc.target, random_state=0)

# データの標準化
std_scl = StandardScaler()
std_scl.fit(x_train)
x_train = std_scl.transform(x_train)
x_test = std_scl.transform(x_test)
```

リスト6.33 に、機械学習のモデルを構築するコードを記述しましょう。好きな機械学習の手法を使って構いません。

リスト6.33 機械学習のモデルを構築するコードを入力する

```
In
from sklearn.svm import    # ←ここにコードを追記する

model =    # ←ここにコードを記述する

# モデルの訓練
  # ←ここにコードを記述する
```

```
Out
(…略…)
```

訓練済みのモデルを使い、訓練用データ及びテスト用データで予測を行います。そして、その正解率を測定します（**リスト6.34**）。

リスト6.34 訓練用データ及びテスト用データで予測する

In
```
from sklearn.metrics import accuracy_score

# 予測結果
y_train = model.predict(x_train)
y_test = model.predict(x_test)
print(y_train, y_test)

# 正解率
acc_train = accuracy_score(t_train, y_train)
acc_test = accuracy_score(t_test, y_test)
print(acc_train, acc_test)
```

Out
```
(…略…)
```

6.5 解答例

リスト6.35 は解答例になります。

リスト6.35 解答例

In
```
from sklearn.svm import LinearSVC  # ←ここにコードを追記する

model = LinearSVC(random_state=0)  # ←ここにコードを記述する

# モデルの訓練
model.fit(x_train, t_train)  # ←ここにコードを記述する
```

6.6 Chapter6 のまとめ

　本チャプターでは、ディープラーニング以外の機械学習の手法をいくつか簡単に学びました。

　問題を解決するための手段としてディープラーニングが最も適しているとは限らないケースもあるので、様々な手法が使えるようになっておきましょう。

Chapter 7

畳み込みニューラルネットワーク（CNN）

　畳み込みニューラルネットワークについて、仕組みと実装を解説します。

　本チャプターには以下の内容が含まれます。

- CNNの概要
- 畳み込みとプーリング
- im2colとcol2im
- 畳み込みとプーリングの実装
- CNNの実装
- データ拡張
- 演習

　まずは、CNNの概要を解説します。その上で、CNNにおいて特徴的な処理である畳み込みとプーリングを解説します。これらにより、画像から効率的に特徴を抽出することができます。さらに、畳み込みとプーリングの処理をコードで実装し、畳み込み層とプーリング層の内部で行われている処理を把握します。

　そして、ここまでを踏まえた上でCNNをKerasを使って実装します。また、データ拡張を使ってデータを水増しし、過学習に対して頑強なモデルを訓練する方法を学びます。最後に、このチャプターの演習を行います。

　チャプターの内容は以上になりますが、本チャプターを通して学ぶことでCNNの原理を理解し、自分で実装ができるようになります。CNNは、範囲を絞ればヒトの視覚と同等、あるいはそれ以上の能力を発揮することさえあります。

　本チャプターで、原理を学びコードで実装することによりそのポテンシャルを感じていただければと思います。それでは、本チャプターをぜひお楽しみください。

7.1 CNNの概要

　CNN、すなわち畳み込みニューラルネットワークについて、概要を解説します。畳み込みニューラルネットワークはヒトの視覚がモデルになっており、特に画像認識の分野で広く使われています。

　このチャプターでは、畳み込みニューラルネットワークの仕組を解説した上で、その実装を行います。

7-1-1 ヒトの「視覚」

　最初に、CNNのモデルとなっている「視覚」について解説します。ヒトの左右の目には網膜があり、視神経につながっています。これにより、網膜が受けた視覚情報は大脳皮質の一番後ろにある一次視覚野（V1）に届くことになります。

　一次視覚野は、よく研究されている脳の領域です。ここには1億4000万個ほどの神経細胞が存在すると考えられており、視覚に関係する様々な処理が行われています。

　一次視覚野には、「単純型細胞」、及び「複雑型細胞」という性質の異なる2種類の神経細胞があります。単純型細胞は特定の位置における、明暗の境界とその傾きを検出します。また、複雑型細胞は位置のずれを吸収し、受け持つ領域に境界が存在するかどうかを検出します。一次視覚野に入った視覚の情報は、このように2つの異なる役割を持った細胞により処理されて、特徴が効率的に抽出されます。

7-1-2 畳み込みニューラルネットワーク（CNN）とは？

　このような視覚の仕組みを模倣した畳み込みニューラルネットワークはConvolutional Neural Networkの訳ですが、以降はCNNと略します。CNNは、ヒトの視覚のように画像認識を得意としています。

　図7.1 はCNNの例ですが、CNNはこのような画像を入力とした分類問題をよく扱います。

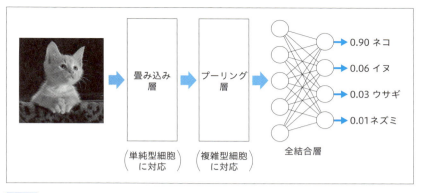

図7.1 CNNの例

図7.1 の例では、出力層の各ニューロンが各動物に対応し、出力の値がその動物である確率を表します。例えば、猫の写真を学習済みのCNNに入力すると、90%でネコ、6%でイヌ、3%でウサギ、1%でネズミ、のようにその物体が何である確率が最も高いかを教えてくれます。

CNNには畳み込み層、プーリング層、全結合層という名前の層が登場します。畳み込み層は単純型細胞に対応し、プーリング層は複雑型細胞に対応します。畳み込み層では、出力が入力の一部の影響しか受けない局所性の強い処理が行われます。また、プーリング層においては、認識する対象の位置に柔軟に対応できる仕組みが備わります。

このように、CNNには、画像を柔軟に精度よく認識するために、通常のニューラルネットワークとは異なる仕組みが備わります。

7.1.3 CNNの各層

それでは、CNNの構造について概要を解説します。CNNは、複数の層で構成されている点はこれまでに扱ったニューラルネットワークと同様です。

CNNの場合は、層に畳み込み層、プーリング層、全結合層の3種類があります。画像は畳み込み層に入力されますが、畳み込み層とプーリング層は何度か繰り返されて、全結合層につながります。全結合層も何度か繰り返されて、最後の全結合層は出力層になります。

図7.2 は典型的なCNNの構造です。

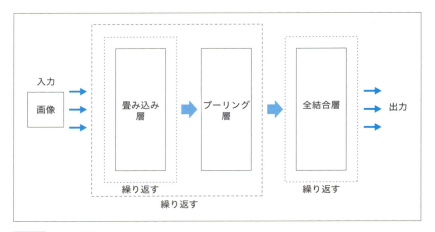

図7.2 CNNの構造

　畳み込み層では、入力された画像に複数のフィルタで処理を行います。フィルタ処理の結果、入力画像は画像の特徴を表す複数の画像に変換されます。

　そして、プーリング層では画像の特徴を損なわないように画像のサイズが縮小されます。

　全結合層では、これまで扱ってきたニューラルネットワークの層と同じように、層間の全てのニューロンが接続されます。全結合層は、通常のニューラルネットワークで使われる層と同じものです。

　次節から、このような層で行われる畳み込みとプーリングの具体的な処理について解説していきます。

7.2　畳み込みとプーリング

　「畳み込み」と「プーリング」について解説します。CNNにおける各層の働きについて、把握していきましょう。

　畳み込み層及びプーリング層とともに、パディングとストライドというテクニックについても解説します。

7.2.1 畳み込み層

まずは、「畳み込み層」について解説します。畳み込み層では、画像に対して「畳み込み」という処理を行い、画像の特徴を抽出します。畳み込み処理により、入力画像をより特徴が強調されたものに変換することになります。

畳み込み層では、「フィルタ」を用いて特徴の検出が行われます。フィルタはカーネルと呼ばれることもあります。

図7.3 に、畳み込み層における畳み込み処理の例を示します。

図7.3 畳み込み層の例

入力画像に対して、格子状に数値が並んだフィルタを使って畳み込みを行い、特徴が抽出された画像を得ることができます。図7.3 の例では、フィルタの特性により垂直方向の輪郭が抽出されることになります。

この層では、一次視覚野の単純型細胞に対応する処理が行われることになります。

7.2.2 畳み込みとは？

畳み込みでは、画像の持つ「局所性」という性質を用いて特徴を抽出します。画像における局所性とは、各ピクセルが近くのピクセルと強い関連性を持っている性質のことです。隣り合ったピクセル同士は似たような色になる可能性が高くなり、輪郭は近隣の複数のピクセルのグループで構成されます。

畳み込みでは、このような画像の局所性を利用して画像の特徴を検出します。

畳み込み層では、特徴の検出にフィルタを使用します。図7.4 に、フィルタを用いた畳み込みの例を示します。

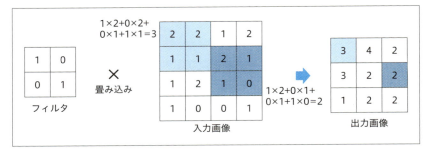

図7.4 畳み込みの例

図7.4 では、各ピクセルの値を数値で表しています。この値がピクセルの色を表します。図7.4 では、わかりやすくするために入力を4×4ピクセルの画像とし、フィルタの数は1つでサイズを2×2としています。

畳み込みでは、フィルタを入力画像の上に配置し、重なったピクセルの値をかけ合わせます。そして、かけ合わせた値を足し合わせて、新たなピクセルとします。フィルタを配置可能な全ての位置でこれを行うことにより、新たな画像が生成されます。上記の例では、3×3の新たな画像が生成されることになります。

このように、畳み込みを行うことで、画像のサイズは元の画像よりも小さくなります。

7-2-3 複数のチャンネル、複数のフィルタによる畳み込み

カラー画像のデータは、各ピクセルがRGBの3色を持っています。これは、1つの画像がR、G、Bの3枚の画像で構成されている、と解釈することもできます。この枚数のことを、「チャンネル数」と呼びます。モノクロ画像の場合は、チャンネル数は1になります。CNNでは、通常複数のチャンネルを持つ画像に対して複数のフィルタを用いた畳み込みを行います。少々込み入ってますが、図7.5 にRGB画像に対する畳み込みの例を示します。

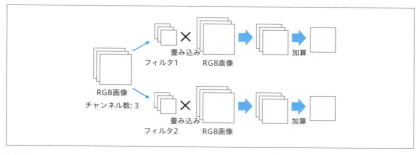

図7.5 複数のチャンネル、複数のフィルタによる畳み込み

　各フィルタにおいて、チャンネルごとに先程解説した畳み込みを行い、結果として3つの画像を得ることになります。そして、これらの画像の各ピクセルを足し合わせて1つの画像とします。

　フィルタごとにこのような処理を行うことで、結果として生成される画像の枚数は、フィルタの数と同じになります。この生成される画像の枚数が、出力画像のチャンネル数です。

7.2.4 畳み込み層で行われる処理の全体

　畳み込みにより生成された画像の各ピクセルには、バイアスを足して活性化関数で処理します。こちらに関しては、通常のニューラルネットワークと同じです。なお、バイアスは1つのフィルタあたり1つ必要です。フィルタの数と、バイアスの数は同じになります。

　畳み込み層の処理の全体像を、図7.6 に示します。

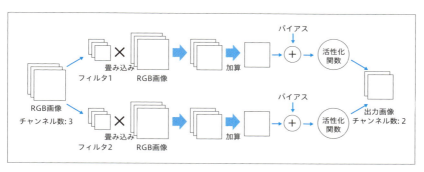

図7.6 畳み込み層における処理の全体

図7.6 の例では、チャンネル数が3の画像を畳み込み層に入力して、チャンネル数が2の画像を出力として得ています。畳み込みを行った結果、個々の画像のサイズは小さくなります。このような出力は、プーリング層や全結合層、あるいは他の畳み込み層などに入力することになります。

7.2.5 プーリング層

プーリング層は通常、畳み込み層の後に配置されます。プーリング層では、図7.7 に示すように画像を各領域に区切り、各領域を代表する値を取り出して並べることで、新たな画像を生成します。このような処理が、プーリングと呼ばれます。

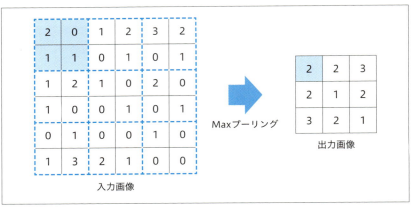

図7.7 プーリングの例

図7.7 の例では、各領域の最大値を各領域を代表する値としています。このようなプーリングの仕方は、「Maxプーリング」と呼ばれます。他にも領域の平均値を取る平均プーリングなどの方法もありますが、本書では以降プーリングという言葉はMaxプーリングのことを指すことにします。

図7.7 で示されているように、プーリングにより画像が縮小されます。例えば、6×6ピクセルの画像に対して2×2の領域でプーリングすると、画像のサイズは3×3になります。

プーリングは、言わば画像をぼやかす処理です。従って、プーリングを行うことで対象の位置の感度が低下し、位置の変化に対する頑強性を得ることになります。また、プーリングにより画像サイズが小さくなるので、計算量が削減されるというメリットもあります。

プーリング層で区切る領域は通常固定されており、領域のサイズが学習中に変化することはありません。また、学習するパラメータがないのでパラメータの更新は行われません。また、チャンネル数は変化しないので、入力のチャンネル数と出力のチャンネル数は同じになります。

7.2.6 パディング

入力画像を取り囲むようにピクセルを配置するテクニックを、「パディング」といいます。パディングは、畳み込み層やプーリング層において行われることがあります。

図7.8 にパディングの例を示します。

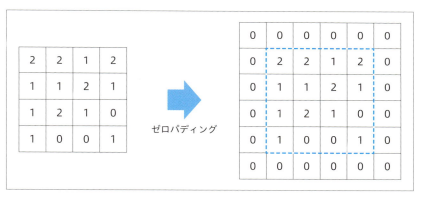

図7.8 パディングの例

図7.8 の例では、画像の周囲に値が0のピクセルを配置しています。このようなパディングの仕方を、「ゼロパディング」といいます。他にも様々なパディングの方法がありますが、CNNではこのゼロパディングが広く使われます。

このようなパディングにより、画像のサイズは大きくなります。例えば、4×4の画像に対して幅が1のゼロパディングを行うと画像は1重の0ピクセルに囲まれることになり、画像サイズは6×6になります。また、6×6の画像に対して幅が2のパディングを行うと、画像サイズは10×10になります。

畳み込みやプーリングにより画像サイズは小さくなるので、これらの層を何度も重ねると最後には画像サイズが1×1になってしまいます。パディングにより、この問題に対処することができます。パディングを行うことで、画像サイズが小さくなりすぎることを防ぐことができます。

また、画像の端は畳み込みの回数が少なくなるのですが、パディングにより画

像の端における畳み込み回数が増えるので、端の特徴もうまく捉えることができるようになります。

7.2.7 ストライド

畳み込みにおいて、フィルタが移動する間隔のことを「ストライド」といいます。これまで示してきた例では、ストライドは全て1でした。しかしながら、ストライドが2以上になる場合もあります。

図7.9にストライドが1の例と2の例を示します。

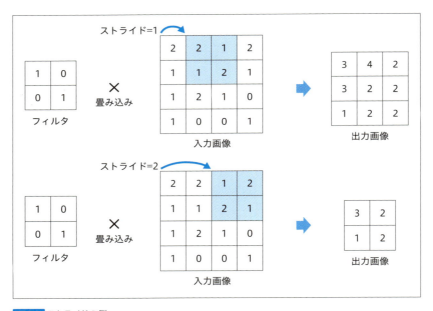

図7.9 ストライドの例

ストライドが大きい場合、フィルタの移動距離が大きいため出力画像のサイズは小さくなります。大きすぎる画像を縮小するためにストライドが使われることがありますが、これにより特徴を見逃す心配があるので、ストライドは1に設定されることが多いです。

7.2.8 畳み込みによる画像サイズの変化

畳み込みによる、画像サイズの変化を数式で表します。

入力画像のサイズを$I_h \times I_w$[1]、フィルタのサイズを$F_h \times F_w$、パディングの幅をD、ストライドの値をSとすると、出力画像の高さO_hと幅O_wは以下の式で表されます。

$$O_h = \frac{I_h - F_h + 2D}{S} + 1$$

$$O_w = \frac{I_w - F_w + 2D}{S} + 1$$

このように、畳み込み層における出力画像のサイズは、簡単な計算で求めることが可能です。

7.3 im2colとcol2im

畳み込み層とプーリング層で用いる「im2col」及び「col2im」というアルゴリズムを紹介します。im2colはimage to columnsの略で、画像を行列に変換します。また、col2imはcolumns to imagesの略で行列を画像に変換します。これらのアルゴリズムにより、CNNで必要な処理がシンプルで高速になります。

7 3 1 im2col、col2imとは？

畳み込み層を実装する際にはバッチ、チャンネルなどの多くの入り組んだ要素を考慮する必要があり、何重にも入れ子になった多次元配列を扱う必要があります。しかしながら、多次元配列を**for**文などを用いたループで扱おうとすると、ループが何重にもなりコードが複雑になってしまいます。また、NumPyは行列演算は高速なのですが、**for**文などによるループを用いて要素にアクセスしようとすると、実行にとても時間がかかってしまうという問題点があります。

そこで、ループを最小限にするために活躍するのが「im2col」及び「col2im」と呼ばれるアルゴリズムです。im2colは、複数バッチ、複数チャンネルの画像を1つの行列に変換します。im2colは、畳み込み層、プーリング層の順伝播で使用されます。

また、col2imは1つの行列を複数バッチ、複数チャンネルの画像に変換しま

※1 　h…高さ　w…幅

す。im2colの逆ですね。col2imは畳み込み層、プーリング層の逆伝播で使用されます。

　これらのアルゴリズムにより実行時間のかかるループ処理を最小限に抑え、メインの計算を1つの行列積に集約させることが可能になります。

7-3-2 im2colとは？

　畳み込みは、行列積を使って計算するとコードが比較的シンプルになります。im2colを使い、入力画像を行列演算に適した形状に変形することができます。

　im2colは、Maxプーリングで各領域の最大値を抽出する際にも利用されます。im2colは簡潔さと実行速度で優れており、様々なディープラーニング用のライブラリで実際に利用されています。

　im2colは、 図7.10 の例で示すような、画像上の領域を行列の列、もしくは行に変換するアルゴリズムです。

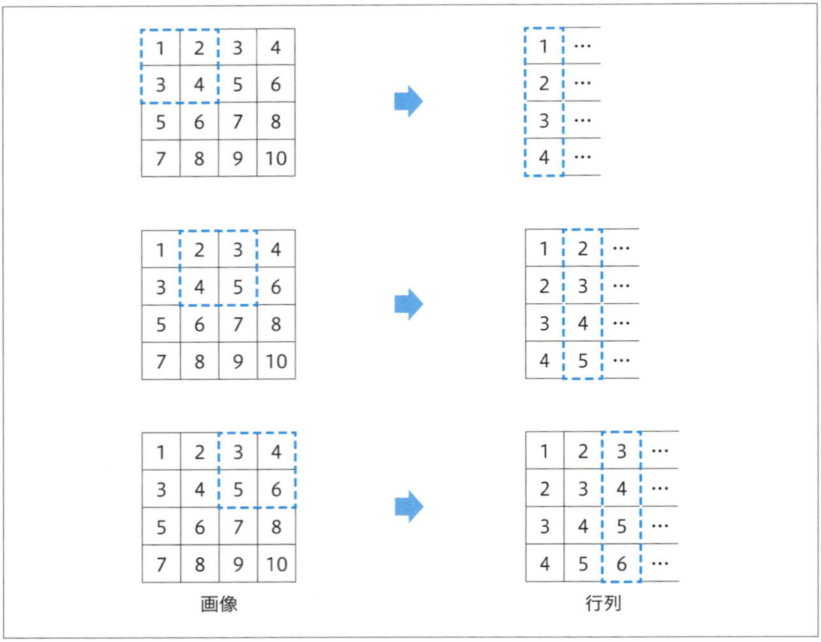

図7.10 im2colの例

　領域を左上から右にスライドさせて、各領域のピクセルを行列の列に変換していきます。領域が一番右に到達した場合、領域を1つ下にスライドして同じよう

に左から右にスライドさせます。この結果、画像が行列に変換されることになります。近い領域は重なり合うので、行列の全要素数は画像の全ピクセル数よりも多くなります。

また、フィルタの方も、単一の行列に変換することになります。複数のフィルタを 図7.11 の図のようにして1つの行列に変換します。

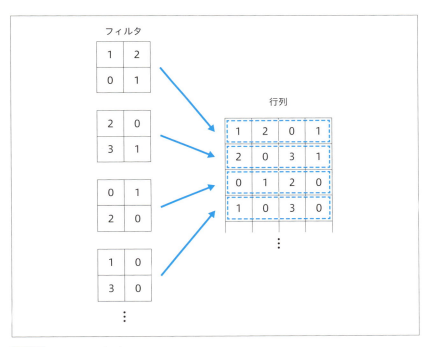

図7.11 フィルタを行列にする

各フィルタは、1つの行列の各行になります。そして、フィルタの枚数が行列の行数となります。

7.3.3 im2colによる変換

次に、入力画像がバッチとチャンネルに対応している場合を考えます。CNNにおいてバッチを適用する場合、複数の画像と正解をまとめて1つのバッチとします（図7.12）。バッチサイズをB、チャンネル数をC、入力画像高さをI_h、入力画像幅をI_wとすると、入力画像の形状は 図7.12 の左の図のように表されます。

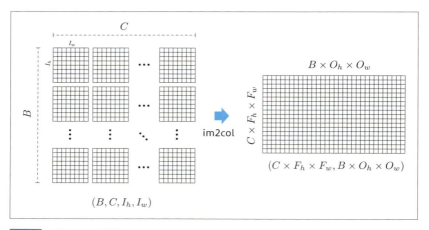

図7.12 im2colによる変換

画像が、バッチサイズ×チャンネル数だけ存在することになります。

この画像に、im2colで処理を行うことにより、図7.12の右に示すような1つの行列を得ることができます。ここで、F_hはフィルタ高さ、F_wはフィルタ幅、O_hは出力画像高さ、O_wは出力画像幅です。チャンネル×フィルタ高×フィルタ幅が行数で、バッチサイズ×出力画像高さ×出力画像幅が列数となります。

以上のように、入力画像がバッチとチャンネルに対応している場合でも、単一の行列で入力画像を表現することができます。

7-3-4 行列積による畳み込み

フィルタの数をMとすると、チャンネルに対応したフィルタの行列の形状は(M, CF_hF_w)となります。この行列の列数CF_hF_wは、入力画像の行列の行数CF_hF_wと一致することになります。これにより、入力画像とフィルタで行列積が可能になります。

この行列積を、図7.13に示します。

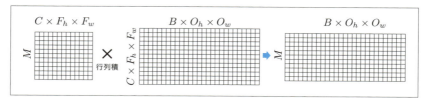

図7.13 行列積による畳み込み

前の行列の各行は個々のフィルタで、後ろの行列の各列はそれらのフィルタが重なる画像の領域です。この行列積により、畳み込みの計算を一度に行うことができます。

行列積により得られる行列の形状は (M, BO_hO_w) です。これを (B, M, O_h, O_w) に変換することで、畳み込み層の出力の形状になります。

以上のように、複雑な畳み込みはim2colを用いることで、シンプルな行列積に落とし込むことができます。

7.3.5 col2imとは？

次に、col2imについて解説します。col2imは、im2colとは逆になります。これは行列を画像に変換するアルゴリズムで、畳み込み層とプーリング層における逆伝播で利用されます。

図7.14 にcol2imの例を示します。

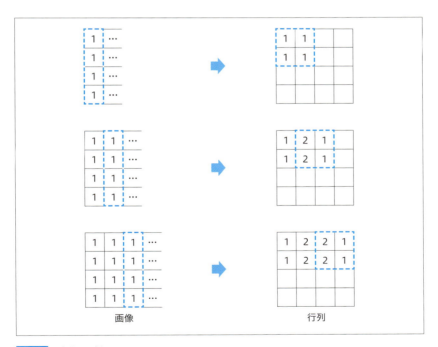

図7.14 col2imの例

行列の各列を、フィルタを重ねる領域の位置に戻しています。その際に、重複する箇所では値を足し合わせます。

以上の処理により、col2imは、im2colとは逆に行列を画像に変換することになります。

7-3-6 col2imによる変換

行列の全ての列に対してcol2imによる処理を行うと、図7.15に示すように行列を画像に変換することができます。

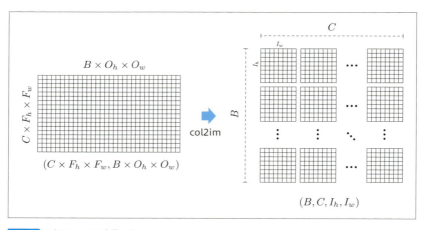

図7.15 col2imによる変換の例

フィルタがかかる領域は重複するので、画像の合計のピクセル数は、行列の全要素数よりも減ることになります。

バッチとチャンネルを考慮した場合、col2imによる変換前の行列の形状は以下の通りです。

$$(CF_hF_w, BO_hO_w)$$

これを、図7.15の右の図のような以下の形状の画像に変換します。

$$(B, C, I_h, I_w)$$

変換後の画像は、バッチとチャンネルに対応しています。

以上のように、col2imを用いることで行列を元の画像の形状に戻すことができます。

7.4 畳み込みの実装

im2colを使って、畳み込みを実装します。

7 4 1 im2colの実装

im2colにより、フィルタの形状に合わせて画像を行列に変換します。行列に変換された画像と、行列に変換されたフィルタの行列積で畳み込みを行います。

リスト7.1 のコードは、チャンネル数が1、バッチサイズが1、パディングなしでストライドが1の場合のシンプルなim2colのコードです。

リスト7.1 im2colの関数

```python
import numpy as np

def im2col(img, flt_h, flt_w):   # 入力画像、フィルタの高さ、幅

    img_h, img_w = img.shape   # 入力画像の高さ、幅
    out_h = img_h - flt_h + 1   # 出力画像の高さ➡
(パディングなし、ストライド1)
    out_w = img_w - flt_w + 1   # 出力画像の幅➡
(パディングなし、ストライド1)

    cols = np.zeros((flt_h*flt_w, out_h*out_w))   ➡
# 生成される行列のサイズ

    for h in range(out_h):
        h_lim = h + flt_h   # h:フィルタがかかる領域の上端、➡
h_lim:フィルタがかかる領域の下端
        for w in range(out_w):
            w_lim = w + flt_w   # w:フィルタがかかる領域の➡
左端、w_lim:フィルタがかかる領域の右端
            cols[:, h*out_w+w] = img[h:h_lim, w:w_lim].➡
reshape(-1)
```

```
    return cols
```

リスト7.1 のim2colの関数を使って、画像を行列に変換します（ リスト7.2 ）。

リスト7.2 im2colの関数を使用する

In
```
img = np.array([[1, 2, 3, 4],   # 入力画像
                [5, 6, 7, 8],
                [9, 10,11,12],
                [13,14,15,16]])

cols = im2col(img, 2, 2)   # 入力画像と、フィルタの高さ、幅を渡す
print(cols)
```

Out
```
[[ 1.  2.  3.  5.  6.  7.  9. 10. 11.]
 [ 2.  3.  4.  6.  7.  8. 10. 11. 12.]
 [ 5.  6.  7.  9. 10. 11. 13. 14. 15.]
 [ 6.  7.  8. 10. 11. 12. 14. 15. 16.]]
```

なお、実際には様々なバッチサイズ、チャンネル数、パディング幅、ストライドに対応し、**for**による繰り返しを最小化した リスト7.3 、 リスト7.4 のようなim2colのコードが使用されます。

リスト7.3 バッチサイズ、チャンネル数、パディング幅、ストライドに対応したim2colの関数

In
```
def im2col(images, flt_h, flt_w, stride, pad):

    n_bt, n_ch, img_h, img_w = images.shape
    out_h = (img_h - flt_h + 2*pad) // stride + 1  ➡
# 出力画像の高さ
    out_w = (img_w - flt_w + 2*pad) // stride + 1  ➡
# 出力画像の幅

    img_pad = np.pad(images, [(0,0), (0,0), ➡
(pad, pad), (pad, pad)], "constant")
```

```
    cols = np.zeros((n_bt, n_ch, flt_h, flt_w, out_h, ➡
out_w))

    for h in range(flt_h):
        h_lim = h + stride*out_h
        for w in range(flt_w):
            w_lim = w + stride*out_w
            cols[:, :, h, w, :, :] = img_pad[:, :, ➡
h:h_lim:stride, w:w_lim:stride]

    cols = cols.transpose(1, 2, 3, 0, 4, 5).reshape➡
(n_ch*flt_h*flt_w, n_bt*out_h*out_w)
    return cols
```

リスト7.4 バッチサイズ、チャンネル数、パディング幅、ストライドに対応したim2colの関数を使用する

In
```
img = np.array([[[[1, 2, 3, 4],   # 入力画像
                  [5, 6, 7, 8],
                  [9, 10,11,12],
                  [13,14,15,16]]]])

cols = im2col(img, 2, 2, 1, 0)   # 入力画像、フィルタの高さ、➡
幅、ストライド、パディング幅
print(cols)
```

Out
```
[[ 1.  2.  3.  5.  6.  7.  9. 10. 11.]
 [ 2.  3.  4.  6.  7.  8. 10. 11. 12.]
 [ 5.  6.  7.  9. 10. 11. 13. 14. 15.]
 [ 6.  7.  8. 10. 11. 12. 14. 15. 16.]]
```

7-4-2 畳み込みの実装

im2colの関数を使って、畳み込みを実装します。ここでは、scikit-learnから8×8、モノクロの手書き文字の画像を読み込み、畳み込みを行います（ リスト7.5 ）。

リスト7.5 手書き文字画像の表示

```
import matplotlib.pyplot as plt
from sklearn import datasets

digits = datasets.load_digits()

image = digits.data[0].reshape(8, 8)
plt.imshow(image, cmap="gray")    # 最初の手書き文字画像を表示
plt.show()
```

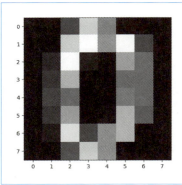

リスト7.6 の、シンプルなim2colの関数を使います。

リスト7.6 シンプルなim2colの関数

```
def im2col(img, flt_h, flt_w, out_h, out_w):  ➡
# 入力画像、フィルタの高さ、幅、出力画像の高さ、幅

    cols = np.zeros((flt_h*flt_w, out_h*out_w))  ➡
# 生成される行列のサイズ
```

```
        for h in range(out_h):
            h_lim = h + flt_h   # h：フィルタがかかる領域の上端、➡
h_lim：フィルタがかかる領域の下端
            for w in range(out_w):
                w_lim = w + flt_w   # w：フィルタがかかる領域の➡
左端、w_lim：フィルタがかかる領域の右端
                cols[:, h*out_w+w] = img[h:h_lim, w:w_lim].➡
reshape(-1)

    return cols
```

　im2colで画像を行列に変換し、フィルタとの行列積により畳み込みを行います（ **リスト7.7** ）。

リスト7.7 im2colと畳み込みの実装

```
flt = np.array([[-1, 1, -1,],   # 縦の線を強調するフィルタ
                [-1, 1, -1,],
                [-1, 1, -1,]])
flt_h, flt_w = flt.shape
flt = flt.reshape(-1)   # 行数が1の行列

img_h, img_w = image.shape   # 入力画像の高さ、幅
out_h = img_h - flt_h + 1   # 出力画像の高さ（パディングなし、➡
ストライド1）
out_w = img_w - flt_w + 1   # 出力画像の幅（パディングなし、➡
ストライド1）

cols = im2col(image, flt_h, flt_w, out_h, out_w)

image_out = np.dot(flt, cols)   # 畳み込み
image_out = image_out.reshape(out_h, out_w)
plt.imshow(image_out, cmap="gray")
plt.show()
```

Out

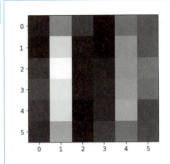

　フィルタにより、縦の線が強調されました。また、画像サイズが6×6と小さくなっていることも確認できます。
　畳み込み層においては、このような畳み込みにより画像の特徴の抽出が行われます。

7.5　プーリングの実装

im2colを使ってプーリングを実装します。

7.5.1　プーリングの実装

　im2colを使って、プーリングを実装します。畳み込みのときと同じく、scikit-learnから8×8、モノクロの手書き文字の画像を読み込みます（リスト7.8）。

リスト7.8 手書き文字画像の読み込みと表示

In
```python
import numpy as np
import matplotlib.pyplot as plt
from sklearn import datasets

digits = datasets.load_digits()
print(digits.data.shape)

image = digits.data[0].reshape(8, 8)
```

```
plt.imshow(image, cmap="gray")
plt.show()
```

Out
```
(1797, 64)
```

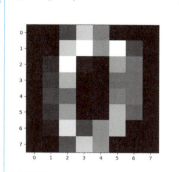

ここでは、 リスト7.9 のストライドを導入したim2colの関数を使います。フィルタの高さと幅には、プーリングの領域の高さと幅を使います。

リスト7.9 im2colの関数の定義

In
```
def im2col(img, flt_h, flt_w, out_h, out_w, stride):
# 入力画像、プーリング領域の高さ、幅、出力画像の高さ、幅、ストライド

    cols = np.zeros((flt_h*flt_w, out_h*out_w))
# 生成される行列のサイズ

    for h in range(out_h):
        h_lim = stride*h + flt_h  # h:プーリング領域の上端、
h_lim:プーリング領域の下端
        for w in range(out_w):
            w_lim = stride*w + flt_w  # w:プーリング領域の
左端、w_lim:プーリング領域の右端
            cols[:, h*out_w+w] = img[stride*h:h_lim,
stride*w:w_lim].reshape(-1)

    return cols
```

im2colで入力画像を行列に変換します。ストライドのサイズを領域のサイズと同じにすることで、行列の各列がプーリングの各領域となります。そして、この行列の各列から最大値を取り出すことで、Maxプーリングを行うことができます。

　リスト7.10のコードでは、プーリング領域のサイズをストライドのサイズと同じにして、入力画像をim2colで処理します。そして、NumPyの**max()**関数を使って、各列の最大値を取得します。

リスト7.10 im2colとプーリング

In
```
img_h, img_w = image.shape  # 入力画像の高さ、幅
pool = 2  # プーリング領域のサイズ

out_h = img_h//pool  # 出力画像の高さ
out_w = img_w//pool  # 出力画像の幅

cols = im2col(image, pool, pool, out_h, out_w, pool)
# ストライドのサイズをプーリング領域のサイズと同じに
image_out = np.max(cols, axis=0)  # 各列の最大値を取得
(Maxプーリング)
image_out = image_out.reshape(out_h, out_w)  # 出力の
形状を整える

plt.imshow(image_out, cmap="gray")
plt.show()
```

Out

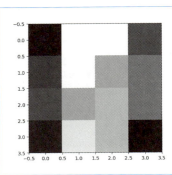

リスト7.10 の例では、各2×2の領域の最大値が抽出され、新たな画像となりました。8×8の画像が、4×4の画像に変換されたことになります。画像の本質的な特徴を損ねないまま、サイズを小さくしたことになります。

7.6 CNNの実装

Kerasを使い、CNNを実装します。ここではCIFAR-10というデータセットを使い、画像の分類が可能なモデルを訓練します。

7-6-1 CIFAR-10

Kerasを使い、CIFAR-10を読み込みます。CIFAR-10は、約6万枚の画像にラベルを付けたデータセットです。各画像には、「airplane」「automobile」「bird」「cat」「deer」「dog」「frog」「horse」「ship」「truck」の10種類のラベルのうちいずれかが付いています。

リスト7.11 のコードでは、CIFAR-10を読み込み、その中のランダムな25枚の画像を表示します。なお、紙面では白黒で表示されていますが、実際の画像は3色のカラーになります。

リスト7.11 CIFAR-10の読み込みと一部の表示

```
import numpy as np
import matplotlib.pyplot as plt
import tensorflow as tf
from tensorflow.keras.datasets import cifar10

(x_train, t_train), (x_test, t_test) = ➡
cifar10.load_data()
print("Image size:", x_train[0].shape)

cifar10_labels = np.array(["airplane", "automobile", ➡
"bird", "cat", "deer",
                            "dog", "frog", "horse", ➡
"ship", "truck"])
```

```python
n_image = 25    # 画像の表示数
rand_idx = np.random.randint(0, len(x_train), n_image)

plt.figure(figsize=(10,10))    # 表示領域のサイズ
for i in range(n_image):
    cifar_img=plt.subplot(5,5,i+1)
    plt.imshow(x_train[rand_idx[i]])
    label = cifar10_labels[t_train[rand_idx[i]]]
    plt.title(label)
    plt.tick_params(labelbottom=False, labelleft=
False, bottom=False, left=False)    # ラベルとメモリを非表示に

plt.show()
```

Out
```
Downloading data from https://www.cs.toronto.edu/~kriz/
cifar-10-python.tar.gz
170498071/170498071 ━━━━━━━━━━━━━━━━━━━━━━━━━━
5s 0us/step
Image size: (32, 32, 3)
```

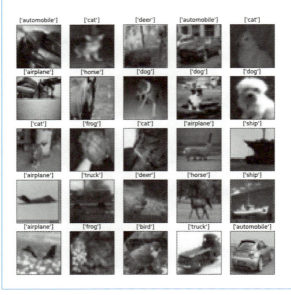

7.6.2 各設定

CNNの各設定を行います。各画像についたラベルは、one-hot表現に変換します。one-hot表現は、クラス（分類）の数だけ要素のあるベクトルで、正解の値は1でそれ以外は0になります（**リスト7.12**）。

・例：(0 0 0 1 0 0 0 0 0 0)

リスト7.12 CNNの各設定

```
batch_size = 32   # バッチサイズ
epochs = 20   # エポック数
n_class = 10   # 10のクラスに分類

# one-hot表現に変換
t_train = tf.keras.utils.to_categorical(t_train, ➡
n_class)   # one-hot表現に変換
t_test = tf.keras.utils.to_categorical(t_test, n_class)
print(t_train[:10])
```

```
[[0. 0. 0. 0. 0. 0. 1. 0. 0. 0.]
 [0. 0. 0. 0. 0. 0. 0. 0. 0. 1.]
 [0. 0. 0. 0. 0. 0. 0. 0. 0. 1.]
 [0. 0. 0. 0. 1. 0. 0. 0. 0. 0.]
 [0. 1. 0. 0. 0. 0. 0. 0. 0. 0.]
 [0. 1. 0. 0. 0. 0. 0. 0. 0. 0.]
 [0. 0. 1. 0. 0. 0. 0. 0. 0. 0.]
 [0. 0. 0. 0. 0. 0. 0. 1. 0. 0.]
 [0. 0. 0. 0. 0. 0. 0. 0. 1. 0.]
 [0. 0. 0. 1. 0. 0. 0. 0. 0. 0.]]
```

7.6.3 モデルの構築

CNNのモデルを構築します。ここでは、図7.16 の順に複数の層を並べます。

図7.16 CNNのモデルを構築

Kerasにおいて、画像の畳み込みを行う層は`Conv2D()`関数により実装することができます。Conv2Dは、以下のように設定します。

```
Conv2D(フィルタ数, (フィルタ高さ, フィルタ幅), padding='パディングの方法`)
```

上記で`padding='same'`を設定すると、出力画像が入力画像と同じサイズになるように、入力画像にゼロパディングが行われます。

また、Maxプーリングを行う層は`MaxPooling2D()`関数により実装することができます。`MaxPooling2D()`関数は、以下のように設定します。

```
MaxPooling2D(pool_size=(プーリング領域の高さ, プーリング領域の幅))
```

全結合の中間層の直後には、ドロップアウトを挟むことにします。ドロップアウトはランダムにニューロンを無効にするテクニックですが、これによりモデルが訓練用データに過剰に適合する問題をある程度回避できます。`Dropout(0.5)`は、ニューロンを0.5の確率でランダムに無効にすることを意味します（ リスト7.13 ）。

リスト7.13 CNNのモデルを構築する

```python
from tensorflow.keras.models import Sequential
from tensorflow.keras.layers import Input, Dense, ➡
Dropout, Activation, Flatten
from tensorflow.keras.layers import Conv2D, MaxPooling2D
from tensorflow.keras.optimizers import Adam


model = Sequential()

model.add(Input(shape=x_train.shape[1:]))  ➡
# バッチサイズ以外の入力画像の形状を指定
model.add(Conv2D(32, (3, 3), padding='same'))
model.add(Activation('relu'))
model.add(Conv2D(32, (3, 3)))
model.add(Activation('relu'))
model.add(MaxPooling2D(pool_size=(2, 2)))

model.add(Conv2D(64, (3, 3), padding='same'))
model.add(Activation('relu'))
model.add(Conv2D(64, (3, 3)))
model.add(Activation('relu'))
model.add(MaxPooling2D(pool_size=(2, 2)))

model.add(Flatten())   # 1次元の配列に変換
model.add(Dense(256))
model.add(Activation('relu'))
model.add(Dropout(0.5))   # ドロップアウト
model.add(Dense(n_class))
model.add(Activation('softmax'))

# 最適化アルゴリズムにAdam、損失関数に交差エントロピーを指定してコンパイル
model.compile(optimizer=Adam(), loss='categorical_➡
crossentropy', metrics=['accuracy'])

model.summary()
```

Out

```
Model: "sequential"
```

Layer (type)	Output Shape	Param #
conv2d (Conv2D)	(None, 32, 32, 32)	896
activation (Activation)	(None, 32, 32, 32)	0
conv2d_1 (Conv2D)	(None, 30, 30, 32)	9,248
activation_1 (Activation)	(None, 30, 30, 32)	0
max_pooling2d (MaxPooling2D)	(None, 15, 15, 32)	0
conv2d_2 (Conv2D)	(None, 15, 15, 64)	18,496
activation_2 (Activation)	(None, 15, 15, 64)	0
conv2d_3 (Conv2D)	(None, 13, 13, 64)	36,928
activation_3 (Activation)	(None, 13, 13, 64)	0
max_pooling2d_1 (MaxPooling2D)	(None, 6, 6, 64)	0
flatten (Flatten)	(None, 2304)	0
dense (Dense)	(None, 256)	590,080
activation_4 (Activation)	(None, 256)	0
dropout (Dropout)	(None, 256)	0
dense_1 (Dense)	(None, 10)	2,570
activation_5 (Activation)	(None, 10)	0

```
Total params: 658,218 (2.51 MB)
Trainable params: 658,218 (2.51 MB)
Non-trainable params: 0 (0.00 B)
```

7-6-4 学習

　モデルを訓練します（ **リスト7.14** ）。学習には時間がかかるので、Google Colaboratoryのメニューから「編集」→「ノートブックの設定」の「ハードウェアアクセラレータ」で「T4 GPU」を選択しましょう。

リスト7.14 CNNのモデルを訓練する

In

```python
x_train = x_train / 255   # 0から1の範囲に収める
x_test = x_test / 255

# 訓練用データを使い、モデルを訓練する
history = model.fit(x_train, t_train, epochs=epochs, ➡
batch_size=batch_size,
                    validation_data=(x_test, t_test))
```

Out

```
Epoch 1/20
1563/1563 ─────────────────────── ➡
23s 9ms/step - accuracy: 0.3558 - loss: 1.7469 ➡
- val_accuracy: 0.5852 - val_loss: 1.1680
Epoch 2/20
1563/1563 ─────────────────────── ➡
8s 5ms/step - accuracy: 0.6063 - loss: 1.1132 ➡
- val_accuracy: 0.6708 - val_loss: 0.9439
Epoch 3/20
1563/1563 ─────────────────────── ➡
7s 4ms/step - accuracy: 0.6686 - loss: 0.9423 ➡
- val_accuracy: 0.6935 - val_loss: 0.8779
Epoch 4/20
1563/1563 ─────────────────────── ➡
10s 4ms/step - accuracy: 0.7095 - loss: 0.8245 ➡
- val_accuracy: 0.7201 - val_loss: 0.8040
Epoch 5/20
1563/1563 ─────────────────────── ➡
10s 4ms/step - accuracy: 0.7480 - loss: 0.7283 ➡
- val_accuracy: 0.7462 - val_loss: 0.7356
Epoch 6/20
1563/1563 ─────────────────────── ➡
6s 4ms/step - accuracy: 0.7705 - loss: 0.6546 ➡
- val_accuracy: 0.7502 - val_loss: 0.7357
Epoch 7/20
1563/1563 ─────────────────────── ➡
10s 4ms/step - accuracy: 0.7902 - loss: 0.6032 ➡
- val_accuracy: 0.7471 - val_loss: 0.7600
Epoch 8/20
1563/1563 ─────────────────────── ➡
7s 4ms/step - accuracy: 0.8006 - loss: 0.5585 ➡
- val_accuracy: 0.7618 - val_loss: 0.7255
Epoch 9/20
1563/1563 ─────────────────────── ➡
10s 4ms/step - accuracy: 0.8161 - loss: 0.5214 ➡
```

```
- val_accuracy: 0.7546 - val_loss: 0.7627
Epoch 10/20
1563/1563 ━━━━━━━━━━━━━━━━━━━━━━ ➡
12s 5ms/step - accuracy: 0.8261 - loss: 0.4830 ➡
- val_accuracy: 0.7552 - val_loss: 0.7941
Epoch 11/20
1563/1563 ━━━━━━━━━━━━━━━━━━━━━━ ➡
7s 4ms/step - accuracy: 0.8364 - loss: 0.4571 ➡
- val_accuracy: 0.7554 - val_loss: 0.8349
Epoch 12/20
1563/1563 ━━━━━━━━━━━━━━━━━━━━━━ ➡
6s 4ms/step - accuracy: 0.8460 - loss: 0.4223 ➡
- val_accuracy: 0.7549 - val_loss: 0.8021
Epoch 13/20
1563/1563 ━━━━━━━━━━━━━━━━━━━━━━ ➡
10s 4ms/step - accuracy: 0.8563 - loss: 0.3982 ➡
- val_accuracy: 0.7552 - val_loss: 0.8404
Epoch 14/20
1563/1563 ━━━━━━━━━━━━━━━━━━━━━━ ➡
10s 4ms/step - accuracy: 0.8663 - loss: 0.3712 ➡
- val_accuracy: 0.7499 - val_loss: 0.8684
Epoch 15/20
1563/1563 ━━━━━━━━━━━━━━━━━━━━━━ ➡
7s 4ms/step - accuracy: 0.8752 - loss: 0.3530 ➡
- val_accuracy: 0.7618 - val_loss: 0.8131
Epoch 16/20
1563/1563 ━━━━━━━━━━━━━━━━━━━━━━ ➡
6s 4ms/step - accuracy: 0.8802 - loss: 0.3345 ➡
- val_accuracy: 0.7552 - val_loss: 0.9293
Epoch 17/20
1563/1563 ━━━━━━━━━━━━━━━━━━━━━━ ➡
7s 5ms/step - accuracy: 0.8819 - loss: 0.3290 ➡
- val_accuracy: 0.7607 - val_loss: 0.8946
Epoch 18/20
1563/1563 ━━━━━━━━━━━━━━━━━━━━━━ ➡
```

```
11s 5ms/step – accuracy: 0.8869 – loss: 0.3174 ➡
– val_accuracy: 0.7553 – val_loss: 0.9264
Epoch 19/20
1563/1563 ──────────────────────── ➡
6s 4ms/step – accuracy: 0.8921 – loss: 0.3020 ➡
– val_accuracy: 0.7612 – val_loss: 0.9850
Epoch 20/20
1563/1563 ──────────────────────── ➡
6s 4ms/step – accuracy: 0.8979 – loss: 0.2812 ➡
– val_accuracy: 0.7523 – val_loss: 1.0257
```

7 6 5 学習の推移

historyには学習の経過が記録されています。これを使って、学習の推移を表示します（ リスト7.15 ）。

リスト7.15 学習の推移を表示

```
In
import matplotlib.pyplot as plt

train_loss = history.history['loss']   # 訓練用データの誤差
train_acc = history.history['accuracy']   # 訓練用データの➡
精度
val_loss = history.history['val_loss']   # 検証用データの誤差
val_acc = history.history['val_accuracy']   # 検証用データ➡
の精度

# 誤差の表示
plt.plot(np.arange(len(train_loss)), train_loss, ➡
label='loss')
plt.plot(np.arange(len(val_loss)), val_loss, label=➡
'val_loss')
plt.legend()
plt.show()
```

```python
# 精度の表示
plt.plot(np.arange(len(train_acc)), train_acc, ➡
label='acc')
plt.plot(np.arange(len(val_acc)), val_acc, label=➡
'val_acc')
plt.legend()
plt.show()
```

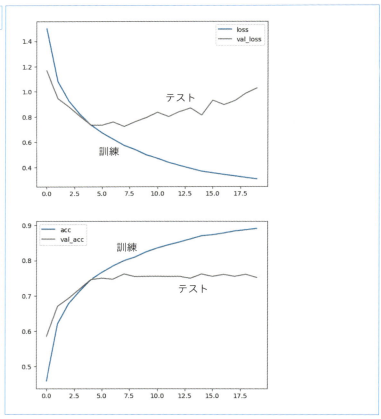

　訓練用データの誤差は、学習が進むにつれて滑らかに減少しています。しかし、テスト用データの誤差は、訓練用データの誤差から大きく上に隔離してしまいました。また、テスト用データの精度は、途中から向上しなくなってしまいました。

モデルが訓練用データに過剰に適合する、いわゆる「過学習」が発生している
ようです。過学習を防ぐために、上記のドロップアウトを含め様々な対策がこれ
までに考えられてきました。次節では、そのような過学習対策の1つである
「データ拡張」を実装します。

7.7 データ拡張

学習データが少ないと「過学習」が発生し、「汎化性能」が低下してしまいま
す。汎化性能とは未知のデータへの対応力のことで、これが低いと実用的なモデ
ルとはなりません。しかしながら、多くの画像などの学習データを集めるのには
大きな手間がかかってしまいます。

この問題への対策の1つが、「データ拡張」です。データ拡張は、画像に反転、
拡大、縮小などの変換を加えて画像の数を増やすことで、学習データの「水増し」
を行います。これにより、学習データ不足の問題が解消され、汎化性能が向上す
ることがあります。

7.7.1 データ拡張の実装

Kerasの**ImageDataGenerator()**関数を使ってデータ拡張を行います。
ここでは、CIFAR-10の画像に回転を加えたものをいくつか生成します。画像を
表示するコードは、再利用のため関数にまとめておきます（**リスト7.16**）。

リスト7.16 データ拡張 - 回転 -

```
import numpy as np
import matplotlib.pyplot as plt
import tensorflow as tf
from tensorflow.keras.datasets import cifar10
from tensorflow.keras.preprocessing.image import ➡
ImageDataGenerator

(x_train, t_train), (x_test, t_test) = ➡
cifar10.load_data()
```

```python
cifar10_labels = np.array(["airplane", "automobile", ➡
"bird", "cat", "deer",
                                "dog", "frog", "horse", ➡
"ship", "truck"])

image = x_train[12]
plt.imshow(image)
plt.show()

def show_images(image, generator):
    height, width, channel = image.shape
    image = image.reshape(1, height, width, channel) ➡
# バッチ対応
    gen = generator.flow(image, batch_size=1)  ➡
# 変換された画像の生成

    plt.figure(figsize=(9, 9))
    for i in range(9):
        gen_img = next(gen)[0].astype(np.uint8) ➡
# 画像の取得
        plt.subplot(3, 3, i + 1)
        plt.imshow(gen_img)
    plt.show()

# −20°から20°の範囲でランダムに回転を行う画像生成器
generator = ImageDataGenerator(rotation_range=20)
show_images(image, generator)
```

Out

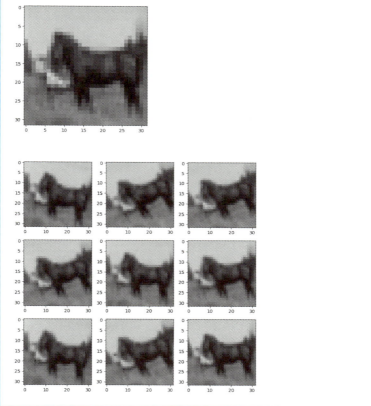

7-7-2 様々なデータ拡張

width_shift_rangeを指定することにより、画像を水平方向にシフトすることができます（リスト7.17）。

リスト7.17 データ拡張 - 水平方向にシフト -

In
```
generator = ImageDataGenerator(width_shift_range=0.5)
# 画像サイズの半分の範囲でランダムにシフトする
show_images(image, generator)
```

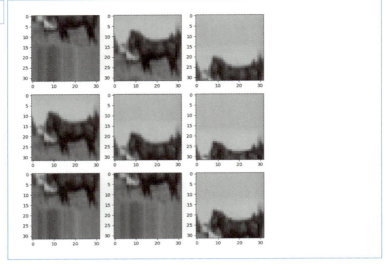

`height_shift_range`を指定することにより、画像を垂直方向にシフトすることができます（リスト7.18）。

リスト7.18 データ拡張 - 垂直方向にシフト -

In
```
generator = ImageDataGenerator(height_shift_range=0.5)
    # 画像サイズの半分の範囲でランダムにシフトする
show_images(image, generator)
```

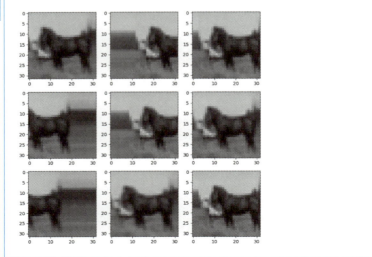

shear_rangeによりシアー強度の範囲を指定すると、引っ張るような変換を加えた画像を生成することができます（リスト7.19）。

リスト7.19 データ拡張 - シアー強度 -

In
```
generator = ImageDataGenerator(shear_range=20)
# シアー強度の範囲を指定
show_images(image, generator)
```

Out

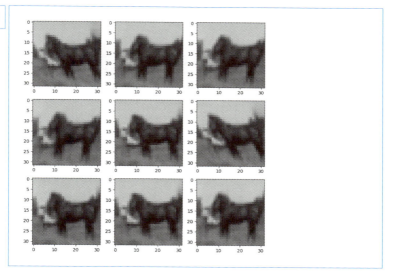

　zoom_rangeで拡大縮小する範囲を指定することができます。この範囲内で、水平方向、垂直方向それぞれの拡大率がランダムに指定されます（リスト7.20）。

リスト7.20 データ拡張 - 拡大縮小 -

In
```
generator = ImageDataGenerator(zoom_range=0.4)
# 拡大縮小する範囲を指定
show_images(image, generator)
```

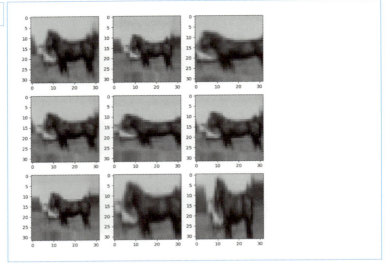

`horizontal_flip`と`vertical_flip`で、水平及び垂直方向に反転することができます（リスト7.21）。

リスト7.21 データ拡張 - ランダムに反転 -

```
generator = ImageDataGenerator(horizontal_flip=True,
    vertical_flip=True)    # 水平、垂直方向にランダムに反転
show_images(image, generator)
```

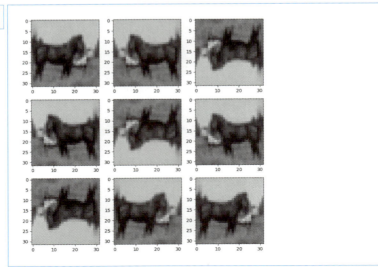

7 7 3 CNNのモデル

CNNの入力をデータ拡張しますが、使用するモデルは前節で構築したものと同じです（**リスト7.22**）。

リスト7.22 CNNのモデルを構築する

```python
from tensorflow.keras.models import Sequential
from tensorflow.keras.layers import Input, Dense, ➡
Dropout, Activation, Flatten
from tensorflow.keras.layers import Conv2D, MaxPooling2D
from tensorflow.keras.optimizers import Adam

batch_size = 32
epochs = 20
n_class = 10

t_train = tf.keras.utils.to_categorical(t_train, ➡
n_class)  # one-hot表現に
t_test = tf.keras.utils.to_categorical(t_test, n_class)

model = Sequential()

model.add(Input(shape=x_train.shape[1:]))  ➡
# バッチサイズ以外の入力画像の形状を指定
model.add(Conv2D(32, (3, 3), padding='same'))  ➡
# ゼロパディング
model.add(Activation('relu'))
model.add(Conv2D(32, (3, 3)))
model.add(Activation('relu'))
model.add(MaxPooling2D(pool_size=(2, 2)))

model.add(Conv2D(64, (3, 3), padding='same'))
model.add(Activation('relu'))
model.add(Conv2D(64, (3, 3)))
model.add(Activation('relu'))
```

```python
model.add(MaxPooling2D(pool_size=(2, 2)))

model.add(Flatten())   # 1次元の配列に変換
model.add(Dense(256))
model.add(Activation('relu'))
model.add(Dropout(0.5))   # ドロップアウト
model.add(Dense(n_class))
model.add(Activation('softmax'))

# 最適化アルゴリズムにAdam、損失関数に交差エントロピーを指定してコンパイル
model.compile(optimizer=Adam(), ➡
loss='categorical_crossentropy', metrics=['accuracy'])
model.summary()
```

Out

Model: "sequential_1"

Layer (type)	Output Shape	Param #
conv2d (Conv2D)	(None, 32, 32, 32)	896
activation (Activation)	(None, 32, 32, 32)	0
conv2d_1 (Conv2D)	(None, 30, 30, 32)	9,248
activation_1 (Activation)	(None, 30, 30, 32)	0
max_pooling2d (MaxPooling2D)	(None, 15, 15, 32)	0
conv2d_2 (Conv2D)	(None, 15, 15, 64)	18,496
activation_2 (Activation)	(None, 15, 15, 64)	0
conv2d_3 (Conv2D)	(None, 13, 13, 64)	36,928
activation_3 (Activation)	(None, 13, 13, 64)	0
max_pooling2d_1 (MaxPooling2D)	(None, 6, 6, 64)	0
flatten (Flatten)	(None, 2304)	0
dense (Dense)	(None, 256)	590,080
activation_4 (Activation)	(None, 256)	0
dropout (Dropout)	(None, 256)	0
dense_1 (Dense)	(None, 10)	2,570
activation_5 (Activation)	(None, 10)	0

Total params: 658,218 (2.51 MB)

Trainable params: 658,218 (2.51 MB)

Non-trainable params: 0 (0.00 B)

7.7.4 学習

CNNのモデルを訓練します。**ImageDataGenerator()** 関数を使用し、入力画像にランダムな回転と水平方向の反転を加えます（リスト7.23）。

リスト7.23 CNNのモデルをデータ拡張とともに訓練する

In
```python
x_train = x_train / 255  # 0から1の範囲に収める
x_test = x_test / 255

generator = ImageDataGenerator(
              rotation_range=0.2,   # ランダムに回転
              horizontal_flip=True)  # ランダムに水平方向に反転
generator.fit(x_train)

history = model.fit(generator.flow(x_train, t_train, ➡
batch_size=batch_size),
                    epochs=epochs,
                    validation_data=(x_test, t_test))
```

Out
```
Epoch 1/20
/usr/local/lib/python3.10/dist-packages/keras/src/➡
trainers/data_adapters/py_dataset_adapter.py:121: ➡
UserWarning: Your `PyDataset` class should call ➡
`super().__init__(**kwargs)` in its constructor. ➡
`**kwargs` can include `workers`, ➡
`use_multiprocessing`, `max_queue_size`. Do not pass ➡
these arguments to `fit()`, as they will be ignored.
  self._warn_if_super_not_called()
1563/1563 ─────────────────────── ➡
42s 23ms/step - accuracy: 0.3475 - loss: 1.7673 ➡
- val_accuracy: 0.6029 - val_loss: 1.1136
Epoch 2/20
1563/1563 ─────────────────────── ➡
32s 21ms/step - accuracy: 0.5858 - loss: 1.1732 ➡
- val_accuracy: 0.6621 - val_loss: 0.9575
```

```
Epoch 3/20
1563/1563 ─────────────────────── ➡
41s 21ms/step - accuracy: 0.6594 - loss: 0.9701 ➡
- val_accuracy: 0.6986 - val_loss: 0.8719
Epoch 4/20
1563/1563 ─────────────────────── ➡
42s 21ms/step - accuracy: 0.6942 - loss: 0.8764 ➡
- val_accuracy: 0.7250 - val_loss: 0.8110
Epoch 5/20
1563/1563 ─────────────────────── ➡
32s 21ms/step - accuracy: 0.7176 - loss: 0.8133 ➡
- val_accuracy: 0.7394 - val_loss: 0.7742
Epoch 6/20
1563/1563 ─────────────────────── ➡
42s 21ms/step - accuracy: 0.7358 - loss: 0.7610 ➡
- val_accuracy: 0.7461 - val_loss: 0.7377
Epoch 7/20
1563/1563 ─────────────────────── ➡
32s 20ms/step - accuracy: 0.7503 - loss: 0.7179 ➡
- val_accuracy: 0.7567 - val_loss: 0.7210
Epoch 8/20
1563/1563 ─────────────────────── ➡
42s 21ms/step - accuracy: 0.7606 - loss: 0.6861 ➡
- val_accuracy: 0.7457 - val_loss: 0.7449
Epoch 9/20
1563/1563 ─────────────────────── ➡
32s 21ms/step - accuracy: 0.7731 - loss: 0.6439 ➡
- val_accuracy: 0.7629 - val_loss: 0.6900
Epoch 10/20
1563/1563 ─────────────────────── ➡
33s 21ms/step - accuracy: 0.7848 - loss: 0.6175 ➡
- val_accuracy: 0.7623 - val_loss: 0.7033
Epoch 11/20
1563/1563 ─────────────────────── ➡
41s 21ms/step - accuracy: 0.7900 - loss: 0.5960 ➡
```

```
 - val_accuracy: 0.7719 - val_loss: 0.6771
Epoch 12/20
1563/1563 ────────────────────────── ➡
33s 21ms/step - accuracy: 0.7971 - loss: 0.5717 ➡
 - val_accuracy: 0.7841 - val_loss: 0.6568
Epoch 13/20
1563/1563 ────────────────────────── ➡
33s 21ms/step - accuracy: 0.8071 - loss: 0.5585 ➡
 - val_accuracy: 0.7769 - val_loss: 0.6672
Epoch 14/20
1563/1563 ────────────────────────── ➡
33s 21ms/step - accuracy: 0.8093 - loss: 0.5403 ➡
 - val_accuracy: 0.7857 - val_loss: 0.6576
Epoch 15/20
1563/1563 ────────────────────────── ➡
41s 21ms/step - accuracy: 0.8171 - loss: 0.5252 ➡
 - val_accuracy: 0.7758 - val_loss: 0.6928
Epoch 16/20
1563/1563 ────────────────────────── ➡
41s 21ms/step - accuracy: 0.8220 - loss: 0.5068 ➡
 - val_accuracy: 0.7775 - val_loss: 0.6790
Epoch 17/20
1563/1563 ────────────────────────── ➡
33s 21ms/step - accuracy: 0.8286 - loss: 0.4890 ➡
 - val_accuracy: 0.7862 - val_loss: 0.6884
Epoch 18/20
1563/1563 ────────────────────────── ➡
32s 21ms/step - accuracy: 0.8327 - loss: 0.4787 ➡
 - val_accuracy: 0.7883 - val_loss: 0.6641
Epoch 19/20
1563/1563 ────────────────────────── ➡
33s 21ms/step - accuracy: 0.8316 - loss: 0.4739 ➡
 - val_accuracy: 0.7861 - val_loss: 0.6550
Epoch 20/20
1563/1563 ────────────────────────── ➡
```

```
32s 21ms/step - accuracy: 0.8378 - loss: 0.4554 ➡

- val_accuracy: 0.7940 - val_loss: 0.6502
```

7-7-5 学習の推移

　学習の推移を表示します。データ拡張をしていない場合と比較して、汎化性能が向上していることを確認しましょう（ リスト7.24 ）。

リスト7.24 学習の推移を表示

```
import matplotlib.pyplot as plt

train_loss = history.history['loss']  # 訓練用データの誤差
train_acc = history.history['accuracy']  # 訓練用データの➡
精度
val_loss = history.history['val_loss']  # 検証用データの誤差
val_acc = history.history['val_accuracy']  # 検証用データ➡
の精度

plt.plot(np.arange(len(train_loss)), train_loss, ➡
label='loss')
plt.plot(np.arange(len(val_loss)), val_loss, ➡
label='val_loss')
plt.legend()
plt.show()

plt.plot(np.arange(len(train_acc)), train_acc, ➡
label='acc')
plt.plot(np.arange(len(val_acc)), val_acc, ➡
label='val_acc')
plt.legend()
plt.show()
```

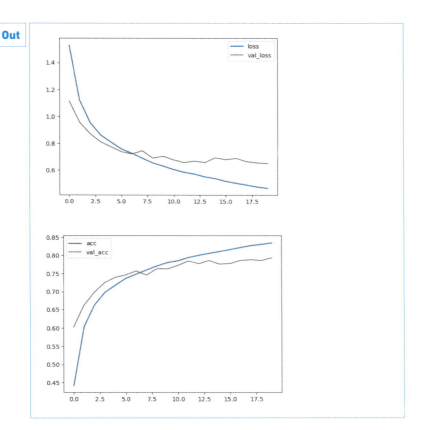

　前節の状態と比較して、テスト用データの誤差が訓練用データの誤差と大きく隔離することがなくなりました。テスト用データの精度は訓練用データの精度よりいくらか低いものの、緩やかに向上し続けています。データ拡張の導入により、汎化性能の向上が確認できました。

7.7.6 評価

　訓練済みモデルの、誤差と精度を評価します（リスト7.25）。

リスト7.25 モデルの評価

```
loss, accuracy = model.evaluate(x_test, t_test)
print("誤差:", loss, "精度:", accuracy)
```

Out

```
313/313 ————————————————————— ➡
1s 2ms/step – accuracy: 0.7955 – loss: 0.6390
誤差： 0.6501876711845398 精度： 0.7940000295639038
```

訓練済みのモデルは、80％弱の精度となりました。

7-7-7 予測

学習済みのモデルを使って予測を行います。予測結果を入力画像の上に表示します（**リスト7.26**）。

リスト7.26 学習済みモデルで予測

In

```python
n_image = 25  # 画像の表示数
rand_idx = np.random.randint(0, len(x_test), n_image)  ➡
# 乱数

y_rand = model.predict(x_test[rand_idx])  # ランダムな➡
画像を入力として予測
predicted_class = np.argmax(y_rand, axis=1)

plt.figure(figsize=(10, 10))  # 画像の表示サイズ
for i in range(n_image):
    cifar_img=plt.subplot(5, 5, i+1)
    plt.imshow(x_test[rand_idx[i]])
    label = cifar10_labels[predicted_class[i]]  ➡
# ラベル名の取得
    plt.title(label)
    plt.tick_params(labelbottom=False, labelleft=➡
False, bottom=False, left=False)
plt.show()
```

Out
```
1/1 ──────────────────────── 1s 808ms/step
```

予測結果は概ね合っていますが、ときどき間違うことがありますね。

7-7-8 モデルの保存

学習済みのモデルをGoogleドライブに保存します。保存されたモデルは、後から読み込んで利用することができます（**リスト7.27**）。

リスト7.27 モデルの保存

In
```
from google.colab import drive
drive.mount('/content/drive/')
```
実行後にChapter3の図3.2 ❶〜❺の手順でGoogleドライブと連携

Out
```
Mounted at /content/drive/
```

```
import os
from keras.models import load_model


path = '/content/drive/My Drive/cnn_cifar10/'


# ディレクトリを作成する
if not os.path.exists(path):
    os.makedirs(path)


# ファイルを保存する
model.save(path + "model_cnn_cifar10.keras")
```

Googleドライブを開いて、モデルが保存されたことを確認しましょう（図7.17）。

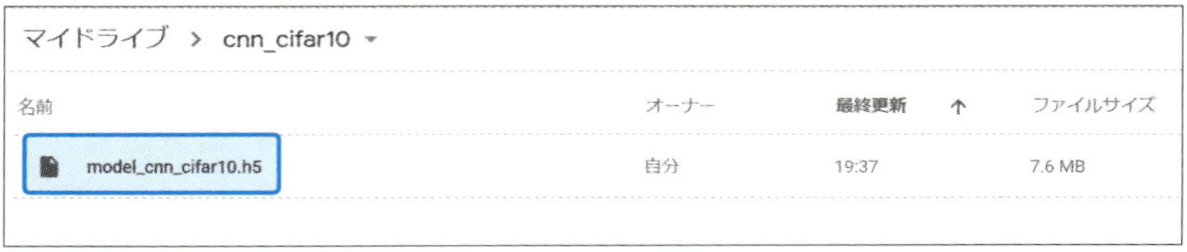

名前	オーナー	最終更新 ↑	ファイルサイズ
📄 model_cnn_cifar10.h5	自分	19:37	7.6 MB

マイドライブ ＞ cnn_cifar10 ▾

図7.17 モデルの保存を確認

7.8 演習

より性能の高い、CNNのモデルを構築しましょう。本チャプターで構築した
モデルを改良し、テスト用データの精度80%以上を目指しましょう。

7-8-1 データセットの読み込みと前処理

ここでも、CIFAR-10を使用します。 リスト7.28 の、バッチサイズとエポック数
は変更しても構いません。

リスト7.28 データセットの読み込みと前処理

In
```python
import numpy as np
import tensorflow as tf
from tensorflow.keras.datasets import cifar10
from tensorflow.keras.preprocessing.image import ➡
ImageDataGenerator

(x_train, t_train), (x_test, t_test) = ➡
cifar10.load_data()

batch_size = 32
epochs = 20
n_class = 10

x_train = x_train / 255   # 0から1の範囲に収める
x_test = x_test / 255
t_train = tf.keras.utils.to_categorical(t_train, ➡
n_class)   # one-hot表現に
t_test = tf.keras.utils.to_categorical(t_test, n_class)
```

リスト7.29 のモデルは、本チャプターで構築したものと同じです。層の追加や削除、ハイパーパラメータの調整、ドロップアウトの挿入などを行い、このモデルに改良を加えましょう。

リスト7.29 モデルの構築

In
```python
from tensorflow.keras.models import Sequential
from tensorflow.keras.layers import Input, Dense, ➡
Dropout, Activation, Flatten
from tensorflow.keras.layers import Conv2D, MaxPooling2D
from tensorflow.keras.optimizers import Adam

model = Sequential()

model.add(Input(shape=x_train.shape[1:]))  ➡
```

```python
# バッチサイズ以外の入力画像の形状を指定
model.add(Conv2D(32, (3, 3), padding='same'))  ➡
# ゼロパディング
model.add(Activation('relu'))
model.add(Conv2D(32, (3, 3)))
model.add(Activation('relu'))
model.add(MaxPooling2D(pool_size=(2, 2)))

model.add(Conv2D(64, (3, 3), padding='same'))
model.add(Activation('relu'))
model.add(Conv2D(64, (3, 3)))
model.add(Activation('relu'))
model.add(MaxPooling2D(pool_size=(2, 2)))

model.add(Flatten())  # 1次元の配列に変換
model.add(Dense(256))
model.add(Activation('relu'))
model.add(Dropout(0.5))  # ドロップアウト
model.add(Dense(n_class))
model.add(Activation('softmax'))

model.compile(optimizer=Adam(),  ➡
loss='categorical_crossentropy', metrics=['accuracy'])
model.summary()
```

7 8 2 学習

ImageDataGeneratorの設定は、**7.7**節のデータ拡張の際と同じです。こちらの設定にも、改良を加えましょう（ リスト7.30 ）。

リスト7.30 学習

```python
from tensorflow.keras.preprocessing.image import ➡
ImageDataGenerator

generator = ImageDataGenerator(
            rotation_range=0.2,
            horizontal_flip=True)
generator.fit(x_train)

history = model.fit(generator.flow(x_train, t_train, ➡
batch_size=batch_size),
                    epochs=epochs,
                    validation_data=(x_test, t_test))
```

7-8-3 学習の推移

学習の推移は **リスト7.31** の通りです。

リスト7.31 学習の推移

```python
import matplotlib.pyplot as plt

train_loss = history.history['loss']  # 訓練用データの誤差
train_acc = history.history['accuracy']  # 訓練用データの➡
精度
val_loss = history.history['val_loss']  # 検証用データの誤差
val_acc = history.history['val_accuracy']  # 検証用データ➡
の精度

plt.plot(np.arange(len(train_loss)), train_loss, ➡
label='loss')
plt.plot(np.arange(len(val_loss)), val_loss, label=➡
'val_loss')
plt.legend()
```

```
plt.show()

plt.plot(np.arange(len(train_acc)), train_acc, ➡
label='acc')
plt.plot(np.arange(len(val_acc)), val_acc, label=➡
'val_acc')
plt.legend()
plt.show()
```

7 · 8 · 4 評価

　こちらの正解率が0.8を超えるように、モデルや学習方法を改良しましょう
（ リスト7.32 ）。

リスト7.32 モデルの評価

```
loss, accuracy = model.evaluate(x_test, t_test)
print("誤差:", loss, "精度:", accuracy)
```

　この演習に解答例はありません。たとえ精度が0.8に届かなくても、モデルや
条件に様々な工夫をされたのであればそれで十分です。

7.9　Chapter7のまとめ

　本チャプターでは、畳み込みニューラルネットワーク（CNN）について仕組み
を解説し、実装を行いました。畳み込み層やプーリング層はim2colやcol2imを
使って自分で実装することもできますが、Kerasを使えば簡単にモデルに導入す
ることができます。
　CNNで扱った畳み込み層、プーリング層などの各層は、後のGANのチャプ
ター（Chapter10）でも使いますので、このチャプターで扱い方をしっかりと把
握しておきましょう。

Chapter 8

再帰型ニューラルネットワーク（RNN）

　このチャプターでは、再帰型ニューラルネットワーク、すなわちRNN
の原理と実装について解説します。

　RNNは時間方向に中間層がつながったニューラルネットワークなの
で、時系列データを学習し、予測することが得意です。

　本チャプターには以下の内容が含まれます。

- RNNの概要
- シンプルなRNNの実装
- LSTM、GRUの概要
- LSTM、GRUの実装
- RNNによる文章の自動生成
- 自然言語処理の概要
- 演習

　本チャプターでは、まずRNNの概要を解説します。その上で、シンプ
ルなRNNを構築し、時系列データの学習と予測を行います。さらに、
RNNの発展形であるLSTMとGRUの概要を学び、実装を行います。

　また、ここまで学んできたRNNの技術を使って簡単な自然言語処理
を行います。文章を時系列データと捉えてRNNに学習させるのですが、
これにより文章における次の文字を予測して文章を生成することが可能
になります。そして、最後に、このチャプターの演習を行います。

　チャプターの内容は以上になりますが、本チャプターを通して学ぶこ
とでRNNの原理を理解し、自分で実装ができるようになります。

　現実世界には時系列データが溢れているので、RNNは様々な分野
で活躍することができます。本チャプターで、原理を学びコードで実装す
ることにより、その可能性を感じていただければと思います。

　それでは、本チャプターをぜひお楽しみください。

8.1 RNNの概要

本チャプターの最初に、再帰型ニューラルネットワーク（RNN）の概要を解説します。

我々の脳は、広い意味での「文脈」を読んで判断を下すことができます。例えば自転車に乗る際は、歩行者や自動車、現在の自転車の位置やスピードなど様々な物体の時間変化を考慮して進行するルートを決定します。また、会話における発言は、会話の流れに強く依存します。

このような文脈を扱うことができるニューラルネットワークに、再帰型ニューラルネットワーク（RNN）と呼ばれるものがあります。RNNはRecurrent Neural Networkの略で、音声や文章、動画などを扱うのに適しています。RNNは、時間変化するデータ、すなわち時系列データを入力することができます。

8.1.1 再帰型ニューラルネットワーク（RNN）とは？

RNNは、図8.1 のように中間層がループする構造を持ちます。中間層が前の時刻の中間層と接続されており、これにより時系列のデータを扱うことが可能になります。

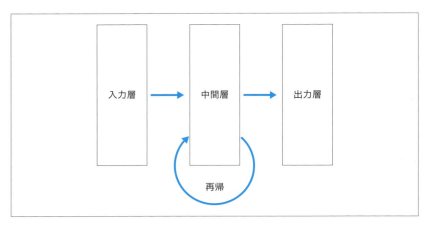

図8.1 RNNの概念

RNNで扱える時系列データには、例えば、文書や音声データ、音楽や株価、産業機器の状態などがあります。RNNでは、このようなデータを入力や正解として扱います。

8-1-2 RNNの展開

図8.2 は、RNNを各時間ごとに展開したものです。

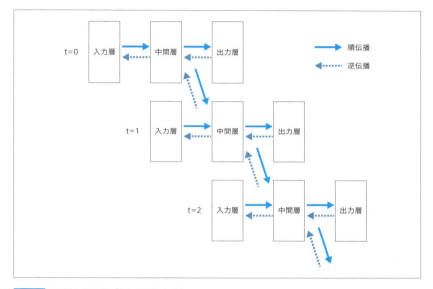

図8.2 RNNを各時間ごとに展開した図

時間に沿って中間層が全てつながっており、ある意味深い層のニューラルネットワークになっていることがわかります。図8.2 の青い実線は順伝播を表します。順伝播では、時間方向に入力が伝播します。また、青い点線は逆伝播を表します。逆伝播では、ニューラルネットワークを遡るように誤差が伝播します。この逆伝播の際に、学習が行われます。

パラメータの更新の式は、通常のニューラルネットワークと同じく、基本的に以下の式で表されます。

$$w \leftarrow w - \eta \frac{\partial E}{\partial w}$$

wが学習するパラメータでηが学習係数ですが、誤差Eのwによる偏微分、すなわち勾配に基づきパラメータの更新が行われます。

このように、学習時には通常と逆に情報が伝播し、重みとバイアスが更新されるわけですが、このあたりの仕組みは、基本的に通常のニューラルネットワークと同じです。RNNと通常のニューラルネットワークとの違いは、全時刻を通して誤差を遡らせて、パラメータを更新する点になります。

8 1 3 RNNで特に顕著な問題

次に、RNNで特に顕著になる問題について解説します。RNNは時系列で深い
ネットワーク構造をしているのですが、何層にもわたって誤差を伝播させると、
「勾配爆発」と呼ばれる勾配が発散してしまう問題や、「勾配消失」と呼ばれる勾
配が消失してしまうという問題がしばしば発生します。RNNの場合、前の時刻
から引き継いだデータに繰り返し同じ重みをかけ合わせるため、この問題は通常
のニューラルネットワークと比べてより顕著になります。

勾配爆発に対しては、「勾配クリッピング」などが有効です。勾配クリッピング
は、勾配の大きさに制限をかけることにより勾配爆発を抑制します。勾配クリッ
ピングにおいては、勾配のL2ノルムがしきい値より大きい場合、以下の式により
勾配を調整します。L2ノルムとは、二乗の総和の平方根のことです。

・勾配 ← しきい値/L2ノルム×勾配

この式は、ある層における重みやバイアスの勾配の、勾配クリッピングによる
調整を表します。しきい値を層の重みのL2ノルムで割り、勾配をかけることに
よって、勾配の全体の大きさに制限をかけることができます。そして、勾配消失
ですが、**8.3**節、**8.4**節で扱う「LSTM」などが有効です。

RNNの概要の解説は以上になりますが、この後の解説では実際にPythonの
コードを動かしながら、RNNについてさらに詳しく学んでいきましょう。

8.2 シンプルなRNNの実装

シンプルな再帰型ニューラルネットワーク（RNN）を用いて、時系列データの
学習を行います。

8 2 1 訓練用データの作成

RNNに用いる訓練用データを作成します。**sin( )**関数に乱数でノイズを加え
たデータを作成し、過去の時系列データから未来の値を予測できるようにしま
す。正解は、入力の時系列を1つ後ろにずらしたものにします（ **リスト8.1** ）。

リスト8.1 訓練用データの作成

```python
import numpy as np
import matplotlib.pyplot as plt

x_data = np.linspace(-2*np.pi, 2*np.pi)  # -2πから2πまで
sin_data = np.sin(x_data)  + 0.1*np.random.randn(len
(x_data))  # sin()関数に乱数でノイズを加える

plt.plot(x_data, sin_data)
plt.show()

n_rnn = 10  # 時系列の数
n_sample = len(x_data)-n_rnn  # サンプル数
x = np.zeros((n_sample, n_rnn))  # 入力
t = np.zeros((n_sample, n_rnn))  # 正解
for i in range(0, n_sample):
    x[i] = sin_data[i:i+n_rnn]
    t[i] = sin_data[i+1:i+n_rnn+1]
# 時系列を入力よりも1つ後にずらす

x = x.reshape(n_sample, n_rnn, 1)  # KerasにおけるRNN
では、入力を（サンプル数、時系列の数、入力層のニューロン数）にする
print(x.shape)
t = t.reshape(n_sample, n_rnn, 1)  # 今回は入力と同じ形状
print(t.shape)
```

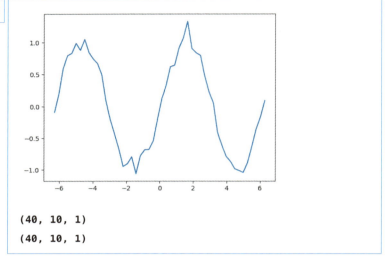

```
(40, 10, 1)
(40, 10, 1)
```

sin波自体は単純な時系列データですが、これは例えば空気の振動である「音」を表していると考えることもできます。

リスト8.1 では、雑音のないきれいな音にノイズを加えています。このようなsin波をニューラルネットワークで学習することができれば、これを音声認識などに応用することも可能です。また、ノイズが混ざったsin波から真のsin波を抽出できれば、ノイズの除去が可能です。

このように、ここで扱う対象はシンプルですが、現実社会で広く応用が可能です。

8-2-2 RNNの構築

Kerasを使ってシンプルなRNNを構築します。Kerasにおいて、シンプルなRNN層は`SimpleRNN()`関数により実装することができます。この層は、次の時刻と接続されている以外は通常の全結合層と同じです。

`SimpleRNN()`関数は、以下のように設定します。

● [SimpleRNN()関数の設定]

```
SimpleRNN(ニューロン数, return_sequences=時系列を全て返すかどうか)
```

return_sequences を **True** にすると、全ての時刻で出力を返します。**return_sequences** を **False** にすると、最後の出力のみを返すようになります。

リスト8.2 では、シンプルなRNN層の後ろに全結合層を追加しています。**return_sequences** を **True** にしているので、全ての時刻の出力と正解の間で誤差を定義することになります。

リスト8.2 シンプルな RNN のモデルを構築する

```python
from tensorflow.keras.models import Sequential
from tensorflow.keras.layers import Input, Dense, ➡
SimpleRNN

n_in = 1   # 入力層のニューロン数
n_mid = 20   # 中間層のニューロン数
n_out = 1   # 出力層のニューロン数

model = Sequential()
model.add(Input(shape=(n_rnn, n_in)))
model.add(SimpleRNN(n_mid, return_sequences=True))   ➡
# シンプルなRNN層
model.add(Dense(n_out, activation="linear"))   # 全結合層
model.compile(loss="mean_squared_error", ➡
optimizer="sgd")   # 誤差は二乗誤差、最適化アルゴリズムはSGD
print(model.summary())
```

Out

```
Model: "sequential_1"
```

Layer (type)	Output Shape	Param #
simple_rnn (SimpleRNN)	(None, 10, 20)	440
dense (Dense)	(None, 10, 1)	21

```
 Total params: 461 (1.80 KB)
 Trainable params: 461 (1.80 KB)
 Non-trainable params: 0 (0.00 B)
None
```

8 - 2 - 3 学習

構築したRNNのモデルを使って、学習を行います。**validation_split**で、訓練用データのうちどれだけをモデルの評価に使用するかを指定できます。ここでは、訓練用データの10%を評価に使用します（ リスト8.3 ）。

リスト8.3 RNNのモデルを訓練する

```
history = model.fit(x, t, epochs=20, batch_size=8, ➡
validation_split=0.1)
```

```
Epoch 1/20
5/5 ───────────────── ➡
3s 278ms/step - loss: 0.4259 - val_loss: 0.2151
Epoch 2/20
5/5 ───────────────── ➡
0s 7ms/step - loss: 0.3019 - val_loss: 0.1609
Epoch 3/20
5/5 ───────────────── ➡
0s 8ms/step - loss: 0.2267 - val_loss: 0.1285
Epoch 4/20
5/5 ───────────────── ➡
0s 7ms/step - loss: 0.1728 - val_loss: 0.1043
Epoch 5/20
5/5 ───────────────── ➡
0s 11ms/step - loss: 0.1310 - val_loss: 0.0916
Epoch 6/20
5/5 ───────────────── ➡
0s 7ms/step - loss: 0.1138 - val_loss: 0.0853
Epoch 7/20
5/5 ───────────────── ➡
0s 7ms/step - loss: 0.0991 - val_loss: 0.0774
Epoch 8/20
5/5 ───────────────── ➡
0s 7ms/step - loss: 0.0888 - val_loss: 0.0766
Epoch 9/20
```

```
5/5 ━━━━━━━━━━━━━━━━━━━━━━━━ ➡
0s 7ms/step – loss: 0.0852 – val_loss: 0.0708
Epoch 10/20
5/5 ━━━━━━━━━━━━━━━━━━━━━━━━ ➡
0s 7ms/step – loss: 0.0802 – val_loss: 0.0674
Epoch 11/20
5/5 ━━━━━━━━━━━━━━━━━━━━━━━━ ➡
0s 8ms/step – loss: 0.0713 – val_loss: 0.0671
Epoch 12/20
5/5 ━━━━━━━━━━━━━━━━━━━━━━━━ ➡
0s 7ms/step – loss: 0.0725 – val_loss: 0.0651
Epoch 13/20
5/5 ━━━━━━━━━━━━━━━━━━━━━━━━ ➡
0s 7ms/step – loss: 0.0694 – val_loss: 0.0626
Epoch 14/20
5/5 ━━━━━━━━━━━━━━━━━━━━━━━━ ➡
0s 7ms/step – loss: 0.0668 – val_loss: 0.0597
Epoch 15/20
5/5 ━━━━━━━━━━━━━━━━━━━━━━━━ ➡
0s 7ms/step – loss: 0.0636 – val_loss: 0.0589
Epoch 16/20
5/5 ━━━━━━━━━━━━━━━━━━━━━━━━ ➡
0s 7ms/step – loss: 0.0618 – val_loss: 0.0576
Epoch 17/20
5/5 ━━━━━━━━━━━━━━━━━━━━━━━━ ➡
0s 7ms/step – loss: 0.0655 – val_loss: 0.0569
Epoch 18/20
5/5 ━━━━━━━━━━━━━━━━━━━━━━━━ ➡
0s 9ms/step – loss: 0.0607 – val_loss: 0.0563
Epoch 19/20
5/5 ━━━━━━━━━━━━━━━━━━━━━━━━ ➡
0s 9ms/step – loss: 0.0613 – val_loss: 0.0546
Epoch 20/20
5/5 ━━━━━━━━━━━━━━━━━━━━━━━━ ➡
0s 9ms/step – loss: 0.0571 – val_loss: 0.0557a
```

8.2.4 学習の推移

誤差の推移を確認します（リスト8.4）。

リスト8.4 学習の推移を表示

```
loss = history.history['loss']
vloss = history.history['val_loss']

plt.plot(np.arange(len(loss)), loss)
plt.plot(np.arange(len(vloss)), vloss)
plt.show()
```

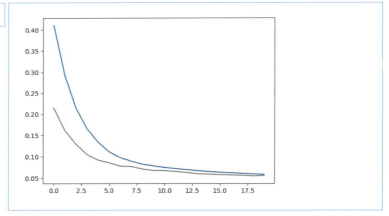

8.2.5 学習済みモデルの使用

　RNNの学習済みモデルを使って、`sin()`関数の次の値を予測します。予測した結果は記録しておきます。そして、直近の時刻の時系列データを使って、次の時刻の値を予測する、ということを繰り返します。
　モデルが適切に訓練されていれば、これによりサインカーブのような曲線を生成することができます（リスト8.5）。

リスト8.5 学習済みのRNNのモデルを使用して予測した結果

```
predicted = x[0].reshape(-1)    # 最初の入力。reshape(-1)で➡
1次元のベクトルにする
```

```python
for i in range(0, n_sample):
    y = model.predict(predicted[-n_rnn:].reshape(1, 
n_rnn, 1))  # 直近のデータを使って予測を行う
    predicted = np.append(predicted, y[0][n_rnn-1][0]) 
    # 出力の最後の結果をpredictedに追加する

plt.plot(np.arange(len(sin_data)), sin_data, label=
"Training data")    # 訓練に使用したデータ
plt.plot(np.arange(len(predicted)), predicted, label=
"Predicted")    # 予測結果
plt.legend()
plt.show()
```

Out (…略…)

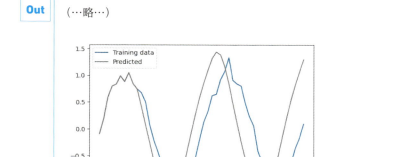

　直近の時系列データを使って、次の値を予測することを繰り返した結果、訓練モデルはサインカーブのような曲線を生成できるようになりました。ある意味、未来の予測となっています。予測結果を元にさらに予測することを繰り返しているので、時刻が経過するとともに元の訓練用データとのずれは大きくなります。

　ここではサインカーブの予測を行いましたが、この予測の原理は価格の予測などに応用することも可能です。

8.3 LSTMの概要

RNNの、長期記憶を保持するのが難しいという問題点を克服したものがLSTMです。LSTMは長期の記憶も短期の記憶も共に保持することができます。

8.3.1 LSTMとは？

LSTMは、Long Short Term Memoryの略で、RNNの一種です。この名前が示す通り、LSTMは長期の記憶も短期の記憶も共に保持することができます。通常のRNNは長期の記憶保持が苦手なのですが、LSTMはこの長期記憶が得意です。

図8.3 は、LSTMと通常のRNNの比較です。

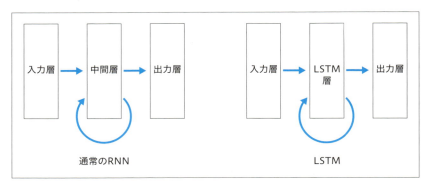

図8.3 LSTMと通常のRNNの比較

LSTMは通常のRNNと同様に中間層がループする再帰の構造を持っていますが、RNNにおける中間層の代わりにLSTM層と呼ばれる回路のような仕組みを持った層を使います。LSTMは、内部に「ゲート」と呼ばれる仕組みを導入することで、過去の情報を「忘れるか忘れないか」判断しながら、必要な情報だけを次の時刻に引き継ぐことができます。

8.3.2 LSTM層の内部要素

LSTM層は通常のRNN層と比べて複雑な内部構造を持っています。LSTM層の内部には以下の構造があります。

- 出力ゲート（Output gate）：記憶セルの内容を、どの程度層の出力に反映するかを調整します。
- 忘却ゲート（Forget gate）：記憶セルの内容を、どの程度残すかを調整します。
- 入力ゲート（Input gate）：入力、及び1つ前の時刻の出力を、どの程度記憶セルに反映するかを調整します。
- 記憶セル（Memory cell）：過去の記憶を保持します。

 LSTM層の構造は少々複雑ですが、これらの各要素の役割を1つずつ理解できれば、全体としてどのように機能する層なのかを理解できます。

 上記を踏まえて、LSTM層の構造を 図8.4 に示します。

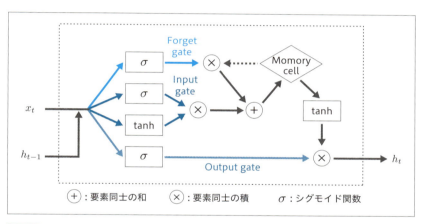

図8.4 LSTM層の構造

 図8.4 において、実線は現在のデータの流れを表し、点線は1つ前の時刻のデータの流れを表します。x_tがこの時刻における層への入力で、h_tがこの時刻における出力、h_{t-1}は1つ前の時刻における出力です。○は要素同士の演算ですが、+が入っているものは要素同士の和、×が入っているものは要素同士の積を表します。また、σの記号はシグモイド関数を表します。

 菱形が記憶セルで、Outputが出力ゲート、Forgetが忘却ゲート、Inputが入力ゲートです。ゲートではシグモイド関数が使われており、0から1の範囲でデータの流れを調整する言わば"水門"の役割を果たします。それに対して、記憶セルはデータを溜め込む"貯水池"に例えることができます。これらが機能することにより、LSTM層は長期にわたって記憶を受け継ぐことができます。

 次に、LSTMの各構成要素を解説します。

8-3-3 出力ゲート（Output gate）

図8.5 に出力ゲートの周辺をハイライトして示します。

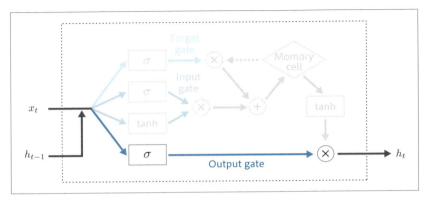

図8.5 LSTMの出力ゲート

　出力ゲートでは、入力と前の時刻の出力にそれぞれ重みをかけた上で合流させて、バイアスを加えてシグモイド関数に入れます。そして、出力ゲートを経たデータは、記憶セルから来たデータと要素ごとの積を取ります。これにより、出力ゲートは記憶セルの内容をどの程度層の出力に反映するのか、調整する役割を担うことになります。

8-3-4 忘却ゲート（Forget gate）

図8.6 に、忘却ゲートの周辺をハイライトして示します。

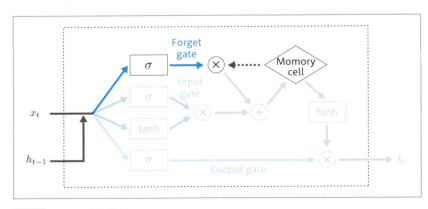

図8.6 LSTMの忘却ゲート

入力と前の時刻の出力にそれぞれ重みをかけた上で合流させて、バイアスを加えてシグモイド関数に入れます。忘却ゲートを経たデータは、記憶セルに保持されている過去の記憶とかけ合わせます。これにより、過去の記憶をどの程度残すのか、このゲートでは調整されることになります。

8.3.5 入力ゲート（Input gate）

図8.7 に、入力ゲートの周辺をハイライトして示します。

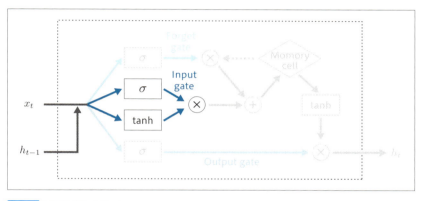

図8.7　LSTMの入力ゲート

　入力と前の時刻の出力にそれぞれ重みをかけた上で合流させて、バイアスを加えてシグモイド関数及びtanhに入れます。シグモイド関数とtanhを経たデータはかけ合わせます。これにより、tanhの経路の新しい情報を、シグモイド関数が0から1の範囲で調整していることになります。新しい情報を、どの程度記憶セルに入れるかをこのゲートは調整することになります。

8.3.6 記憶セル（Memory cell）

　最後に、記憶セルの周囲の働きを見ていきましょう。図8.8 では、記憶セルの周辺がハイライトされています。

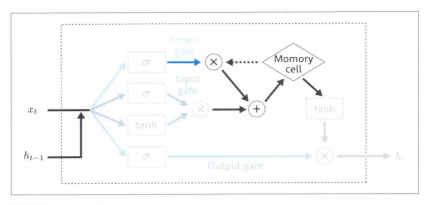

図8.8 LSTMの記憶セル

　記憶セルの周囲では、忘却ゲートからの流れと入力ゲートからの流れを足し合わせて、新たな記憶として記憶セルに保持します。これにより、長期記憶が忘却されたり新たに追加されたりしながら保持されることになります。記憶セルの内容は、出力ゲートの結果と毎回かけ合わされます。

　ここまで、LSTMの概要について解説しました。続いて、LSTMの実装の方を行っていきましょう。

8.4　シンプルなLSTMの実装

　LSTM層を用いたモデルを構築し、時系列データを学習します。今回は、通常のRNNとLSTMを比較します。

8.4.1　訓練用データの作成

　`sin()`関数に乱数でノイズを加えたデータを作成し、過去の時系列データから未来の値を予測できるようにします。RNNの場合と同様に、正解は入力の時系列を1つ後ろにずらしたものにします（リスト8.6）。

リスト8.6 訓練用データの作成

```
import numpy as np
import matplotlib.pyplot as plt
```

```python
x_data = np.linspace(-2*np.pi, 2*np.pi)  # -2πから2πまで
sin_data = np.sin(x_data) + 0.1*np.random.randn(len(x_data))  # sin()関数に乱数でノイズを加える

plt.plot(x_data, sin_data)
plt.show()

n_rnn = 10  # 時系列の数
n_sample = len(x_data)-n_rnn  # サンプル数
x = np.zeros((n_sample, n_rnn))  # 入力
t = np.zeros((n_sample, n_rnn))  # 正解
for i in range(0, n_sample):
    x[i] = sin_data[i:i+n_rnn]
    t[i] = sin_data[i+1:i+n_rnn+1]  # 時系列を入力よりも1つ後ろにずらす

x = x.reshape(n_sample, n_rnn, 1)  # サンプル数、時系列の数、入力層のニューロン数
print(x.shape)
t = t.reshape(n_sample, n_rnn, 1)  # 今回は入力と同じ形状
print(t.shape)
```

Out

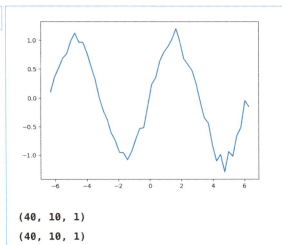

```
(40, 10, 1)
(40, 10, 1)
```

8-4-2 SimpleRNNとLSTMの比較

Kerasを使って通常のRNN、及びLSTMを構築します。Kerasにおいて、LSTM層はSimpleRNN層と同じように扱うことができます。

LSTM層はLSTMにより実装するのですが、以下のように設定します。

● [LSTM層の設定]

```
LSTM（ニューロン数，return_sequences=時系列を全て返すかどうか）
```

リスト8.7 のコードでは、通常のRNN層を使ったモデル、及びLSTM層を使ったモデルをそれぞれ構築します。

リスト8.7 RNNとLSTMの構築

```python
from tensorflow.keras.models import Sequential
from tensorflow.keras.layers import Input, Dense, ➡
SimpleRNN, LSTM


n_in = 1   # 入力層のニューロン数
n_mid = 20   # 中間層のニューロン数
n_out = 1   # 出力層のニューロン数


# 比較のための通常のRNN
model_rnn = Sequential()
model_rnn.add(Input(shape=(n_rnn, n_in)))
model_rnn.add(SimpleRNN(n_mid, return_sequences=True))
model_rnn.add(Dense(n_out, activation="linear"))
model_rnn.compile(loss="mean_squared_error", ➡
optimizer="sgd")
print(model_rnn.summary())


# LSTM
model_lstm = Sequential()
model_lstm.add(Input(shape=(n_rnn, n_in)))
model_lstm.add(LSTM(n_mid, return_sequences=True))
model_lstm.add(Dense(n_out, activation="linear"))
```

```
model_lstm.compile(loss="mean_squared_error", ➡
optimizer="sgd")
print(model_lstm.summary())
```

Out

```
Model: "sequential_1"

_____
 Layer (type)                Output Shape              Param #
=================================================================
 simple_rnn (SimpleRNN)      (None, 10, 20)            440

 dense (Dense)               (None, 10, 1)             21

=================================================================
Total params: 461 (1.80 KB)
Trainable params: 461 (1.80 KB)
Non-trainable params: 0 (0.00 Byte)
_____
None
Model: "sequential_2"

_____
 Layer (type)                Output Shape              Param #
=================================================================
 lstm (LSTM)                 (None, 10, 20)            1760

 dense_1 (Dense)             (None, 10, 1)             21

=================================================================
Total params: 1781 (6.96 KB)
Trainable params: 1781 (6.96 KB)
Non-trainable params: 0 (0.00 Byte)
_____
None
```

SimpleRNNよりも、LSTMの方がパラメータがずっと多いですね。

8-4-3 学習

構築したモデルを使って、学習を行います。通常のRNNとLSTMで、学習に要した時間をそれぞれ表示します（ リスト8.8 ）。

リスト8.8 モデルの学習

In

```
import time

epochs = 500
batch_size = 8   # バッチサイズ

# 通常のRNN
start_time = time.time()
history_rnn = model_rnn.fit(x, t, epochs=epochs, ➡
batch_size=batch_size, verbose=0)
print("学習時間 --通常のRNN--:", time.time() - start_time)

# LSTM
start_time = time.time()
history_lstm = model_lstm.fit(x, t, epochs=epochs, ➡
batch_size=batch_size, verbose=0)
print("学習時間 --LSTM--:", time.time() - start_time)
```

Out

```
学習時間 --通常のRNN--: 8.561610221862793
学習時間 --LSTM--: 11.210780143737793
```

リスト8.8 の結果からわかりますが、エポック数が同じ場合、LSTMの方が学習に多くの時間を要します。LSTMの方が、通常のRNNよりもパラメータ数が多いためです。

8-4-4 学習の推移

誤差の推移を確認します（ リスト8.9 ）。

リスト8.9 学習の推移を表示

In
```
loss_rnn = history_rnn.history['loss']
loss_lstm = history_lstm.history['loss']

plt.plot(np.arange(len(loss_rnn)), loss_rnn, label=➡
"RNN")
plt.plot(np.arange(len(loss_lstm)), loss_lstm, label=➡
"LSTM")
plt.legend()
plt.show()
```

Out

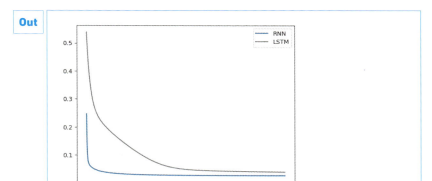

モデルが複雑なため、LSTMの方が誤差の収束にエポック数が必要です。

8-4-5 学習済みモデルの使用

それぞれの学習済みモデルを使って、`sin()`関数の次の値を予測します（リスト8.10）。

リスト8.10 学習済みモデルを使用して予測

In
```
predicted_rnn = x[0].reshape(-1)
predicted_lstm = x[0].reshape(-1)

for i in range(0, n_sample):
```

```
        y_rnn = model_rnn.predict(predicted_rnn[-n_rnn:].➡
reshape(1, n_rnn, 1))
        predicted_rnn = np.append(predicted_rnn, y_rnn[0]➡
[n_rnn-1][0])
        y_lstm = model_lstm.predict(predicted_lstm➡
[-n_rnn:].reshape(1, n_rnn, 1))
        predicted_lstm = np.append(predicted_lstm, ➡
y_lstm[0][n_rnn-1][0])

plt.plot(np.arange(len(sin_data)), sin_data, ➡
label="Training data")
plt.plot(np.arange(len(predicted_rnn)), predicted_rnn, ➡
label="Predicted_RNN")
plt.plot(np.arange(len(predicted_lstm)), ➡
predicted_lstm, label="Predicted_LSTM")
plt.legend()
plt.show()
```

Out (…略…)

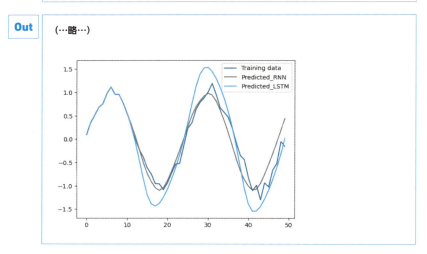

 LSTMを使ったモデルが、サインカーブを学習できていることがわかります。しかしながら、このようなシンプルなケースでは、通常のRNNの方が早くオリジナルのサインカーブにフィットするという結果になりました。
 LSTMはRNNと同様に時系列データの学習ができるのですが、パラメータ数

が多くモデルが複雑なため学習に時間がかかります。この例からはLSTMのメリットはあまりわかりませんが、文脈がとても重要な自然言語処理などで、LSTMはその真価を発揮することになります。

8.5 GRUの概要

GRUの概要を解説します。GRUはLSTMに似ていますが、よりシンプルな構造となっています。

8.5.1 GRUとは？

GRUはGated Recurrent Unitの略で、LSTMを改良したものです。LSTMと比べて、全体的にシンプルな構造で、計算量が少なくなります。

GRUでは入力ゲートと忘却ゲートが統合され、「更新ゲート（Update gate）」になっています。また、記憶セルと出力ゲートはありませんが、値をゼロにリセットする「リセットゲート（Reset gate）」が存在します。図8.9 に、GRU層の構造を示します。

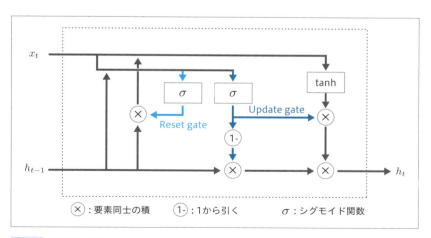

図8.9 GRU層の構造

図8.9 において、x_tがこの時刻における層への入力で、h_tがこの時刻における出力。h_{t-1}は1つ前の時刻における出力です。○は要素同士の演算ですが、×が

入っているものは要素同士の積を、1-が入っているものは1からその値を引くことを意味します。また、σの記号はシグモイド関数を表します。Update gateで表されるのが更新ゲートで、Reset gateで表されるのがリセットゲートです。

　全体的に、LSTMと比べてシンプルな構造をしています。記憶セルもありませんし、ゲートの数も少なくなっています。

　リセットゲートでは、過去のデータにリセットゲートの値をかけることで、新しいデータと合流する過去のデータの大きさが調整されます。この時刻の新しいデータに過去のデータを幾分か絡ませて、この時刻の記憶としています。

　また、更新ゲートの周辺では、過去のデータに更新ゲートの値から1を引いたものをかけています。これにより、過去の記憶をどの程度の割合で引き継ぐかが調整されます。そして、この時刻の記憶には更新ゲートの値をかけています。この時刻の記憶と過去の記憶を、割合を調整し足し合わせることで、この層の出力としています。これらのゲートが機能することにより、GRUはLSTMと同様に長期にわたって記憶を受け継ぐことが可能です。

　ここではLSTMの改良形としてGRUを紹介しましたが、他にも様々なLSTMを改良したモデルがこれまでに提案されています。

　ここでは、GRUの概要について解説しました。後は、GRUの実装の方を行っていきましょう。

8.6　シンプルなGRUの実装

　GRU層を用いてモデルを構築し、時系列データを学習します。今回は、LSTMとGRUを比較します。

8-6-1　訓練用データの作成

　訓練用の、sin()関数に乱数でノイズを加えたデータを作成します。これまでと同様に、正解は入力の時系列を1つ後ろにずらしたものにします（ **リスト8.11** ）。

リスト8.11 訓練用データの作成

```
import numpy as np
import matplotlib.pyplot as plt
```

```python
x_data = np.linspace(-2*np.pi, 2*np.pi)  # -2πから2πまで
sin_data = np.sin(x_data) + 0.1*np.random.randn(len(x_data))  # sin()関数に乱数でノイズを加える

plt.plot(x_data, sin_data)
plt.show()

n_rnn = 10  # 時系列の数
n_sample = len(x_data)-n_rnn  # サンプル数
x = np.zeros((n_sample, n_rnn))  # 入力
t = np.zeros((n_sample, n_rnn))  # 正解
for i in range(0, n_sample):
    x[i] = sin_data[i:i+n_rnn]
    t[i] = sin_data[i+1:i+n_rnn+1]  # 時系列を入力よりも1つ後ろにずらす

x = x.reshape(n_sample, n_rnn, 1)  # サンプル数、時系列の数、入力層のニューロン数
print(x.shape)
t = t.reshape(n_sample, n_rnn, 1)  # 今回は入力と同じ形状
print(t.shape)
```

Out

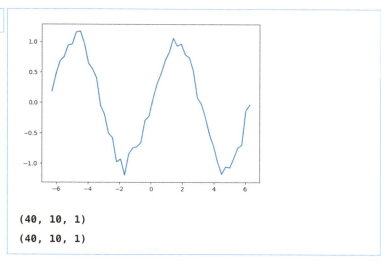

```
(40, 10, 1)
(40, 10, 1)
```

8-6-2 LSTMとGRUの比較

Kerasを使ってLSTM、及びGRUを構築します。Kerasにおいて、GRU層はSimpleRNN層やLSTM層と同じように扱うことができます。

GRU層はGRUにより実装するのですが、次のように設定します。

● [GRU層の設定]

```
GRU（ニューロン数，return_sequences=時系列を全て返すかどうか）
```

リスト8.12のコードでは、LSTM層を使ったモデル、及びGRU層を使ったモデルをそれぞれ構築します。

リスト8.12 LSTMとGRUの比較

```python
from tensorflow.keras.models import Sequential
from tensorflow.keras.layers import Input, Dense, ➡
LSTM, GRU


n_in = 1   # 入力層のニューロン数
n_mid = 20 # 中間層のニューロン数
n_out = 1  # 出力層のニューロン数


# 比較のためのLSTM
model_lstm = Sequential()
model_lstm.add(Input(shape=(n_rnn, n_in)))
model_lstm.add(LSTM(n_mid, return_sequences=True))
model_lstm.add(Dense(n_out, activation="linear"))
model_lstm.compile(loss="mean_squared_error", ➡
optimizer="sgd")
print(model_lstm.summary())


# GRU
model_gru = Sequential()
model_gru.add(Input(shape=(n_rnn, n_in)))
model_gru.add(GRU(n_mid, return_sequences=True))
model_gru.add(Dense(n_out, activation="linear"))
```

```
model_gru.compile(loss="mean_squared_error", ➡
optimizer="sgd")
print(model_gru.summary())
```

Out

```
Model: "sequential"
```

Layer (type)	Output Shape	Param #
lstm (LSTM)	(None, 10, 20)	1,760
dense (Dense)	(None, 10, 1)	21

```
 Total params: 1,781 (6.96 KB)
 Trainable params: 1,781 (6.96 KB)
 Non-trainable params: 0 (0.00 B)
None
Model: "sequential_1"
```

Layer (type)	Output Shape	Param #
gru (GRU)	(None, 10, 20)	1,380
dense_1 (Dense)	(None, 10, 1)	21

```
 Total params: 1,401 (5.47 KB)
 Trainable params: 1,401 (5.47 KB)
 Non-trainable params: 0 (0.00 B)
None
```

LSTMよりもGRUの方がモデルがシンプルなため、パラメータが少ないことが確認できます。

8 6 3 学習

構築したモデルを使って、学習を行います。LSTMとGRUで、学習に要した時間をそれぞれ表示します（**リスト8.13**）。

リスト8.13 モデルの学習

In

```
import time


epochs = 500
batch_size = 8   # バッチサイズ
```

```python
# LSTM
start_time = time.time()
history_lstm = model_lstm.fit(x, t, epochs=epochs, ➡
batch_size=batch_size, verbose=0)
print("学習時間 --LSTM--:", time.time() - start_time)

# GRU
start_time = time.time()
history_gru = model_gru.fit(x, t, epochs=epochs, ➡
batch_size=batch_size, verbose=0)
print("学習時間 --GRU--:", time.time() - start_time)
```

Out

```
学習時間 --LSTM--: 33.6339852809906
学習時間 --GRU--: 23.03200387954712
```

　エポック数が同じ場合、パラメータ数が少ないためGRUの方が学習に要する時間がやや短くなります。

8 6 4 学習の推移

　誤差の推移を確認します（**リスト8.14**）。

リスト8.14 学習の推移を表示

In

```python
loss_lstm = history_lstm.history['loss']
loss_gru = history_gru.history['loss']

plt.plot(np.arange(len(loss_lstm)), loss_lstm, label=➡
"LSTM")
plt.plot(np.arange(len(loss_gru)), loss_gru, label=➡
"GRU")
plt.legend()
plt.show()
```

Out

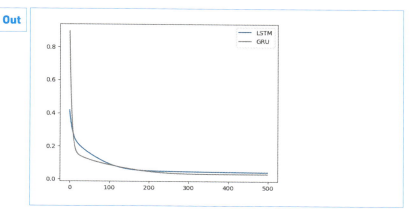

LSTMと比較して、GRUの方が早く収束します。

8.6.5 学習済みモデルの使用

それぞれの学習済みモデルを使って、`sin()`関数の次の値を予測します（リスト8.15）。

リスト8.15 学習済みモデルを使用して予測

In
```
predicted_lstm = x[0].reshape(-1)
predicted_gru = x[0].reshape(-1)

for i in range(0, n_sample):
    y_lstm = model_lstm.predict(predicted_lstm➡
[-n_rnn:].reshape(1, n_rnn, 1))
    predicted_lstm = np.append(predicted_lstm, ➡
y_lstm[0][n_rnn-1][0])
    y_gru = model_gru.predict(predicted_gru[-n_rnn:].➡
reshape(1, n_rnn, 1))
    predicted_gru = np.append(predicted_gru, y_gru[0]➡
[n_rnn-1][0])

plt.plot(np.arange(len(sin_data)), sin_data, label=➡
"Training data")
```

```
plt.plot(np.arange(len(predicted_lstm)), ➡
predicted_lstm, label="Predicted_LSTM")
plt.plot(np.arange(len(predicted_gru)), predicted_gru, ➡
label="Predicted_GRU")
plt.legend()
plt.show()
```

Out (…略…)

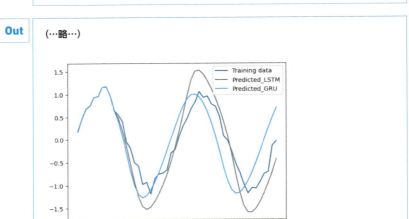

　GRUを使ったモデルも、シンプルなRNNやLSTMと同様にサインカーブを学習できていることがわかります。このグラフでは、GRUの方がよく収束しています。このように、GRUはパラメータ数が少ないため1エポックに必要な時間は短く、LSTMよりも早く収束する傾向があります。ただ、LSTMの方が複雑な時系列の学習に向いているケースもあるので、状況に応じてLSTMとGRUを使い分ける必要があります。

8.7　RNNによる文章の自動生成

　宮沢賢治の「銀河鉄道の夜」を学習データに使い、賢治風の文章を自動生成します。文章における文字の並びを時系列データと捉えて、次の文字を予測するようにRNNを訓練します。
　通常のRNN、LSTM、及びGRUの3つのRNNでそれぞれモデルを構築し、文

章の生成結果を比較します。

なお、本節における文章生成の仕組みは、『PythonとKerasによるディープラーニング』（Francois Chollet［著］、巣籠 悠輔［監訳］、2018）を参考にしています。

8.7.1 テキストデータの読み込み

次にGoogleドライブを使って、訓練に使用するテキストデータを読み込みます。ダウンロードしたサンプルのChapter8のフォルダに、青空文庫の「銀河鉄道の夜」のテキストデータ"gingatetsudono_yoru.txt"があります。リスト8.16のコードで、Googleドライブ上のこのファイルへのパスを指定し、ファイルを読み込みましょう。

リスト8.16 テキストデータの読み込み

```
from google.colab import drive

drive.mount('/content/drive/')

# Googleドライブ上の、テキストデータへのパスを指定してください
nov_path = '/content/drive/MyDrive/' + ⇒
'Chapter8/novels/gingatetsudono_yoru.txt'
```

```python
# ファイルを読み込む
with open(nov_path, 'r') as f:
    nov_text = f.read()
    print(nov_text[:1000])  # 最初の1000文字のみ表示
```

Out

```
Mounted at /content/drive/
```

「ではみなさんは、そういうふうに川だと云《い》われたり、乳の流れたあとだと
云われたりしていたこのぼんやりと白いものがほんとうは何かご承知ですか。」
先生は、黒板に吊《つる》した大きな黒い星座の図の、上から下へ白くけぶった
銀河帯のようなところを指《さ》しながら、みんなに問《とい》をかけました。

　カムパネルラが手をあげました。それから四五人手をあげました。ジョバンニ
も手をあげようとして、急いでそのままやめました。たしかにあれがみんな星だ
と、いつか雑誌で読んだのでしたが、このごろはジョバンニはまるで毎日教室で
もねむく、本を読むひまも読む本もないので、なんだかどんなこともよくわから
ないという気持ちがするのでした。

　ところが先生は早くもそれを見附《みつ》けたのでした。
「ジョバンニさん。あなたはわかっているのでしょう。」

　ジョバンニは勢《いきおい》よく立ちあがりましたが、立って見るともうはっ
きりとそれを答えることができないのでした。ザネリが前の席からふりかえっ
て、ジョバンニを見てくすっとわらいました。ジョバンニはもうどぎまぎしてま
っ赤になってしまいました。先生がまた云いました。
「大きな望遠鏡で銀河をよっく調べると銀河は大体何でしょう。」

　やっぱり星だとジョバンニは思いましたがこんどもすぐに答えることができま
せんでした。

　先生はしばらく困ったようすでしたが、眼《め》をカムパネルラの方へ向けて、
「ではカムパネルラさん。」と名指しました。するとあんなに元気に手をあげたカ
ムパネルラが、やはりもじもじ立ち上ったままやはり答えができませんでした。

　先生は意外なようにしばらくじっとカムパネルラを見ていましたが、急いで
「では。よし。」と云いながら、自分で星図を指《さ》しました。
「このぼんやりと白い銀河を大きないい望遠鏡で見ますと、もうたくさんの小さ
な星に見えるのです。ジョバンニさんそうでしょう。」

　ジョバンニはまっ赤になってうなずきました。けれどもいつかジョバンニの眼
のなかには涙《なみだ》がいっぱいになりました。そうだ僕《ぼく》は知ってい
たのだ、勿論《もちろん》カムパネルラも知っている、それはいつかカムパネル

ラのお父さんの博士のうちでカムパネルラといっしょに読んだ雑誌のなかにあっ➡

たのだ。それどこでなくカムパネルラは、その雑誌を読むと、すぐお父さんの書➡

斎《しょさい》から巨《お

8-7-2 正規表現による前処理

　Pythonの正規表現を使って、ルビなどを除去します。本書では正規表現について詳しい解説は行いませんので、興味のある方は「Python 正規表現」で検索してみてください（**リスト8.17**）。

リスト8.17 正規表現による前処理

```
In
import re   # 正規表現に必要なライブラリ

text = re.sub("《[^》]+》", "", nov_text) # ルビの削除
text = re.sub("［[^］]+］", "", text) # 読みの注意の削除
text = re.sub("[｜　 ]", "", text) # ｜ と全角半角スペースの削除
print("文字数", len(text))  # len() で文字列の文字数も取得可能
```

```
Out
文字数 38753
```

8-7-3 RNNの各設定

　RNNの各設定を行います（**リスト8.18**）。なお、このコードでは実行にとても時間がかかります。時間のない方は、epochsを20から30程度に減らして実行してください。

リスト8.18 RNNの各設定

```
In
n_rnn = 10   # 時系列の数
batch_size = 128
epochs = 60
n_mid = 128   # 中間層のニューロン数
```

8-7-4 文字のベクトル化

　文章中の各文字をone-hot表現（1つの要素だけ1で残りが0のベクトル）に変換します。これにより、各文章はone-hot表現の並びで表されることになります。one-hot表現に変換された文字は、RNNの入力データ及び正解データとなります。

　各文字には、0から始まるインデックスを割り当てます。そして、文字がキーでインデックスが値の辞書と、インデックスがキーで文字が値の辞書をそれぞれ作成しておきます。これらの辞書は、one-hot表現の作成やモデルの出力を文字に変換するのに利用します。

　ここではRNNの最後の時刻の出力のみ利用するので、最後の出力に対応する正解のみ必要になります（ リスト8.19 ）。

リスト8.19 文字のベクトル化

```python
import numpy as np

# インデックスと文字で辞書を作成
chars = sorted(list(set(text)))  # setで文字の重複をなくし、➡
各文字をリストに格納する
print("文字数（重複無し）", len(chars))
char_indices = {}  # 文字がキーでインデックスが値
for i, char in enumerate(chars):
    char_indices[char] = i
indices_char = {}  # インデックスがキーで文字が値
for i, char in enumerate(chars):
    indices_char[i] = char


# 時系列に並んだ文字と、それから予測すべき文字を取り出します
time_chars = []  # 時系列に並んだ文字
next_chars = []  # 予測すべき文字
for i in range(0, len(text) - n_rnn):
    time_chars.append(text[i: i + n_rnn])
    next_chars.append(text[i + n_rnn])


# 入力と正解をone-hot表現で表します
x = np.zeros((len(time_chars), n_rnn, len(chars)), ➡
```

```
dtype=bool)  # 入力
t = np.zeros((len(time_chars), len(chars)), dtype=➡
bool)  # 正解
for i, t_cs in enumerate(time_chars):
    t[i, char_indices[next_chars[i]]] = 1  # 正解を➡
one-hot表現で表す
    for j, char in enumerate(t_cs):
        x[i, j, char_indices[char]] = 1  # 入力を➡
one-hot表現で表す

print("xの形状", x.shape)
print("tの形状", t.shape)
```

Out

```
文字数（重複無し）1049
xの形状 (38743, 10, 1049)
tの形状 (38743, 1049)
```

ここではテキストデータで使われている文字数が1049なので、各文字は要素数が1049のone-hot表現で表されることになります。

8-7-5 モデルの構築

通常のRNN、LSTM、GRUのモデルをそれぞれ構築します（**リスト8.20**）。

リスト8.20 通常のRNN、LSTM、GRUのモデルを構築

In

```
from tensorflow.keras.models import Sequential
from tensorflow.keras.layers import Input, Dense, ➡
SimpleRNN, LSTM, GRU

# 通常のRNN
model_rnn = Sequential()
model_rnn.add(Input(shape=(n_rnn, len(chars))))
model_rnn.add(SimpleRNN(n_mid))
model_rnn.add(Dense(len(chars), activation="softmax"))
model_rnn.compile(loss='categorical_crossentropy', ➡
```

```python
                  optimizer="adam")
print(model_rnn.summary())


print()


# LSTM
model_lstm = Sequential()
model_lstm.add(Input(shape=(n_rnn, len(chars))))
model_lstm.add(LSTM(n_mid))
model_lstm.add(Dense(len(chars), activation="softmax"))
model_lstm.compile(loss='categorical_crossentropy', ➡
                   optimizer="adam")
print(model_lstm.summary())


print()


# GRU
model_gru = Sequential()
model_gru.add(Input(shape=(n_rnn, len(chars))))
model_gru.add(GRU(n_mid))
model_gru.add(Dense(len(chars), activation="softmax"))
model_gru.compile(loss='categorical_crossentropy', ➡
                  optimizer="adam")
print(model_gru.summary())
```

Out

```
Model: "sequential"


_____

 Layer (type)             Output Shape            Param #
================================================================

 simple_rnn (SimpleRNN)    (None, 128)            150784


 dense (Dense)             (None, 1049)           135321


================================================================

Total params: 286105 (1.09 MB)
```

```
Trainable params: 286105 (1.09 MB)
Non-trainable params: 0 (0.00 Byte)
_____
None

Model: "sequential_1"
_____
 Layer (type)                Output Shape              Param #
=================================================================
 lstm (LSTM)                 (None, 128)                603136

 dense_1 (Dense)             (None, 1049)               135321

=================================================================
Total params: 738457 (2.82 MB)
Trainable params: 738457 (2.82 MB)
Non-trainable params: 0 (0.00 Byte)
_____
None

Model: "sequential_2"
_____
 Layer (type)                Output Shape              Param #
=================================================================
 gru (GRU)                   (None, 128)                452736

 dense_2 (Dense)             (None, 1049)               135321

=================================================================
Total params: 588057 (2.24 MB)
Trainable params: 588057 (2.24 MB)
Non-trainable params: 0 (0.00 Byte)
_____
None
```

8-7-6 文章生成用の関数

各エポックの終了後、文章を生成するための関数を記述します。**Lambda Callback**を使って、エポック終了時に実行される関数を設定します（**リスト8.21**）。

リスト8.21 文章生成用の関数

```python
from tensorflow.keras.callbacks import LambdaCallback

def on_epoch_end(epoch, logs):
    print("エポック: ", epoch)

    beta = 5    # 確率分布を調整する定数
    prev_text = text[0:n_rnn]    # 入力に使う文字
    created_text = prev_text    # 生成されるテキスト

    print("シード: ", created_text)

    for i in range(400):    # 400文字生成する
        # 入力をone-hot表現に
        x_pred = np.zeros((1, n_rnn, len(chars)))
        for j, char in enumerate(prev_text):
            x_pred[0, j, char_indices[char]] = 1

        # 予測を行い、次の文字を得る
        y = model.predict(x_pred)
        p_power = y[0] ** beta    # 確率分布の調整
        next_index = np.random.choice(len(p_power), ➡
p=p_power/np.sum(p_power))
        next_char = indices_char[next_index]

        created_text += next_char
        prev_text = prev_text[1:] + next_char

    print(created_text)
    print()
```

```
# エポック終了後に実行される関数を設定
epoch_end_callback= LambdaCallback(on_epoch_end=on_➡
epoch_end)
```

8·7·7 学習と文章の生成

構築した通常のRNN、LSTM、GRUのモデルを使って、それぞれ学習を行います。**fit()** メソッドではコールバックの設定をし、エポック終了後文章生成用の関数が呼ばれるようにします。

リスト8.22 からリスト8.24 のコードを実行すると、一定間隔で文章が生成されます。学習が進むにつれて、少しずつ自然な文章となっていきます。学習には時間がかかりますので、Google Colaboratoryのメニューから「編集」→「ノートブックの設定」の「ハードウェアアクセラレータ」で「T4 GPU」を選択しましょう。

リスト8.22 通常のRNNモデルの学習

In
```
# 通常のRNN
model = model_rnn
history_rnn = model_rnn.fit(x, t,
                           batch_size=batch_size,
                           epochs=epochs,
                           callbacks=[epoch_end_callback])
```

Out
```
(…略…)
```

リスト8.23 LSTMモデルの学習

In
```
# LSTM
model = model_lstm
history_lstm = model_lstm.fit(x, t,
                             batch_size=batch_size,
                             epochs=epochs,
                             callbacks=[epoch_end_callback])
```

Out

（…略…）

リスト8.24 GRU モデルの学習

In

```
# GRU
model = model_gru
history_gru = model_gru.fit(x, t,
                            batch_size=batch_size,
                            epochs=epochs,
                            callbacks=[epoch_end_callback])
```

　このケースにおいて、著者には RNN < LSTM < GRU の順で文章が自然に見えました。SimpleRNNでは昔の文脈を利用するのが難しいのですが、GRUではある程度利用できているようです。

　以下に、GRUのモデルが生成した文章をいくつかピックアップします。

Out

```
Epoch 51/60
303/303 [==============================] - 1s 4ms/step ➡
- loss: 0.3708
エポック：　50
シード：　「ではみなさんは、そ
「ではみなさんは、そうつにひりました。
そこらの白鳥もの方が見ると、あからこと云えました。
「あれようこんなんだかだって行って、くらっとしいからしやってはまん中にひ➡
ろかにゆるくひと銀河ステーション、電気にはいっしょに、早く行ってそら、➡
こっちの岸を、なからだまで何でしょう。」鳥捕りは、わかります。けれどもいつ➡
かごとあなるような、いっとこで合っていました。
「お父さんのきすろうかろが一時を出しくりに云ました。
「そうにはじさんで行くな。」ジョバンニが窓の外で云いました。
「もや、白い虫もなく。」
「そっちの居たね。」青年は男ま子がらの前の席に、青いやめているようございは➡
しい時間でした。こんなにのがあるでその黒い脚をつきました。
「ジョバンニ、その中はちらちら出てきれが何かそうっちへ引い込まれそうちに➡
光ってそらそれを組み合せて、ジョバンニは思いました。
そして二人は、車の空のそらを見のからのに、たちして一つのつい
```

```
Epoch 53/60
303/303 [==============================] - 1s 4ms/step ➡
- loss: 0.3349
```

エポック： 52

シード： 「ではみなさんは、そ

「ではみなさんは、そう云う声もなく、赤いけれよ。頭をうししにいくさそしまし➡
た。

「ぼくたちもちょっかりきのりしくらをたっていました。

「ああ、そうだ、今夜ケンタウル祭だねえ。」

「ああ、遠くからないよ。ぼくおり、さっきの河原中を、まったく立って、いろい➡
ろよろにからんながらゆるくくるの大きなにはもうしても少し遠くだろにびしお➡
じぎをしてジョバンニは靴をぬいで上りますと、突き当りの大きな扉をあけまし➡
た。中にはまだ昼なのに電燈がついてたくさんの輪転器がばたりばたりとまわ➡
り、きれで頭をしばったりランプシェードをかけたりした人たちのたいといちめ➡
んのりこっかしはいまでいくようも見えら、ああありました。

「ぼんたり、おっぺかにカムパネルラが、思わずもる支度をって下さい。けれど➡
も、誰かったかい。もジョバンニは、お辞儀をして台所から出ました。

「お母さん。今日は角砂糖を買ってきたよ。牛乳に入れてあげようと思って。」

「ああ、あのこ

```
Epoch 60/60
303/303 [==============================] - 1s 4ms/step ➡
- loss: 0.2327
```

エポック： 59

シード： 「ではみなさんは、そ

「ではみなさんは、そうにうつさして下に。金剛石ヤ。」ジョバンニは、窓から顔➡
を出してじきと叫びました。

青年は

「ジョバンニ、カムパネルラが居たしました。そのとき俄かに大きな音がして私た➡
ちは水に落ちもう渦に入ったと思いながらしらへせいの中にはしばらく置きた➡
ね、どんですよ。」

「ああ、ぼくならずジョバンニの方なくの見えらなしかけながそわなにわたカム➡
パネルラが地図で二人も胸いっぱいに吹い込みて、ほんとうにしたい、立ってい➡
るというように思いました。

> ジョバンニはあなりの男の子が云いました。カムパネルラは、円い板のようにな➡
> った地図を、しきりにぐるぐるまわして見ていました。まったくその中に、白く➡
> あらわされた天の川の左の岸に沿って一条の鉄道線路が、南へ南へとたどって行➡
> くのでした。そしてその地図の立派なことは、夜のようにまっ黒な盤の上に、 ➡
> ――の停車場や三角標、泉水や森が、青や橙や緑や、うつくしい光でちりばめら➡
> れてありました

　なお、今回は次の文字を確率的に予測しているに過ぎませんので、真の意味で文脈を理解しているとは言えません。興味のある方は、様々な条件を設定し、より自然な文章の生成にトライしてみましょう。

8-7-8 学習の推移

　誤差の推移を確認します（ リスト8.25 ）。

リスト8.25 学習の推移を表示

```
import matplotlib.pyplot as plt

loss_rnn = history_rnn.history['loss']
loss_lstm = history_lstm.history['loss']
loss_gru = history_gru.history['loss']

plt.plot(np.arange(len(loss_rnn)), loss_rnn, label=➡
"RNN")
plt.plot(np.arange(len(loss_lstm)), loss_lstm, label=➡
"LSTM")
plt.plot(np.arange(len(loss_gru)), loss_gru, label=➡
"GRU")
plt.legend()
plt.show()
```

Out

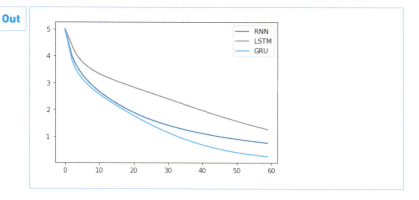

　誤差はまだ収束していないので、さらにエポック数を重ねることにより結果は改善しそうです。ただ、ここではテスト用データによる誤差の確認を行っていないのですが、ひょっとしたら過学習が発生しているかもしれません。

　ここでは文章の生成を行いましたが、今回の原理を市場予測や自動作曲などに応用することも可能です。

8.8　自然言語処理の概要

　本節では、RNNがよく利用される「自然言語処理」について、概要を解説します。

8.8.1　自然言語処理とは？

　機械学習は、「自然言語処理」（Natural Language Processing、NLP）によく用いられます。自然言語とは日本語や英語などの我々が普段使う言語のことを指しますが、自然言語処理とはこの自然言語をコンピュータで処理する技術のことです。それでは、機械学習による自然言語処理はどのような場面で使用されているのでしょうか。

　まずは、Googleなどの検索エンジンが挙げられます。検索エンジンを構築するためには、キーワードからユーザーの意図を正しくくめるように、高度な自然言語処理が必要です。機械翻訳でも自然言語処理は使われています。言語により単語のニュアンスが異なるため難しいタスクなのですが、次第に高精度の翻訳が

可能になってきています。そして、スパムフィルタでも自然言語処理は使われています。我々がスパムメールに悩まされずに済むのも、自然言語処理のおかげです。その他にも、予測変換、音声アシスタント、小説の執筆、対話システムなど、様々な分野で自然言語処理は応用されつつあります。自然言語による文章は、文字や単語が並んだ時系列データと捉えることができるので、自然言語処理ではRNNが大活躍します。

8-8-2 Seq2Seqとは？

ここで、RNNの発展形である「Seq2Seq」という技術を紹介します。Seq2Seqは、系列、すなわちsequenceを受け取り、別系列のsequenceへ変換するモデルで、自然言語処理などでよく利用されます。

Seq2Seqは、文章などの入力を圧縮するEncoderと、文章などの出力を展開するDecoderからなります。

Encoder、Decoderともに、LSTMなどのRNNとして構築されます。

Seq2Seqの活用例をいくつか紹介します。まず、機械翻訳です。例えば、英語の文章をフランス語の文章に翻訳する際などに使われます。そして、文章の要約でも使われます。元の文章をSeq2Seqへの入力とし、要約文を出力とします。また、対話文の生成にも使われます。自分の発言をSeq2Seqへ入力し、相手の発言を得ることができます。

このように、Seq2Seqは自然言語処理において様々な用途で使われています。図8.10 に示すのは、Seq2Seqによる翻訳の例です。

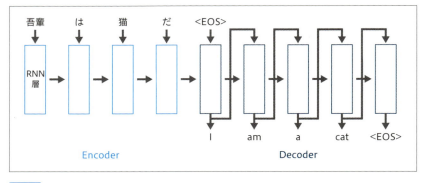

図8.10 Seq2Seqによる翻訳の例

吾輩は猫だ、という文章をI am a catという英文に翻訳しています。図8.10 の図において、複数の長方形はRNNの層を表します。水色の長方形はEncoderを

表し、紺色の長方形は Decoder を表します。

Encoder には時系列データが各時刻で入力されます。この場合は、日本語の文章の各単語が順番に RNN に入力として入ります。

Decoder は、Encoder の状態を引き継ぎます。そして、まず文章の終わりを表す EOS（End of Sentence）が入力として入ります。そして、出力として得られる単語を、次の時刻における入力とします。これを繰り返すことで、翻訳された英文を出力として得ることができます。

このように、Seq2Seq では時系列データを別の時系列データに変換することができます。

8-8-3 Seq2Seqによる対話文の生成

Seq2Seq による対話文の生成の例を解説します。

まずは、大量の対話文コーパスを用意します。その上で、Encoder に文章を入力すると、Decoder から返事が出力されるように、Seq2Seq のモデルを訓練します。

訓練においては、Decoder への入力を対話文における返答としてあらかじめ用意しておきます。そして、ある時刻における Decoder の出力が、次の時刻における入力に近づくように学習を行います。このような、ある時刻における正解が次の時刻の入力となる手法を「教師強制」といいます。

また、訓練済みのモデルを使用する際は、ある時刻における Decoder の出力を次の時刻における Decoder の入力として使います。これにより、単語や文字が連続的に出力され、返答文が生成されることになります。

Seq2Seq による対話文の生成に関してですが、以下に示す著者の Udemy コースで実装が詳しく解説されています。

- 「自然言語処理とチャットボット：AIによる文章生成と会話エンジン開発」
  URL https://www.udemy.com/course/ai-nlp-bot/

- 「人工知能（AI）を搭載したTwitterボットを作ろう
  【Seq2Seq+Attention+Colab】」
  URL https://www.udemy.com/course/twitter-bot/

興味のある方は、ぜひ参考にしてください。

8.9 演習

オリジナルのRNNのモデルを構築し、小説を執筆しましょう。なるべく自然な文章の生成にトライしてみてください。

8-9-1 テキストデータの読み込み

Googleドライブを使って、訓練に使用するテキストデータを読み込みます。ダウンロードしたサンプルのChapter8のフォルダに、青空文庫の「怪人二十面相」のテキストデータ "kaijin_nijumenso.txt" があります。

リスト8.26のコードで、Googleドライブ上のこのファイルへのパスを指定し、ファイルを読み込みましょう。

リスト8.26 Googleドライブ上のファイルへのパスを指定してファイルを読み込む

```
from google.colab import drive

drive.mount('/content/drive/')     実行後にChapter3の 図3.2 ❶～❺の
                                   手順でGoogleドライブと連携

# Googleドライブ上の、テキストデータへのパスを指定してください
nov_path = '/content/drive/My Drive/' + ➡
'Chapter8/novels/kaijin_nijumenso.txt'

# ファイルを読み込む
with open(nov_path, 'r') as f:
    nov_text = f.read()
    print(nov_text[:1000])   # 最初の1000文字のみ表示
```

8-9-2 正規表現による前処理

正規表現を使って、ルビなどを除去します。ここのコードは変更する必要はありません（リスト8.27）。

リスト8.27 正規表現を使用してルビなどを除去

```
import re  # 正規表現に必要なライブラリ

text = re.sub("《[^》]+》", "", nov_text) # ルビの削除
text = re.sub("［[^］]+］", "", text) # 読みの注意の削除
text = re.sub("[｜　 ]", "", text) # ｜と全角半角スペースの削除
print("文字数", len(text))  # len() で文字列の文字数も取得可能
```

8-9-3 RNNの各設定

RNNの各設定です。自由に設定を変更しましょう（リスト8.28）。

リスト8.28 RNNの各設定

```
n_rnn = 10   # 時系列の数
batch_size = 128
epochs = 60
n_mid = 128   # 中間層のニューロン数
```

8-9-4 文字のベクトル化

文章中の各文字をone-hot表現に変換します。リスト8.29のコードは変更する必要はありません。

リスト8.29 文字のベクトル化

```
import numpy as np

# インデックスと文字で辞書を作成
chars = sorted(list(set(text)))  # setで文字の重複をなくし、➡
各文字をリストに格納する
print("文字数（重複無し）", len(chars))
char_indices = {}  # 文字がキーでインデックスが値
for i, char in enumerate(chars):
    char_indices[char] = i
```

```python
indices_char = {}  # インデックスがキーで文字が値
for i, char in enumerate(chars):
    indices_char[i] = char


# 時系列に並んだ文字と、それから予測すべき文字を取り出します
time_chars = []  # 時系列に並んだ文字
next_chars = []  # 予測すべき文字
for i in range(0, len(text) - n_rnn):
    time_chars.append(text[i: i + n_rnn])
    next_chars.append(text[i + n_rnn])


# 入力と正解をone-hot表現で表します
x = np.zeros((len(time_chars), n_rnn, len(chars)), ➡
dtype=bool)  # 入力
t = np.zeros((len(time_chars), len(chars)), dtype=bool)  # 正解
for i, t_cs in enumerate(time_chars):
    t[i, char_indices[next_chars[i]]] = 1 ➡
# 正解をone-hot表現で表す
    for j, char in enumerate(t_cs):
        x[i, j, char_indices[char]] = 1 ➡
# 入力をone-hot表現で表す


print("xの形状", x.shape)
print("tの形状", t.shape)
```

8-9-5 モデルの構築

リスト8.30 のセルにコードを追記し、文章を生成するRNNのモデルを自由に構築しましょう。

リスト8.30 モデルの構築

```
from tensorflow.keras.models import Sequential
from tensorflow.keras.layers import Input, Dense, ➡
SimpleRNN, LSTM, GRU

model = Sequential()
# ----- 以下にコードを追記する -----
```

8 9 6 文章生成用の関数

　各エポックの終了後、文章を生成するための関数を記述します。ここのコード
は変更する必要はありません（**リスト8.31**）。

リスト8.31 文章生成用の関数

```
from tensorflow.keras.callbacks import LambdaCallback

def on_epoch_end(epoch, logs):
    print("エポック: ", epoch)

    beta = 5   # 確率分布を調整する定数
    prev_text = text[0:n_rnn]   # 入力に使う文字
    created_text = prev_text   # 生成されるテキスト

    print("シード: ", created_text)

    for i in range(400):
        # 入力をone-hot表現にする
        x_pred = np.zeros((1, n_rnn, len(chars)))
        for j, char in enumerate(prev_text):
            x_pred[0, j, char_indices[char]] = 1

        # 予測を行い、次の文字を得る
        y = model.predict(x_pred)
```

```
        p_power = y[0] ** beta   # 確率分布の調整
        next_index = np.random.choice(len(p_power), ➡
p=p_power/np.sum(p_power))
        next_char = indices_char[next_index]

        created_text += next_char
        prev_text = prev_text[1:] + next_char

    print(created_text)
    print()

# エポック終了後に実行される関数を設定
epoch_end_callback= LambdaCallback(on_epoch_end=on_epoch_end)
```

8-9-7 学習

　構築したモデルを使って、学習を行います。ここのコードは変更する必要はありません。

　学習には時間がかかりますので、Google Colaboratoryのメニューから「編集」→「ノートブックの設定」の「ハードウェアアクセラレータ」で「T4 GPU」を選択しましょう（ リスト8.32 ）。

リスト8.32 学習

```
model = model
history = model.fit(x, t,
                    batch_size=batch_size,
                    epochs=epochs,
                    callbacks=[epoch_end_callback])
```

8.10 解答例

リスト8.33 は、GRU を使って構築したモデルの例です。

リスト8.33 解答例

```
model = Sequential()
# ----- 以下にコードを追記する -----
model.add(Input(shape=(n_rnn, len(chars))))
model.add(GRU(n_mid))
model.add(Dense(len(chars), activation="softmax"))
model.compile(loss='categorical_crossentropy', ➡
optimizer="adam")
print(model.summary())
```

8.11 Chapter8 のまとめ

本チャプターでは、シンプルなRNNの概要と実装から始めました。RNNのモデルをサインカーブの次の値を予測するように訓練したのですが、訓練済みのRNNは元の訓練用データに近い曲線を生成するようになりました。

そして、記憶セルやゲートなどの複雑な構造を内部に持つLSTM、LSTMをよりシンプルにしたGRUを解説し、最小限のコードで実装を行いました。

さらに、文章の文字の並びから次の文字を予測するようにRNNのモデルを訓練し、文章の生成を行いました。

RNNは、ある種の「未来予測」を行うことができる技術です。応用範囲も広いので、ぜひ活用してみてください。

ただし、RNNには長期的な依存関係を捉えることが難しいという課題もあります。近年、この課題を解決するためにTransformerという新しいアーキテクチャが登場し、自然言語処理、生成AIの分野で大きな成功を収めています。本書ではTransformerの詳細な解説は行いませんが、時系列データ処理の最新動向に興味がある読者は、Transformerについて調べてみることをお勧めします。その際に、RNNの基礎の理解が役に立つかと思います。

Chapter 9

変分オートエンコーダ（VAE）

　このチャプターでは、変分オートエンコーダ、すなわちVAEの原理と実装について解説します。

　VAEは潜在変数と呼ばれる変数にデータの特徴を圧縮することで、データを連続的に再現することを可能にします。

　本チャプターには以下の内容が含まれます。

- VAEの概要
- VAEの仕組み
- オートエンコーダの実装
- VAEの実装
- さらにVAEを学びたい方のために
- 演習

　本チャプターでは、まずVAEの概要と仕組みを解説します。その上で、VAEの概念的なベースとなるオートエンコーダの実装を行います。

　次に、VAEを実装して潜在変数をマッピングし、潜在変数が生成する画像に与える影響を見ていきます。潜在変数を操作することで、生成される画像が少しずつ連続的に変化することを確認します。

　そして、さらに学びたい方にとって参考になる文献を紹介した上で、最後に演習を行います。

　内容は以上になりますが、本チャプターを通して学ぶことでVAEの原理を理解し、自分で実装ができるようになります。

　VAEは、潜在変数が連続的な分布であるため、潜在変数を調整することで出力の特徴を調整することが可能です。本チャプターで原理を学びコードで実装することで、その可能性を感じていただければと思います。

　それでは、本チャプターをぜひお楽しみください。

9.1 VAEの概要

「VAE」は「生成モデル」の一種で、確率分布を利用することで連続的に変化する画像を生成することができます。本チャプターでは、生成モデルの解説、オートエンコーダの解説、そしてVAEの解説という流れで、VAEの全体像を説明していきます。

9.1.1 生成モデルとは？

生成モデルとは、訓練用データを学習し、それらのデータと似たような新しいデータを生成するモデルのことです。別の表現をすると、訓練用データの分布と生成データの分布が一致するように学習していくようなモデルです。実は、機械学習には「識別モデル」と「生成モデル」があります。

識別モデルは、所属確率を求めることで入力をグループ分けするモデルです。画像の分類などでは、この識別モデルが使用されます。それに対して、生成モデルはデータそのものを作ることができるモデルです。

ディープラーニングの用途は何かの識別だけではありません。生成モデルを用いると、何かを創造することができます。代表的な生成モデルには「VAE」と「GAN」がありますが、本チャプターではこのうちVAEについて解説します。

9.1.2 オートエンコーダとは？

VAEは、オートエンコーダと呼ばれるニューラルネットワークの発展系なので、まずはオートエンコーダについて解説します。

オートエンコーダは自己符号化器とも呼ばれますが、 **図9.1** に示すようにEncoderとDecoderで構成されています。

入力と出力のサイズは同じで、中間層のサイズはそれらよりも小さくなっています。出力が入力を再現するようにネットワークは学習しますが、中間層のサイズは入力よりも小さいのでデータが圧縮されることになります。特に画像を扱う場合、中間層は元の画像よりも少ないデータ量で画像を保持できることになります。

このように、オートエンコーダでは言わばニューラルネットワークによる入力の圧縮と復元が行われます。教師データが必要ないので、オートエンコーダはしばしば教師なし学習に分類されます。

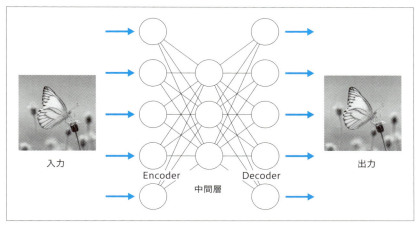

図9.1 オートエンコーダのイメージ

9.1.3 VAEとは？

オートエンコーダを発展させたVAE（Variational Autoencoder、変分自己符号化器）は 図9.2 に示すネットワーク構造をしています。

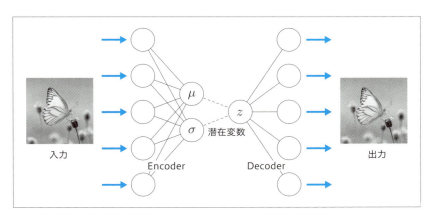

図9.2 VAEのイメージ

VAEでは、まずEncoderにより入力から平均ベクトルμと分散ベクトルσを求めます。これらを元に潜在変数zが確率的にサンプリングされ、zからDecoderにより元のデータが再現されます。VAEは、この潜在変数zを調整することで連続的に変化するデータを生成できることが1つの特徴です。

潜在変数を変化させることにより、図9.3 に示すような連続的に変化する手書き文字の画像を生成することができます。

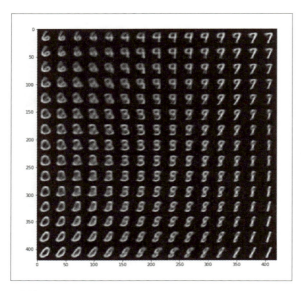

図9.3 連続的に変化する手書き文字画像

　ここでは、2つの潜在変数を横軸、縦軸で連続的に変化させていますが、これにより6や9、7などの数字が境目なく連続的に生成されています。これを応用することで、例えば人の表情を連続的に生成することなども可能になります。
　VAEは、オートエンコーダと異なり、潜在変数の部分が確率分布になる、という特徴があります。これによるメリットに、同じ入力でも毎回異なる出力となる、ということが挙げられます。このためノイズに対して頑強になり、本質的な特徴を抽出する能力が向上します。また、未知の入力に対する挙動の担保にもつながります。
　そして、潜在変数が連続的な分布であるために、潜在変数を調整することで出力の特徴を調整することが可能です。
　例えば顔の画像をVAEにより復元する場合、潜在変数を変えることで顔の特徴を変えることも可能です。
　実際に、VAEはノイズの除去や、異常検知における異常箇所の特定、潜在変数を利用したクラスタリングなどに有用であり、活用されています。VAEは柔軟性が高く連続性を表現できるので、現在注目を集めている生成モデルです。

9.2 VAEの仕組み

VAEの仕組みを解説します。実装に入る前に、VAEの背景にある原理を把握しておきましょう。

9-2-1 Reparameterization Trick

VAEでは、潜在変数を確率的にサンプリングします。潜在変数は、入力の特徴をEncoderを使ってより低い次元に押し込めたものです。この潜在変数をDecoderで処理することにより、入力が再構築されます。

Encoderの出力は平均値μと標準偏差σとなります。通常、μ、σ、そして潜在変数zはベクトルになります。μとσから、潜在変数zを正規分布によりサンプリングします。

Decoderはこの潜在変数zから入力を再構築することになります。VAEは入力を再現するように学習するのですが、確率分布によるサンプリングが間に挟まっているので、そのままではバックプロパゲーションによる学習ができません。そこで、VAEでは「Reparameterization Trick」という方法が使われます。Reparameterization Trickでは、平均値0、標準偏差1のノイズϵを発生させて、確率分布によるサンプリングを避けてVAEを構築します。

Reparameterization Trickは、以下の式で表されます。

$$z = \mu + \epsilon \odot \sigma$$

この式のϵが平均値0、標準偏差1のノイズになります。ϵは、順伝播、逆伝播を通して同じ値を取る定数として扱われます。そして、このϵに標準偏差σをかけて、平均値μに足しています。

Reparameterization Trickを図で表すと、 図9.4 のようになります。

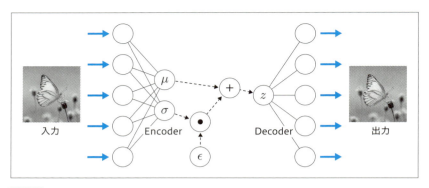

図9.4 Reparameterization Trick

μとσは、Encoderのニューラルネットワークの出力になります。$\odot$は要素ごとの積を表します。σの方にϵをかけ合わせて、μと足し合わせて潜在変数zとします。演算を積と和で表すことができて、確率によるサンプリングがなくなっていますね。

これにより偏微分が可能になるので、2つのニューラルネットワークにおける各パラメータの勾配を、バックプロパゲーションにより求めることが可能になります。

9-2-2 誤差の定義

VAEのモデルを学習するためには、誤差を定義する必要があります。VAEの誤差は、「入力を再構築したものがどれだけ入力からずれているか」を表すと同時に、「潜在変数がどれだけ発散しているか」を表す必要があります。

潜在変数には、学習が進むと0から離れ発散してしまう性質があります。このような発散を防ぐために、VAEの誤差には正則化項E_{reg}を加えます。

出力が入力からどれだけずれているかを表す再構成誤差E_{rec}と、潜在変数がどれだけ発散しているかを表す正則化項E_{reg}を加えて、VAEの誤差は以下のように表されます。

$$E = E_{rec} + E_{reg} \quad\quad (\text{式}9.2.1)$$

VAEは、この誤差Eを最小化するように学習することになります。学習が適切に進んでいるときは、E_{rec}とE_{reg}がうまく均衡します。

9・2・3 再構成誤差

（式9.2.1） における再構成誤差 E_{rec} は、以下の式のように表されます。

$$E_{rec} = \frac{1}{h} \sum_{i=1}^{h} \sum_{j=1}^{m} (-x_{ij} \log y_{ij} - (1 - x_{ij}) \log(1 - y_{ij}))$$

ここで、x_{ij} はVAEの入力、y_{ij} はVAEの出力、h はバッチサイズ、m は入力層、出力層のニューロン数です。全ての入出力で総和を取り、バッチ内で平均を取ることになります。

$\frac{1}{h} \sum_{i=1}^{h} \sum_{j=1}^{m}$ 内の式は、x_{ij} と y_{ij} が等しいときに最小値を取るので、x_{ij} と y_{ij} 2つの値の隔たりの大きさを表します。

この再構成誤差が使えるのは、$(0 < y_{ij} < 1)$ の場合に限られます。しかしながら、二乗和誤差と比較して誤差の変化の緩急差が大きいため、隔たりが大きいときに学習速度が大きくなります。このため、VAEの再構成誤差には上記の式がよく使われます。

9・2・4 正則化項

（式9.2.1） におけるVAEの正則化項 E_{reg} は、以下の式のように表されます。

$$E_{reg} = \frac{1}{h} \sum_{i=1}^{h} \sum_{k=1}^{n} -\frac{1}{2}(1 + \log \sigma_{ik}^2 - \mu_{ik}^2 - \sigma_{ik}^2)$$

この式において、h はバッチサイズ、n は潜在変数の数、σ_{ik} は標準偏差、μ_{ik} は平均値です。全ての潜在変数で総和を取り、バッチ内で平均を取ることになります。

$\frac{1}{h} \sum_{i=1}^{h} \sum_{k=1}^{n}$ 内の式は、標準偏差 σ_{ik} が1、平均値 μ_{ik} が0のとき最小値の0を取ります。そして、σ_{ik} が1を離れるか、μ_{ik} が0を離れると大きくなります。σ_{ik} と μ_{ik} で潜在変数がサンプリングされるので、「潜在変数がどれだけ標準偏差1、平均値0から離れているか」を表すことになります。

全ての潜在変数で総和を取り、バッチ内で平均を取ることで、上記の式は潜在変数全体の発散度合いを表す正則化項として機能することになります。

9-2-5 実装のテクニック

　Encoderのニューラルネットワークの出力は平均値及び標準偏差であると解説しましたが、実装の都合上、標準偏差そのものではなく標準偏差の2乗の対数、すなわち分散の対数を出力することにします。これを以下の式で表します。

$$\phi = \log \sigma^2$$

　この式において、σが標準偏差でϕが分散の自然対数です。これを 図9.5 に表します。

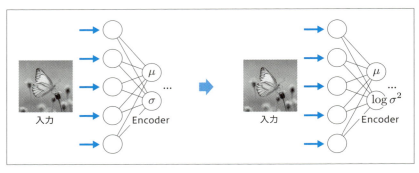

図9.5 Encoderのニューラルネットワークの出力

　Econderのニューラルネットワークの出力が$\log \sigma^2$となります。

$$\phi = \log \sigma^2$$

　この式を使うと、正則化項E_{reg}は以下の通りになります。

$$E_{reg} = \frac{1}{h} \sum_{i=1}^{h} \sum_{k=1}^{n} -\frac{1}{2}(1 + \phi - \mu_{ik}^2 - \exp(\phi))$$

　このϕは、負の値も取ることができて値の範囲に制限がありません。これにより、活性化関数に恒等関数を使用することが可能になり、実装がシンプルになります。

　それでは、以上を踏まえた上でVAEの実装を行っていきましょう。

9.3 オートエンコーダの実装

VAEの実装に入る前に、そのベースであるオートエンコーダ（自己符号化器）を実装します。Encoderで中間層に画像を圧縮した後に、Decoderで元の画像を再構築しましょう。

9 3 1 訓練用データの用意

オートエンコーダに用いる訓練用データを用意します。ここでは、モノクロの手書き数字画像のデータを使用します。

リスト9.1 のコードは、**tensorflow.keras.datasets** からMNISTを読み込み、表示します。

リスト9.1 訓練用データを用意する

```python
import numpy as np
import matplotlib.pyplot as plt
import tensorflow as tf
from tensorflow.keras.datasets import mnist

(x_train, t_train), (x_test, t_test) = mnist.load_
data()  # MNISTの読み込み
print(x_train.shape, x_test.shape)  # 28x28の手書き文字
画像が6万枚

# 各ピクセルの値を0-1の範囲に収める
x_train = x_train / 255
x_test = x_test / 255

# 手書き文字画像を1つ表示
plt.imshow(x_train[0].reshape(28, 28), cmap="gray")
plt.title(t_train[0])
plt.show()
```

```python
# 1次元に変換する
x_train = x_train.reshape(x_train.shape[0], -1)
x_test = x_test.reshape(x_test.shape[0], -1)
print("訓練用データの形状:", x_train.shape, "テスト用データの➡
形状:", x_test.shape)
```

Out

```
Downloading data from https://storage.googleapis.com/➡
tensorflow/tf-keras-datasets/mnist.npz
11493376/11490434 [==============================] - ➡
0s 0us/step
(60000, 28, 28) (10000, 28, 28)
```

```
訓練用データの形状: (60000, 784) テスト用データの形状: (10000, ➡
784)
```

9-3-2 オートエンコーダの各設定

オートエンコーダに必要な、各設定を行います。画像の幅と高さが28ピクセルなので、入力層には28×28=784のニューロンが必要になります。また、出力が入力を再現するように学習するので、出力層のニューロン数は入力層と同じになります。中間層のニューロン数は、これらよりも少なくします（ リスト9.2 ）。

リスト9.2 オートエンコーダの各設定

```
epochs = 20
batch_size = 128
n_in_out = 784   # 入出力層のニューロン数
n_mid = 64   # 中間層のニューロン数
```

9-3-3 モデルの構築

Kerasによりオートエンコーダのモデルを構築します。入力、Encoder、Decoderの順に層を重ねるのですが、ここではSequentialではなくModelクラスを使ってモデルを構築します。**Model**クラスは以下のように設定します。

● [Modelクラスの設定]

```
Model(入力, 出力)
```

この**Model**クラスを使うことにより、オートエンコーダ、Encoderのみのモデル、Decoderのみのモデルを個別に設定することができます。学習はオートエンコーダとしてのみ行うので、Encoder、Decoderは個別にコンパイルする必要はありません（**リスト9.3**）。

リスト9.3 オートエンコーダのモデルの構築

```
from tensorflow.keras.models import Model
from tensorflow.keras.layers import Input, Dense

# 各層
x = Input(shape=(n_in_out,))   # 入力
encoder = Dense(n_mid, activation="relu")   # Encoder
decoder = Dense(n_in_out, activation="sigmoid")   ➡
#D ecoder

# ネットワーク
h = encoder(x)
y = decoder(h)
```

```python
# オートエンコーダのモデル
model_autoencoder = Model(x, y)
model_autoencoder.compile(optimizer="adam", loss=➡
"binary_crossentropy")
model_autoencoder.summary()
print()

# Encoderのみのモデル
model_encoder = Model(x, h)
model_encoder.summary()
print()

# Decoderのみのモデル
input_decoder = Input(shape=(n_mid,))
model_decoder = Model(input_decoder, ➡
decoder(input_decoder))
model_decoder.summary()
```

Out

Model: "functional"

Layer (type)	Output Shape	Param #
input_layer (InputLayer)	(None, 784)	0
dense (Dense)	(None, 64)	50,240
dense_1 (Dense)	(None, 784)	50,960

Total params: 101,200 (395.31 KB)
Trainable params: 101,200 (395.31 KB)
Non-trainable params: 0 (0.00 B)

Model: "functional_1"

Layer (type)	Output Shape	Param #
input_layer (InputLayer)	(None, 784)	0
dense (Dense)	(None, 64)	50,240

Total params: 50,240 (196.25 KB)
Trainable params: 50,240 (196.25 KB)

```
Non-trainable params: 0 (0.00 B)
```

```
Model: "functional_2"
```

Layer (type)	Output Shape	Param #
input_layer_1 (InputLayer)	(None, 64)	0
dense_1 (Dense)	(None, 784)	50,960

```
Total params: 50,960 (199.06 KB)
Trainable params: 50,960 (199.06 KB)
Non-trainable params: 0 (0.00 B)
```

9-3-4 学習

構築したオートエンコーダのモデルを訓練します。入力を再現するように学習するので、正解は入力そのものになります（リスト9.4）。

リスト9.4 オートエンコーダの学習

In
```python
model_autoencoder.fit(x_train, x_train,
                      shuffle=True,
                      epochs=epochs,
                      batch_size=batch_size,
                      validation_data=(x_test, x_test))
```

Out
```
Epoch 1/20
469/469 ─────────────────────  ➡
15s 18ms/step - loss: 0.2826 - val_loss: 0.1331
Epoch 2/20
469/469 ─────────────────────  ➡
10s 17ms/step - loss: 0.1250 - val_loss: 0.1025
Epoch 3/20
469/469 ─────────────────────  ➡
6s 13ms/step - loss: 0.0996 - val_loss: 0.0886
Epoch 4/20
469/469 ─────────────────────  ➡
```

```
10s 12ms/step - loss: 0.0875 - val_loss: 0.0817
Epoch 5/20
469/469 ━━━━━━━━━━━━━━━━━━━━━━ ➡
5s 10ms/step - loss: 0.0816 - val_loss: 0.0782
Epoch 6/20
469/469 ━━━━━━━━━━━━━━━━━━━━━━ ➡
4s 9ms/step - loss: 0.0784 - val_loss: 0.0762
Epoch 7/20
469/469 ━━━━━━━━━━━━━━━━━━━━━━ ➡
5s 9ms/step - loss: 0.0766 - val_loss: 0.0751
Epoch 8/20
469/469 ━━━━━━━━━━━━━━━━━━━━━━ ➡
4s 8ms/step - loss: 0.0756 - val_loss: 0.0744
Epoch 9/20
469/469 ━━━━━━━━━━━━━━━━━━━━━━ ➡
5s 7ms/step - loss: 0.0750 - val_loss: 0.0739
Epoch 10/20
469/469 ━━━━━━━━━━━━━━━━━━━━━━ ➡
3s 7ms/step - loss: 0.0744 - val_loss: 0.0737
Epoch 11/20
469/469 ━━━━━━━━━━━━━━━━━━━━━━ ➡
5s 7ms/step - loss: 0.0742 - val_loss: 0.0734
Epoch 12/20
469/469 ━━━━━━━━━━━━━━━━━━━━━━ ➡
5s 7ms/step - loss: 0.0740 - val_loss: 0.0733
Epoch 13/20
469/469 ━━━━━━━━━━━━━━━━━━━━━━ ➡
6s 9ms/step - loss: 0.0738 - val_loss: 0.0732
Epoch 14/20
469/469 ━━━━━━━━━━━━━━━━━━━━━━ ➡
3s 7ms/step - loss: 0.0738 - val_loss: 0.0730
Epoch 15/20
469/469 ━━━━━━━━━━━━━━━━━━━━━━ ➡
3s 7ms/step - loss: 0.0735 - val_loss: 0.0729
Epoch 16/20
```

```
469/469 ──────────────────────── ➡
4s 8ms/step - loss: 0.0735 - val_loss: 0.0729
Epoch 17/20
469/469 ──────────────────────── ➡
5s 7ms/step - loss: 0.0733 - val_loss: 0.0729
Epoch 18/20
469/469 ──────────────────────── ➡
5s 7ms/step - loss: 0.0735 - val_loss: 0.0728
Epoch 19/20
469/469 ──────────────────────── ➡
4s 9ms/step - loss: 0.0733 - val_loss: 0.0727
Epoch 20/20
469/469 ──────────────────────── ➡
4s 8ms/step - loss: 0.0733 - val_loss: 0.0728
<keras.src.callbacks.history.History at 0x7efe66366020>
```

9-3-5 生成結果

画像が適切に再構築されているかどうか、中間層がどのような状態にあるのか
を確認します。

リスト9.5 のコードは、入力画像と、再構築された画像を並べて表示します。ま
た、Encoderの出力も8×8の画像として表示します。

リスト9.5 オートエンコーダによる画像生成

```
In │ encoded = model_encoder.predict(x_test)
    │ decoded = model_decoder.predict(encoded)
    │
    │ n = 8   # 表示する画像の数
    │ plt.figure(figsize=(16, 4))
    │ for i in range(n):
    │     # 入力画像
    │     ax = plt.subplot(3, n, i+1)
    │     plt.imshow(x_test[i].reshape(28, 28), cmap="Greys_r")
```

```
        ax.get_xaxis().set_visible(False)
        ax.get_yaxis().set_visible(False)

        # 中間層の出力
        ax = plt.subplot(3, n, i+1+n)
        plt.imshow(encoded[i].reshape(8,8), cmap=➡
"Greys_r") #画像サイズは、中間層のニューロン数に合わせて変更する
        ax.get_xaxis().set_visible(False)
        ax.get_yaxis().set_visible(False)

        # 出力画像
        ax = plt.subplot(3, n, i+1+2*n)
        plt.imshow(decoded[i].reshape(28, 28), cmap=➡
"Greys_r")
        ax.get_xaxis().set_visible(False)
        ax.get_yaxis().set_visible(False)

plt.show()
```

Out

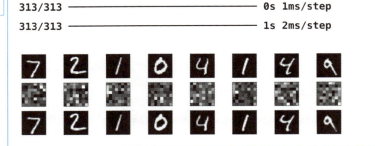

　28×28の画像がEncoderにより8×8に圧縮された後、Decoderにより展開されて元の画像が再構築されました。出力は入力をある程度再現した画像になっており、中間層は数字画像ごとに異なる状態となっています。784ピクセルの画像を特徴付ける情報を、64の状態に圧縮できたことになります。
　しかしながら、オートエンコーダでは、中間層の状態と出力画像の対応関係を直感的に把握したり、中間層の状態を調整して出力画像を意図的に変化させることは難しそうです。

9.4 VAEの実装

VAE（変分自己符号化器）を実装します。Encoderで画像を潜在変数に圧縮した後、Decoderで元の画像を復元します。さらに、潜在変数が広がる潜在空間を可視化し、潜在変数が生成画像に与える影響を確かめます。

9.4.1 訓練用データの用意

VAEに用いる訓練用データを用意します。オートエンコーダの際と同じく、モノクロの手書き数字画像データを使用します（リスト9.6）。

リスト9.6 訓練用データの用意

```
import numpy as np
import matplotlib.pyplot as plt
import tensorflow as tf
from tensorflow.keras.datasets import mnist

(x_train, t_train), (x_test, t_test) = ➡
mnist.load_data()  # MNISTの読み込み
print(x_train.shape, x_test.shape)  ➡
# 28x28の手書き文字画像が6万枚
```

```python
# 各ピクセルの値を0-1の範囲に収める
x_train = x_train / 255
x_test = x_test / 255

# 手書き文字画像を1つ表示
plt.imshow(x_train[0].reshape(28, 28), cmap="gray")
plt.title(t_train[0])
plt.show()

# 1次元に変換する
x_train = x_train.reshape(x_train.shape[0], -1)
x_test = x_test.reshape(x_test.shape[0], -1)
print("訓練用データの形状:", x_train.shape, ➡
"テスト用データの形状:", x_test.shape)
```

Out

```
Downloading data from https://storage.googleapis.com/➡
tensorflow/tf-keras-datasets/mnist.npz
11490434/11490434 [==============================] ➡
- 0s 0us/step
(60000, 28, 28) (10000, 28, 28)
```

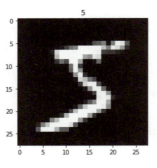

訓練用データの形状： (60000, 784) テスト用データの形状： (10000, ➡
784)

9.4.2 VAE の各設定

VAE に必要な各設定を行います。画像の幅と高さがそれぞれ28ピクセルなので、入力層には28×28=784のニューロンが必要になります。また、出力が入力を再現するように学習するので、出力層のニューロン数は入力層と同じになります。

ここでは、潜在変数とラベルの関係を2次元で可視化するため、潜在変数の数は2とします（ **リスト9.7** ）。

リスト9.7 VAE の各設定

```
epochs = 10
batch_size = 128
n_in_out = 784   # 入出力層のニューロン数
n_z = 2   # 潜在変数の数（次元数）
n_mid = 256   # 中間層のニューロン数
```

9.4.3 モデルの構築

Keras より VAE のモデルを構築します（ **リスト9.8** ）。Encoder の出力は、潜在変数の平均値 μ 及び、標準偏差 σ の2乗（＝分散）の対数とします。

VAE のコードでは、バックプロパゲーションによる学習のために Reparameterization Trick が使われます。平均値0、標準偏差1のノイズ ϵ を発生させて、標準偏差 σ とかけて平均値 μ に加えることで、潜在変数 z とします。

$$z = \mu + \epsilon \odot \sigma$$

損失関数は、以下で表されます。

$$E = E_{rec} + E_{reg}$$

ここで、右辺第1項の再構成誤差 E_{rec} は、出力と入力のずれを表します。

$$E_{rec} = \frac{1}{h} \sum_{i=1}^{h} \sum_{j=1}^{m} (-x_{ij} \log y_{ij} - (1 - x_{ij}) \log(1 - y_{ij}))$$

h：バッチサイズ、m：入出力層のニューロン数、x_{ij}：VAE の入力、y_{ij}：VAE の出力

また、右辺第2項の正則化項E_{reg}は、平均値が0に、標準偏差が1に近づくように機能します。

$$E_{reg} = \frac{1}{h}\sum_{i=1}^{h}\sum_{k=1}^{n} -\frac{1}{2}(1 + \phi_{ik} - \mu_{ik}^2 - \exp(\phi_{ik}))$$

h：バッチサイズ、n：潜在変数の数、μ_{ik}：平均値、ϕ_{ik}：分散の対数

リスト9.8 VAEのモデルの構築

```python
from tensorflow.keras.models import Model
from tensorflow.keras import metrics  # 評価関数
from tensorflow.keras.layers import Input, Dense, Lambda
from tensorflow.keras import backend as K  ➡
# 乱数の発生に使用


# 潜在変数をサンプリングするための関数
def z_sample(args):
    mu, log_var = args  # 潜在変数の平均値と、分散の対数
    epsilon = K.random_normal(shape=K.shape(log_var),  ➡
mean=0, stddev=1)
    return mu + epsilon * K.exp(log_var / 2)  ➡
# Reparameterization Trickにより潜在変数を求める


# Encoder
x = Input(shape=(n_in_out,))
h_encoder = Dense(n_mid, activation="relu")(x)
mu = Dense(n_z)(h_encoder)
log_var = Dense(n_z)(h_encoder)
z = Lambda(z_sample, output_shape=(n_z,))([mu, log_var])


# Decoder
mid_decoder = Dense(n_mid, activation="relu")  # 後で使用
h_decoder = mid_decoder(z)
out_decoder = Dense(n_in_out, activation="sigmoid")  ➡
# 後で使用
```

```python
y = out_decoder(h_decoder)

# VAEのモデルを生成
model_vae = Model(x, y)

# 損失関数
eps = 1e-7   # logの中が0になるのを防ぐ
rec_loss = K.sum(-x*K.log(y + eps) - (1 - x)*K.log➡
(1 - y + eps)) / batch_size   # 再構成誤差
reg_loss = - 0.5 * K.sum(1 + log_var - K.square(mu) ➡
- K.exp(log_var)) / batch_size   # 正則化項
vae_loss = rec_loss + reg_loss

model_vae.add_loss(vae_loss)
model_vae.compile(optimizer="adam")
model_vae.summary()
```

Out

```
Model: "model"
_____
 Layer (type)                 Output Shape➡
                    Param #   Connected to
=================================================================
 input_1 (InputLayer)         [(None, 784)]➡
                0         []
 dense (Dense)                (None, 256)➡
                200960    ['input_1[0][0]']
 dense_1 (Dense)              (None, 2)➡
                514       ['dense[0][0]']
 dense_2 (Dense)              (None, 2)➡
                514       ['dense[0][0]']
 lambda (Lambda)              (None, 2)➡
                0         ['dense_1[0][0]',
                           'dense_2[0][0]']
 dense_3 (Dense)              (None, 256)➡
                768       ['lambda[0][0]']
```

```
dense_4 (Dense)              (None, 784) ➡
                    201488   ['dense_3[0][0]']
tf.math.subtract_1 (TFOpLa   (None, 784) ➡
                    0        ['dense_4[0][0]']
mbda)

tf.math.add (TFOpLambda)     (None, 784) ➡
                    0        ['dense_4[0][0]']
tf.math.add_1 (TFOpLambda)   (None, 784) ➡
                    0        ['tf.math.subtract_1[0][0]']
tf.__operators__.add (TFOp   (None, 2) ➡
                    0        ['dense_2[0][0]']
Lambda)
tf.math.square (TFOpLambda   (None, 2) ➡
                    0        ['dense_1[0][0]']
)
tf.math.negative (TFOpLamb   (None, 784) ➡
                    0        ['input_1[0][0]']
da)
tf.math.log (TFOpLambda)     (None, 784) ➡
                    0        ['tf.math.add[0][0]']
tf.math.subtract (TFOpLamb   (None, 784) ➡
                    0        ['input_1[0][0]']
da)
tf.math.log_1 (TFOpLambda)   (None, 784) ➡
                    0        ['tf.math.add_1[0][0]']
                    ...
```

9-4-4 学習

　構築したVAEのモデルを訓練します。入力を再現するように学習するので、正解は入力そのものになります（ リスト9.9 ）。

リスト9.9 VAEの学習

In
```
model_vae.fit(x_train, x_train,
              shuffle=True,
              epochs=epochs,
              batch_size=batch_size,
              validation_data=(x_test, None))
```

Out
```
Epoch 1/10
469/469 [==============================] ➡
- 17s 32ms/step - loss: 205.2931 - val_loss: 173.7058
Epoch 2/10
469/469 [==============================] ➡
- 9s 20ms/step - loss: 172.5605 - val_loss: 167.3043
Epoch 3/10
469/469 [==============================] ➡
- 7s 14ms/step - loss: 168.0223 - val_loss: 164.1679
Epoch 4/10
469/469 [==============================] ➡
- 8s 18ms/step - loss: 165.2829 - val_loss: 162.3685
Epoch 5/10
469/469 [==============================] ➡
- 7s 14ms/step - loss: 163.3743 - val_loss: 160.7941
Epoch 6/10
469/469 [==============================] ➡
- 8s 17ms/step - loss: 161.8653 - val_loss: 159.5890
Epoch 7/10
469/469 [==============================] ➡
- 8s 16ms/step - loss: 160.5320 - val_loss: 158.5421
Epoch 8/10
469/469 [==============================] ➡
- 7s 14ms/step - loss: 159.3854 - val_loss: 157.4286
Epoch 9/10
469/469 [==============================] ➡
- 8s 18ms/step - loss: 158.3025 - val_loss: 156.4607
Epoch 10/10
```

```
469/469 [==============================] ➡
– 7s 14ms/step – loss: 157.4286 – val_loss: 155.7238
<keras.src.callbacks.History at 0x7a8b1ee41c00>
```

9-4-5 潜在空間の可視化

　2つの潜在変数をそれぞれ横軸、縦軸として平面にプロットします。これにより、潜在空間が可視化されます。潜在変数は、訓練済みのVAEのモデルを使い作成します。

　リスト9.10 のコードを実行すると、潜在変数がラベルごとに色分けされて散布図で表示されますが、紙面だとわかりにくい可能性があるのでGoogle Colaboratoryのノートブック上で確認することをお勧めします。

リスト9.10 潜在空間の可視化

```python
# 潜在変数を得るためのモデル
encoder = Model(x, z)

# 訓練用データから作った潜在変数を2次元プロット
z_train = encoder.predict(x_train, ➡
batch_size=batch_size)
plt.figure(figsize=(6, 6))
plt.scatter(z_train[:, 0], z_train[:, 1], c=t_train)  ➡
# ラベルを色で表す
plt.title("Train")
plt.colorbar()
plt.show()

# テスト用データを入力して潜在空間に2次元プロットする  正解ラベルを色で表示
z_test = encoder.predict(x_test, batch_size=batch_size)
plt.figure(figsize=(6, 6))
plt.scatter(z_test[:, 0], z_test[:, 1], c=t_test)
plt.title("Test")
plt.colorbar()
plt.show()
```

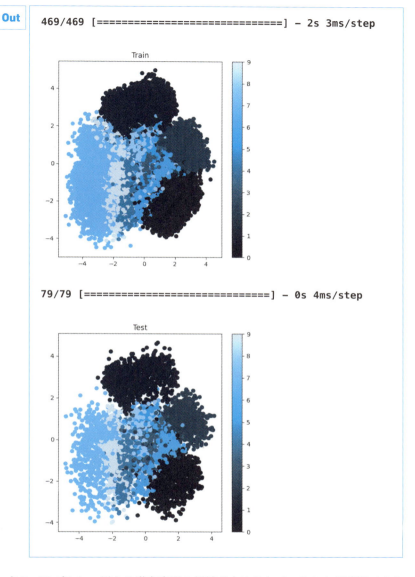

　各ラベルごとに、異なる潜在空間の領域が占められていることが確認できます。単一のラベルに占められている領域もあれば、複数のラベルが重なっている領域もあります。このように、VAEは入力を潜在空間に割り当てるように学習します。明確に潜在変数が分布する領域が形作られるので、潜在変数がDecoderにより生成されるデータにどのように影響を与えるのか、直感的に把握しやすくなっています。

また、訓練用データ、テスト用データともに、同じような領域に各数字の潜在変数が分布していることも確認できます。

9-4-6 画像の生成

潜在変数が、生成される画像に与える影響を確かめます。訓練済みVAEのDecoderを使って、2つの連続的に変化する潜在変数から画像を16×16枚生成します（リスト9.11）。

リスト9.11 潜在変数を連続的に変化させて画像を生成

In
```
# 画像の生成器
input_decoder = Input(shape=(n_z,))
h_decoder = mid_decoder(input_decoder)
y = out_decoder(h_decoder)
generator = Model(input_decoder, y)

# 画像を並べる設定
n = 16  # 手書き文字画像を16x16並べる
image_size = 28
matrix_image = np.zeros((image_size*n, image_size*n)) ➡
# 全体の画像

# 潜在変数
z_1 = np.linspace(2, -2, n)  # 各行
z_2 = np.linspace(-2, 2, n)  # 各列

#  潜在変数を変化させて画像を生成
for i, z1 in enumerate(z_1):
    for j, z2 in enumerate(z_2):
        decoded = generator.predict(np.array➡
([[z2, z1]]))  # x軸、y軸の順に入れる
        image = decoded[0].reshape(image_size, ➡
image_size)
        matrix_image[i*image_size : (i+1)*image_size, ➡
j*image_size: (j+1)*image_size] = image
```

```python
plt.figure(figsize=(10, 10))
plt.imshow(matrix_image, cmap="Greys_r")
plt.tick_params(labelbottom=False, labelleft=False, ➡
bottom=False, left=False)   # 軸目盛りのラベルと線を消す
plt.show()
```

Out　（…略…）

　潜在変数から、16×16枚の画像が生成されました。潜在変数の変化に伴う、画像の変化が確認できます。領域ごとに異なる数字画像が生成されていますが、領域と領域の間にはこれらの中間の数字画像を観察することができます。

　VAEにより、たった2つの潜在変数に28×28の画像が圧縮されたことになります。オートエンコーダと同じようにデータを圧縮することができるのですが、潜在変数が生成データに与える影響が明瞭であるのがVAEの大きな特徴です。

9.5　さらにVAEを学びたい方のために

VAEについてさらに学びたい方のために、参考文献をいくつか紹介します。

9-5-1 理論的背景

VAEの理論的背景について、さらに詳しく知りたい方にお薦めの文献です。

まずはKingmaらによって書かれたVAEのオリジナルの論文です。VAEの元の考え方を学びたい方にお薦めします。

- Semi-Supervised Learning with Deep Generative Models
  URL https://arxiv.org/abs/1406.5298

次に、VAEのチュートリアル的な論文を紹介します。「Tutorial on Variational Autoencoders」というタイトルの2016年に書かれた論文ですが、VAEの全体像がわかりやすくまとめられています。

- Tutorial on Variational Autoencoders
  URL https://arxiv.org/abs/1606.05908

また、こちらのKingmaらによって書かれた論文では、VAEの理論的側面についての詳しい記載があります。

- Auto-Encoding Variational Bayes
  URL https://arxiv.org/abs/1312.6114

9-5-2 VAEの発展技術

VAEの発展技術を知りたい方にお薦めの文献です。

「Conditional VAE」（2014）では、潜在変数だけではなくラベルもDecoderに入力することで、ラベルを指定した生成を行います。VAEは教師なし学習ですが、これに教師あり学習の要素を加えて半教師あり学習にすることで、復元するデータの指定を行うことが可能になります。

- Semi-Supervised Learning with Deep Generative Models
  URL https://arxiv.org/abs/1406.5298

「β-VAE」（2017）は、画像特徴のdisentanglement、すなわち「もつれ」を

解くことが特徴で、画像の特徴を潜在空間上で分離することができます。

　例えば顔の画像の場合、1つ目の潜在変数が目の形、2つ目の潜在変数が顔の向きのように、潜在変数の各要素が独立した異なる特徴を担当することになります。これにより、1つ目の潜在変数を調整することで目の形を調整し、2つ目の潜在変数を調整することで顔の向きを調整するようなことが可能になります。

- beta-VAE：Learning Basic Visual Concepts with a Constrained Variational Framework
  URL https://openreview.net/forum?id=Sy2fzU9gl

「Vector Quantised-VAE」（2017）では、潜在変数を離散値、すなわち0、1、2、…などのとびとびの値に変換します。このようにして画像の特徴を離散的な潜在空間に圧縮することにより、高品質な画像の生成が可能になります。

- Neural Discrete Representation Learning
  URL https://arxiv.org/abs/1711.00937

「VQ-VAE-2」は、VQ-VAEを階層構造にすることでさらに高解像度の画像を生成できるようにしたものです。この技術では、潜在表現を異なるスケールごとに、階層的に学習します。この潜在表現は元の画像よりも大幅に小さくなりますが、これをDecoderに入力することでより鮮明でリアルな画像を再構築することができます。

- Generating Diverse High-Fidelity Images with VQ-VAE-2
  URL https://arxiv.org/abs/1906.00446

以上のようにVAEの技術は日々発展を続けており、AIの新たな可能性を示しています。

9・5・3 PyTorchによる実装

　著者のUdemyコース「AIによる画像生成を学ぼう！【VAE、GAN】-Google ColabとPyTorchで基礎から学ぶ生成モデル-」では、VAEのPyTorchによる実装を解説しています。KerasではなくPyTorchでVAEを学びたい方、動画でVAEを学びたい方にお薦めです。

- AIによる画像生成を学ぼう！【VAE、GAN】
  -Google ColabとPyTorchで基礎から学ぶ生成モデル-
  URL https://www.udemy.com/course/image_generation/

9・5・4 フレームワークを使わない実装

　著者による著作『はじめてのディープラーニング2 Pythonで実装する再帰型ニューラルネットワーク, VAE, GAN』（SBクリエイティブ）では、Kerasなどのフレームワークを使わないVAEの実装方法を解説しています。Kerasではあまり意識する必要のない、VAEにおけるバックプロパゲーションの仕組みと実装について、詳しく知りたい方にお薦めです。

- 『はじめてのディープラーニング2　Pythonで実装する再帰型ニューラル
  ネットワーク, VAE, GAN』（SBクリエイティブ）
  URL https://www.sbcr.jp/product/4815605582/

9.6　演習

　9.4節とは異なるデータセットで、VAEを訓練してみましょう。

9・6・1 Fashion-MNIST

　Fashion-MNISTは、6万枚の訓練用画像、1万枚のテスト用画像、10のファッションカテゴリからなるデータセットです。

- Fashion-MNIST ファッション記事データベース
  URL https://keras.io/api/datasets/fashion_mnist/

　ファッションのカテゴリは以下の通りです。

0 Tシャツ/トップス
1 ズボン

2 プルオーバー

3 ドレス

4 コート

5 サンダル

6 シャツ

7 スニーカー

8 バッグ

9 アンクルブーツ

訓練用データにこのFashion-MNISTを使い、VAEを訓練しましょう。そして、潜在変数の分布や潜在変数から生成される画像を確認しましょう。

以下のようなコードを記述することで、fashion-mnistの利用が可能になります。

```
from tensorflow.keras.datasets import fashion_mnist
```

9 6 2 解答例

リスト9.12 は解答例です。**9.4** 節のVAEのコードの、画像データの読み込みの箇所を以下のように変更すればVAEの訓練を行うことができます。

リスト9.12 解答例

```
import numpy as np
import matplotlib.pyplot as plt
import tensorflow as tf
from tensorflow.keras.datasets import fashion_mnist

(x_train, t_train), (x_test, t_test) = ➡
fashion_mnist.load_data()   # Fashion-MNISTの読み込み
print(x_train.shape, x_test.shape)

# 各ピクセルの値を0-1の範囲に収める
x_train = x_train / 255
x_test = x_test / 255
```

```python
# ファッションアイテム画像を1つ表示
plt.imshow(x_train[0].reshape(28, 28), cmap="gray")
plt.title(t_train[0])
plt.show()

# 1次元に変換する
x_train = x_train.reshape(x_train.shape[0], -1)
x_test = x_test.reshape(x_test.shape[0], -1)
print("訓練用データの形状:", x_train.shape, ➡
"テスト用データの形状:", x_test.shape)
```

Out　(…略…)

　リスト9.12 の変更に加えて、画像がより鮮明になるように様々な工夫を行ってみましょう。

9.7　Chapter9 のまとめ

　本チャプターではまず、VAEの概要と仕組みを解説しました。

　次に、VAEの概念的なベースとなるオートエンコーダの実装を行いました。画像をニューロン数が少ない中間層に圧縮することができましたが、中間層が生成画像にどのような影響を与えるのかは不明瞭でした。

　その上で、VAEを構築して訓練し、潜在変数をマッピングし、潜在変数が生成画像に与える影響を確認しました。28×28の画像をたった2つの潜在変数に圧縮することができて、さらに潜在変数が生成する画像に与える影響は明瞭でした。

　VAEは、潜在変数が連続的な分布であるため、潜在変数を変化させることで出力の特徴を調整することができます。表現力と柔軟性が高く、連続性を表現できるため注目を集めています。AIの可能性を、さらに広げる技術なのではないでしょうか。

Chapter 10

敵対的生成ネットワーク（GAN）

このチャプターでは、敵対的生成ネットワーク、すなわちGAN
の原理と実装について解説します。GANではGeneratorと
Discriminatorという、2つのニューラルネットワークが競い合う
ようにして画像などのデータの生成が行われる興味深い技術で
す。

本チャプターには以下の内容が含まれます。

- GANの概要
- GANの仕組み
- GANの実装
- さらにGANを学びたい方のために
- 演習

本チャプターでは、まずGANの概要と仕組みを解説します。次
に、画像を生成するGeneratorとそれが本物かどうかを識別する
Discriminatorのモデルを構築し、GANを実装します。GANに
おいて、GeneratorとDiscriminatorが均衡し次第に画像が生
成されていく様子を確認します。そして、さらに学びたい方にとっ
て参考になる文献を紹介した上で、最後に演習を行います。

チャプターの内容は以上になりますが、本チャプターを通して学
ぶことでGANの原理を理解し、自分で実装ができるようになりま
す。それでは、本チャプターをぜひお楽しみください。

10.1 GANの概要

GANの概要を解説します。GANでは、GeneratorとDiscriminatorという、2つのニューラルネットワークを競わせるようにして画像などのデータを生成することができます。

10-1-1 GANとは？

「GAN」（Generative Adversarial Networks、敵対的生成ネットワーク）は、2つのモデルを互いに競わせるようにして訓練し、生成を行う生成モデルの一種です。その2つのモデルは、「Discriminator」すなわち識別器と、「Generator」すなわち生成器になります。

Discriminatorの方は、画像などの本物のデータとGeneratorが生成したデータを正しく識別できるように学習します。データが本物かどうかを判定する、判定者の役割をDiscriminatorは担っていることになります。そして、Generatorは、ランダムなノイズを入力として偽物のデータを出力します。Generatorは、Discriminatorが本物と誤認するようなデータを生成できるように学習することになります。

DiscriminatorとGenerator、2つのモデルがお互いに役割を果たそうと切磋琢磨することにより、より本物らしいデータが形作られていくことになります。

10-1-2 GANの構成

GANの構成について解説します。図10.1 にGANの構成を概略図で示します。

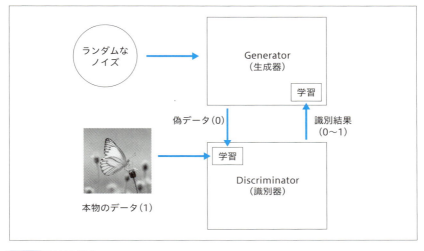

図10.1 GANの構成

まずはGeneratorですが、ランダムなノイズを入力とし、偽データを生成します。そしてDiscriminatorは、偽データには正解ラベル0を付けて、本物のデータには正解ラベル1を付けることにより、偽データと本物データを識別できるように学習していきます。さらにその上で、Generatorは生成した偽データの識別結果が「本物」になるように学習します。偽データの識別結果は0から1の範囲で返されますが、これが1に近づくように、Generatorは学習していくことになります。

以上のように、GANはGeneratorとDiscriminatorがデータや識別結果をやりとりし、お互いに競い合いながら学習する構造をしています。

10.1.3 DCGAN

DCGAN（Deep Convolutional GAN）では、DiscriminatorとGeneratorそれぞれのネットワークで、畳み込み層、及びその逆を行う層を使用します。GANにCNNの要素を取り込むことにより、DCGANは通常のGANよりも自然な画像を効率的に生成することが可能となります。

図10.2 で示すのは、DCGANに使われるGeneratorの例です。

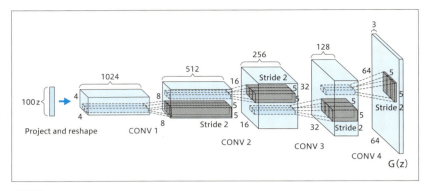

図10.2 DCGANに使われるGeneratorの例

出典 『Unsupervised Representation Learning with Deep Convolutional Generative Adversarial Networks』(Alec Radford, Luke Metz, Soumith Chintala)、Figure 1より引用
URL https://arxiv.org/pdf/1511.06434.pdf

　最初にあるのはノイズの入力ですが、これに何度も畳み込みの逆を繰り返すことにより、最終的には画像が生成されます。通常の畳み込みでは画像のサイズが小さく、チャンネル数が多くなっていきますが、この処理では画像サイズが大きく、チャンネル数が少なくなっていきます。

　一方、Discriminatorでは通常の畳み込みが行われ、入力画像が本物かどうかの判定が行われます。このようにGeneratorとDiscriminatorが互いに競い合うように学習することで、DCGANではGANよりも自然な画像が生成されることになります。

10-1-4 GANの用途

　GANの用途をいくつか紹介します。

　まずは高解像度の画像生成です。ディープラーニングの利用は、これまで分類や回帰などが主でしたが、GANによりその逆である「生成」が実用化されつつあります。GANにより生成された画像を学習用データの水増しに利用する研究が行われていますし、GANにより生成された画像を著作権フリー画像として配布するサービスも既に提供されています。

　次に画像のアレンジです。例えば、GANによりゴッホやモネ、北斎などの画風の模倣が試みられています。その他にも、線画の着色など、既存の画像のパターンをモデルに学習させることで様々な画像のアレンジが可能になります。そして、GANは画像同士の演算も可能にします。**図10.3** は、DCGANによる顔画像同士の演算の例です。

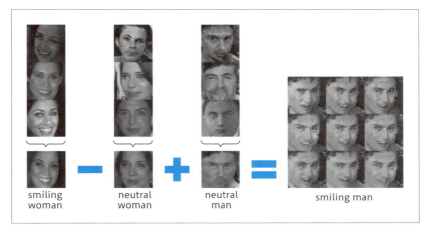

図10.3 DCGANによる顔画像の演算

出典 『Unsupervised Representation Learning with Deep Convolutional Generative Adversarial Networks』（Alec Radford, Luke Metz, Soumith Chintala）、Figure 7より引用
URL https://arxiv.org/pdf/1511.06434.pdf

　微笑んでいる女の人の画像からニュートラルな表情の女の人の画像を引いて、ニュートラルな表情の男の人の画像を足すことにより、微笑んでいる男の人の画像を生成することができます。このような表情の調整や、あるいは画像の一部入れ替えなどが、GANにより可能になってきています。

　その他にも、文章から画像を生成する技術や、自動でデザインを行う技術など、様々な技術がGANをベースにして研究開発されています。必要なデータはAIがその場で生成する、という未来が近づいているのかもしれませんね。

10.2　GANの仕組み

　GANの仕組みについて、Generator、Discriminatorそれぞれが学習する仕組みを中心に解説します。

10.2.1　Discriminatorの学習

　図10.4に、Discriminatrorで行われる処理の概要を示します。下がGeneratorが生成した偽物のデータを入力した際の処理で、上が本物の画像などのデータを

入力した際の処理になります。

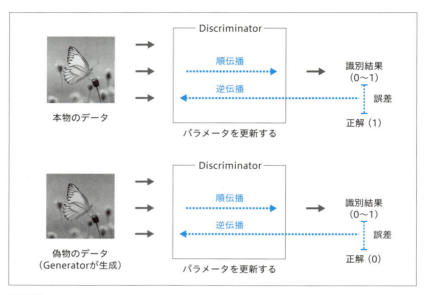

図10.4 Discriminatorの学習

　Discriminatorの出力層は、ニューロン数が1になります。そして、このニューロンではシグモイド関数が使われるので、出力の範囲は0から1になります。この0から1の範囲の出力が、Discriminatorの識別結果になります。入力が本物に近いと判断した場合は識別結果は1に近く、偽物に近いと判断した場合は0に近くなります。そして、本物のデータを入力する際は正解を1とし、Generatorが生成した偽物のデータを入力する際は、正解を0とします。これにより、バックプロパゲーションによる学習が可能になります。本物と偽物で異なる正解を使うことで、両者を見分けることができるようにDiscriminatorは学習することになります。

10.2.2 Generatorの学習

　次に、Generatorの学習について解説します。Generatorはランダムなノイズが入力で、画像などのデータが出力となります。Generatorを学習させる際は、図10.5 に示すようにGeneratorとDiscriminatorを接続します。

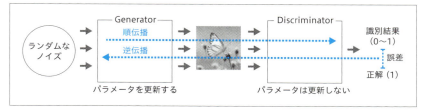

図10.5 Generatorの学習

　GeneratorはDiscriminatorに本物だと間違って判断させるように学習するので、この場合の正解は1になります。Generatorもバックプロパゲーションにより学習するのですが、Generatorを学習させる場合はDiscriminatorのパラメータは更新しません。Generatorのみパラメータを更新することになります。生成画像の識別結果が1、すなわち「本物」に近づくように、Generatorは学習していくことになります。

10-2-3 GANの評価関数

　GANの「評価関数」について解説します。評価関数は学習の進み具合を評価する関数です。理論上ですが、GANはこの評価関数を基準に学習を進めていくことになります。

　図10.6に示すのは、2014年におけるGANの元論文（『Generative Adversarial Networks』、URL https://arxiv.org/abs/1406.2661）に記載されたGANの評価関数に、解説を加えたものです。

$$\min_{G} \max_{D} V(D, G) = \mathbb{E}_{x \sim p_{data}(x)}[\log D(x)] + \mathbb{E}_{z \sim p_z(z)}[\log(1 - D(G(z)))]$$

- GはVを最小化する
- DはVを最大化する
- xが入力のときの期待値
- 識別結果
- ノイズが入力のときの期待値
- 生成結果

図10.6 GANの評価関数

　図10.6の式において、GはGenerator、DはDiscriminator、Vは評価関数、xは本物のデータ、zはノイズ、$\mathbb{E}$は期待値、pは確率分布を表します。

　まずは左辺を見ていきましょう。VはDとGの関数になります。$\min_{G}$はGがVを小さくするように学習することを意味し、$\max_{D}$はDがVを最大化するように学習することを意味します。

次に、右辺を見ていきましょう。右辺第1項は、本物のデータxが入力の際の、$\log D(x)$の期待値です。この項は、Discriminatorがxを本物と識別したときに大きくなります。

次に右辺第2項ですが、この項はノイズzが入力のときの期待値を表します。Gによる生成データをDに入れ、1からそれを引いたものの期待値を取ります。この項は、Generatorの生成データが本物と識別されたときに小さくなり、偽物と識別されたときに大きくなります。

以上のように、Discriminatorの識別結果は右辺第1項、第2項両者に影響し、Generatorの識別結果は右辺の第2項のみに影響します。GeneratorとDiscriminatorはそれぞれ逆の方向にVを動かそうとするのですが、学習がうまく進んでいるときはある均衡点でバランスが取られることになります。このような均衡は、ナッシュ均衡と呼ばれます。この後の節で、GANの学習が進むとともにナッシュ均衡が出現することを確かめてみましょう。

10.3 GANの実装

GANの実装を解説します。Discriminatorの学習に用いる本物の画像には、手書き数字画像のデータセットを使います。ノイズから画像が生成される過程を観察した上で、GeneratorとDiscriminatorが均衡することを確かめましょう。

10.3.1 訓練用データの用意

GANに用いる訓練用データを用意します。MNIST（手書き文字）のデータを読み込み、最初の画像を表示します。ここでは、各ピクセルの値はGeneratorの活性化関数に合わせて-1から1の範囲に収まるように調整します（**リスト10.1**）。

リスト10.1 訓練用データの用意

```python
import numpy as np
import matplotlib.pyplot as plt
from keras.datasets import mnist

(x_train, t_train), (x_test, t_test) = ➡
mnist.load_data()   # MNISTの読み込み
print(x_train.shape, x_test.shape)   ➡
# 28x28の手書き文字画像が6万枚

# 各ピクセルの値を-1から1の範囲に収める
x_train = x_train / 255 * 2 - 1
x_test = x_test / 255 * 2 - 1

# 手書き文字画像の表示
plt.imshow(x_train[0].reshape(28, 28), cmap="gray")
plt.title(t_train[0])
plt.show()

# 1次元に変換する
x_train = x_train.reshape(x_train.shape[0], -1)
x_test = x_test.reshape(x_test.shape[0], -1)
print(x_train.shape, x_test.shape)
```

```
Out    Downloading data from https://storage.googleapis.com/⮕
       tensorflow/tf-keras-datasets/mnist.npz
       11490434/11490434 [==============================] ⮕
       - 0s 0us/step
       (60000, 28, 28) (10000, 28, 28)
```

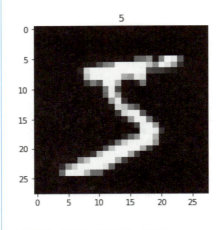

```
       (60000, 784) (10000, 784)
```

10-3-2 GANの各設定

GANに必要な各設定を行います。

ここではエポック数の代わりに「学習回数」を設定します。訓練用データを全て使い切るように学習するのではなく、訓練用データからその都度ランダムにミニバッチを取り出して学習します。ミニバッチを取り出して学習した回数が学習回数 `n_learn` です。このように設定することで、画像の生成過程を細かく観察することができます。

また、Generatorに入力するノイズの数もここで設定します。最適化アルゴリズムにはパラメータを調整したAdamを使用します（ リスト10.2 ）。

リスト10.2 GANの各設定

```
In

n_learn = 20001 # 学習回数
interval = 2000  # 画像を生成する間隔
batch_size = 32
n_noize = 128  # ノイズの数
img_size = 28  # 生成される画像の高さと幅
alpha = 0.2  # Leaky ReLUの負の領域での傾き


from tensorflow.keras.optimizers.legacy import Adam
from tensorflow.keras.utils import disable_interactive_➡
logging
disable_interactive_logging()
optimizer = Adam(0.0002, 0.5)
```

⑩-③-③ Generatorの構築

KerasによりGeneratorのモデルを構築します。中間層の活性化関数にはLeaky ReLUを使用します。Leaky ReLUは、ReLUが負の領域でも小さな傾きを持ったもので、以下の式で表されます。

$$y = \left\{ \begin{array}{ll} \alpha x & (x \leqq 0) \\ x & (x > 0) \end{array} \right.$$

αには通常0.01などの小さな値が使われます。

ReLUでは、出力が0になって学習が進まないニューロンが多数出現する、dying ReLUという現象が知られています。Leaky ReLUは、負の領域にわずかに傾きをつけることによって、このdying ReLUの問題を回避できると考えられています。GANではGeneratorで勾配が消失しやすく学習が停滞するので、αの値を大きめにしたLeaky ReLUがしばしば使われます。

また、出力層の活性化関数には、Discriminatorへの入力を-1から1の範囲にするためにtanhを使います。Generator単独で学習することはないので、この段階でコンパイルする必要はありません（**リスト10.3**）。

リスト10.3 Generatorの構築

In
```python
from tensorflow.keras.models import Sequential
from tensorflow.keras.layers import Dense, LeakyReLU


# Generatorのネットワーク構築
generator = Sequential()
generator.add(Dense(256, input_shape=(n_noize,)))
generator.add(LeakyReLU(alpha=alpha))
generator.add(Dense(512))
generator.add(LeakyReLU(alpha=alpha))
generator.add(Dense(1024))
generator.add(LeakyReLU(alpha=alpha))
generator.add(Dense(img_size**2, activation="tanh"))
```

⑩ ③ ④ Discriminatorの構築

KerasによりDiscriminatorのモデルを構築します。中間層の活性化関数にはGeneratorと同じくLeaky ReLUを使い、出力層の活性化関数には0から1の値で本物かどうかを識別するためにシグモイド関数を使います（**リスト10.4**）。

損失関数には、出力層のニューロン数が1つの分類問題でよく使われる、二値の交差エントロピーを使用します。

- tf.keras.losses.binary_crossentropy
  URL https://www.tensorflow.org/api_docs/python/tf/keras/losses/binary_crossentropy

Discriminatorは単独で学習を行うので、コンパイルを行う必要があります。

リスト10.4 Discriminatorの構築

In
```python
# Discriminatorのネットワーク構築
discriminator = Sequential()
discriminator.add(Dense(512, ➡
input_shape=(img_size**2,)))
```

```
discriminator.add(LeakyReLU(alpha=alpha))
discriminator.add(Dense(256))
discriminator.add(LeakyReLU(alpha=alpha))
discriminator.add(Dense(1, activation="sigmoid"))
discriminator.compile(loss="binary_crossentropy", ➡
optimizer=optimizer, metrics=["accuracy"])
```

⑩-③-⑤ モデルの結合

GeneratorとDiscriminatorを結合したモデルを作ります（**リスト10.5**）。

ノイズからGeneratorにより画像を生成し、Discriminatorによりそれが本物の画像かどうか判定するように結合を行います。結合モデルではGeneratorのみ訓練するので、Discriminatorは訓練しないように設定します。

リスト10.5 GeneratorとDiscriminatorを結合する

```
from tensorflow.keras.models import Model
from tensorflow.keras.layers import Input

# 結合時はGeneratorのみ訓練する
discriminator.trainable = False

# Generatorによってノイズから生成された画像を、Discriminatorが➡
判定する
noise = Input(shape=(n_noize,))
img = generator(noise)
reality = discriminator(img)

# GeneratorとDiscriminatorの結合
combined = Model(noise, reality)
combined.compile(loss='binary_crossentropy', ➡
optimizer=optimizer)
```

⑩-③-⑥ 画像を生成する関数

Generatorを使ってノイズから画像を生成し、表示するための関数を定義します（**リスト10.6**）。

訓練済みのGeneratorにノイズを入力することで、画像が生成されます。画像は5×5枚生成されますが、並べて1枚の画像にした上で表示されます。

リスト10.6 画像を生成する関数

```
def generate_images(i):
    n_rows = 5   # 行数
    n_cols = 5   # 列数
    noise = np.random.normal(0, 1, (n_rows*n_cols, ➡
n_noize))
    g_imgs = generator.predict(noise)
    g_imgs = g_imgs/2 + 0.5   # 0-1の範囲にする

    matrix_image = np.zeros((img_size*n_rows, ➡
img_size*n_cols))   # 全体の画像

    #   生成された画像を並べて1枚の画像にする
    for r in range(n_rows):
        for c in range(n_cols):
            g_img = g_imgs[r*n_cols + c].reshape➡
(img_size, img_size)
            matrix_image[r*img_size : ➡
(r+1)*img_size, c*img_size: (c+1)*img_size] = g_img

    plt.figure(figsize=(10, 10))
    plt.imshow(matrix_image, cmap="Greys_r")
    plt.tick_params(labelbottom=False, labelleft=➡
False, bottom=False, left=False)   # 軸目盛りのラベルと線を消す
    plt.show()
```

10 3 7 学習

構築したGANのモデルを使って、学習を行います（ リスト10.7 ）。

Generatorが生成した画像には正解ラベル0、本物の画像には正解ラベル1を与えてDiscriminatorを訓練します。その後に、結合したモデルを使ってGeneratorを訓練しますが、この場合の正解ラベルは1になります。これらの訓練を繰り返すことで、本物と見分けがつかない手書き文字画像が生成されるようになります。学習には時間がかかりますので、なるべくGPU（T4 GPU）を使いましょう。

リスト10.7 GANの学習

```
batch_half = batch_size // 2

loss_record = np.zeros((n_learn, 3))
acc_record = np.zeros((n_learn, 2))

for i in range(n_learn):

    # ノイズから画像を生成しDiscriminatorを訓練
    g_noise = np.random.normal(0, 1, (batch_half, ➡
n_noize))
    g_imgs = generator.predict(g_noise)
    loss_fake, acc_fake = discriminator.train_on_batch➡
(g_imgs, np.zeros((batch_half, 1)))
    loss_record[i][0] = loss_fake
    acc_record[i][0] = acc_fake

    # 本物の画像を使ってDiscriminatorを訓練
    rand_ids = np.random.randint(len(x_train), size=➡
batch_half)
    real_imgs = x_train[rand_ids, :]
    loss_real, acc_real = discriminator.train_on_batch➡
(real_imgs, np.ones((batch_half, 1)))
    loss_record[i][1] = loss_real
    acc_record[i][1] = acc_real
```

```python
        # 結合したモデルによりGeneratorを訓練
        c_noise = np.random.normal(0, 1, (batch_size, ➡
n_noize))
        loss_comb = combined.train_on_batch(c_noise, ➡
np.ones((batch_size, 1)))
        loss_record[i][2] = loss_comb

        # 一定間隔で生成された画像を表示
        if i % interval == 0:
            print ("n_learn:", i)
            print ("loss_fake:", loss_fake, "acc_fake:", ➡
acc_fake)
            print ("loss_real:", loss_real, "acc_real:", ➡
acc_real)
            print ("loss_comb:", loss_comb)

            generate_images(i)
```

Out

```
n_learn: 0
loss_fake: 0.7161139845848083 acc_fake: 0.3125
loss_real: 0.46457451581954956 acc_real: 0.875
loss_comb: 0.8438631892204285
```

```
n_learn: 2000
loss_fake: 0.5709844827651978 acc_fake: 0.6875
loss_real: 0.4437069594860077 acc_real: 0.75
loss_comb: 0.8514281511306763
```

```
n_learn: 4000
loss_fake: 0.7212642431259155 acc_fake: 0.4375
loss_real: 0.8378971219062805 acc_real: 0.3125
loss_comb: 0.8076084852218628
```

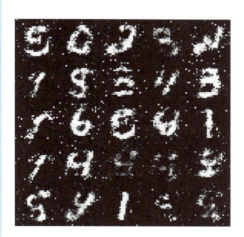

```
n_learn: 6000
loss_fake: 0.6273318529129028 acc_fake: 0.6875
loss_real: 0.49638453125953674 acc_real: 0.75
loss_comb: 0.7719712257385254
```

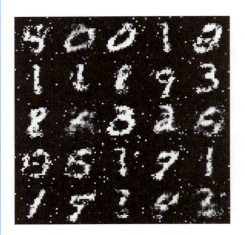

```
n_learn: 8000
loss_fake: 0.635349452495575 acc_fake: 0.625
loss_real: 0.5356214642524719 acc_real: 0.875
loss_comb: 0.7543181777000427
```

n_learn: 10000
loss_fake: 0.7019338607788086 acc_fake: 0.625
loss_real: 0.7776753306388855 acc_real: 0.3125
loss_comb: 0.8780977725982666

n_learn: 12000
loss_fake: 0.6612582206726074 acc_fake: 0.5625
loss_real: 0.5250027179718018 acc_real: 0.6875
loss_comb: 0.8984686136245728

```
n_learn: 14000
loss_fake: 0.593519926071167 acc_fake: 0.6875
loss_real: 0.6713320016860962 acc_real: 0.5625
loss_comb: 0.8154417276382446
```

```
n_learn: 16000
loss_fake: 0.6598191261291504 acc_fake: 0.5
loss_real: 0.6629652380943298 acc_real: 0.5
loss_comb: 0.9043620228767395
```

```
n_learn: 18000
loss_fake: 0.6666443347930908 acc_fake: 0.625
loss_real: 0.6281918287277222 acc_real: 0.625
loss_comb: 0.7666905522346497
```

```
n_learn: 20000
loss_fake: 0.678809404373169 acc_fake: 0.5
loss_real: 0.5934522747993469 acc_real: 0.6875
loss_comb: 0.809605598449707
```

学習が進むにつれて、次第に明瞭な手書き数字画像が形作られていきます。
GeneratorはDiscriminatorをうまくだませるように、DiscriminatorはGenerator
にだまされないように、互いに切磋琢磨した結果、本物の手書き文字画像に近い
画像が生成されるようになりました。

なお、学習がうまく進まない場合もあるので、そのような場合は学習を最初か
らやり直してみましょう。

10-3-8 誤差と精度の推移

学習中における、誤差と精度（正解率）の推移を確認します。Discriminator
に本物画像を鑑定させた際の誤差の推移と、偽物画像を鑑定させた際の誤差の推
移をグラフに表示します（リスト10.8）。また、精度の推移も表示します。

リスト10.8 誤差と精度の推移

```
# 誤差の推移
n_plt_loss = 1000  # 誤差の表示範囲
plt.plot(np.arange(n_plt_loss), loss_record➡
[:n_plt_loss, 0], label="loss_fake")
plt.plot(np.arange(n_plt_loss), loss_record➡
[:n_plt_loss, 1], label="loss_real")
plt.plot(np.arange(n_plt_loss), loss_record➡
[:n_plt_loss, 2], label="loss_comb")
plt.legend()
plt.title("Loss")
plt.show()

# 精度の推移
n_plt_acc = 1000  # 精度の表示範囲
plt.plot(np.arange(n_plt_acc), acc_record➡
[:n_plt_acc, 0], label="acc_fake")
plt.plot(np.arange(n_plt_acc), acc_record➡
[:n_plt_acc, 1], label="acc_real")
plt.legend()
plt.title("Accuracy")
plt.show()
```

Out

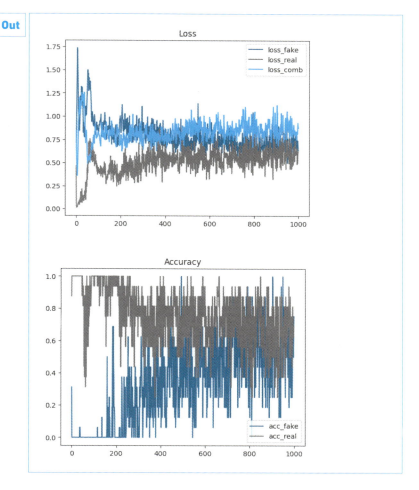

　最初、誤差は大きく変動しますが、ある程度時間が経過するとほぼ動かなくなります。

　偽物画像を入力した場合、Generatorは誤差を上げようとして、Discriminatorは下げようとするので、一種の均衡が生じています。また、本物画像を入力した場合、Generatorは真贋の判定を妨げるように学習するので誤差を上げようとして、Discriminatorはこれを下げようとするので、こちらでも均衡が生じます。

　正解率について、Generatorが完璧であれば正解率は0.5になり、Discriminatorが完璧であれば正解率は1.0になるはずです。学習が進むと、正解率は偽物、本物ともに概ね0.5から1.0の範囲に収まるようになるので、GeneratorとDiscriminatorの均衡がこちらでも観察されます。

GeneratorとDiscriminatorが競合するように学習し、その結果生じた均衡の中で、少しずつ本物らしい画像が形作られています。

　なお、乱数の値によっては両者がうまく均衡できない場合もあります。

10.4　さらにGANを学びたい方のために

GANについてさらに学びたい方のために、参考文献をいくつか紹介します。

10 4 1 理論的背景

　GANの理論的背景について、さらに詳しく知りたい方にお薦めの文献です。

　『Generative Adversarial Networks』というタイトルの、Goodfellowらによって書かれたGANのオリジナルの論文です。GANの元の考え方を学びたい方にお薦めします。

- 『Generative Adversarial Networks』
  URL https://arxiv.org/abs/1406.2661

　『Unsupervised Representation Learning with Deep Convolutional Generative Adversarial Networks』というタイトルの、DCGANを提案している論文です。DCGANのベースとなる考え方を詳しく学びたい方にお薦めです。

- 『Unsupervised Representation Learning with Deep Convolutional Generative Adversarial Networks』
  URL https://arxiv.org/abs/1511.06434

10 4 2 GANの発展技術

　GANの発展技術を知りたい方にお薦めの文献です。

　通常のGANでは、ランダムなサンプリングを行っているため生成されるデータの種類を制御するのが難しいのですが、『Conditional GAN』（2014）は、学習時にラベルを与えることで種類を指定したデータの生成を可能にします。

- 『Conditional Generative Adversarial Nets』
  URL https://arxiv.org/abs/1411.1784

「pix2pix」（2016）は、言語翻訳のように、画像のある特徴を、別の特徴へ変換します。この場合、Generatorはある画像を入力とし、出力は特徴が変換された画像となります。pix2pixでは、ペアの画像から画像間の関係を学習します。そして、学習済みのモデルは、学習済みの2つの画像間の関係を考慮して、画像から画像への翻訳を行います。pix2pixにより、白黒写真からカラー写真を生成したり、線画から写真を生成したりすることが可能になります。

- 『Image-to-Image Translation with Conditional Adversarial Networks』
  URL https://arxiv.org/abs/1611.07004

『Cycle GAN』（2017）は、pix2pixのように画像のペアを使うのではなく、画像群のペアを使って学習するのが特徴です。実はpix2pixにおいて輪郭が一致した画像のペアを大量に用意するのは結構大変なのですが、対応する画像同士がペアになっていなくてもいいのはCycle GANの大きなメリットです。

Cycle GANでは、例えば、写真をモネ風の絵画に変換したり、夏の景色を冬の景色に変換することも可能になります。このように非常に柔軟な学習が可能なため、今後の発展や応用が期待されている技術です。

- 『Unpaired Image-to-Image Translation using Cycle-Consistent Adversarial Networks』
  URL https://arxiv.org/abs/1703.10593

GANの技術は日々発展を続けており、AIの新たな可能性を示してくれています。

10・4・3 GANを使ったサービス

これまでに、様々なGANを使ったサービスが公開されています。ここでは、それらの中でも特に興味深い2つを紹介します。

「This person does not exist」は、GANの派生技術「StyleGAN2」を利用した顔画像を生成するサイトです。極めて解像度の高い、架空の人物の顔画像がページを更新する度に生成されます。

- This Person Does Not Exist
  URL https://thispersondoesnotexist.com/

「Petalica Paint」は、日本のPreffered Networks社が提供する線画の着色を行うサービスです。GANを利用することで、人物の顔などの線画に一瞬で色をつけることができます。

- Petalica Paint
  URL https://petalica-paint.pixiv.dev/

10-4-4 PyTorchによる実装

著者のUdemyコース「AIによる画像生成を学ぼう！【VAE、GAN】-Google ColabとPyTorchで基礎から学ぶ生成モデル-」では、GANのPyTorchによる実装を解説しています。KerasではなくPyTorchでGANを学びたい方、動画でGANを学びたい方にお薦めです。

- AIによる画像生成を学ぼう！【VAE/GAN】-Google ColabとPyTorchで基礎から学ぶ生成モデル-
  URL https://www.udemy.com/course/image_generation/

10-4-5 フレームワークを使わない実装

著者による著作『はじめてのディープラーニング2 Pythonで実装する再帰型ニューラルネットワーク, VAE, GAN』（SBクリエイティブ）では、Kerasなどのフレームワークを使わないGANの実装方法を解説しています。Kerasではあまり意識する必要のない、GANにおけるバックプロパゲーションの仕組みと実装について、詳しく知りたい方にお薦めです。

- 『はじめてのディープラーニング2 Pythonで実装する再帰型ニューラルネットワーク, VAE, GAN』（SBクリエイティブ）
  URL https://www.sbcr.jp/product/4815605582/

10.5 演習

GANにバッチ正規化を導入しましょう。Generatorの中間層におけるデータのばらつきを抑えることで、GANの結果にどのような影響が及ぶのかを確認してみましょう。

10.5.1 バッチ正規化の導入

「バッチ正規化」では、ニューラルネットワークの途中でバッチごとに平均値を0、標準偏差を1にします。これにより、中間層でデータが散らばることを防ぎ、学習を効率化します。

バッチ正規化は以下の式で表されます。

$$Y = \gamma \frac{X - \mu}{\sigma} + \beta$$

μがバッチ内の平均値、σがバッチ内の標準偏差、XとYがバッチ正規化層の入出力、γとβは重みやバイアスのような学習するパラメータです。

GANは通常のニューラルネットワークと比較して学習方法が複雑なため、学習が不安定になりがちです。そのため、バッチ正規化による中間層の安定化がよく試みられます。

Kerasでは、バッチ正規化を**BatchNormalization**クラスにより層として簡単に追加することができます。以下は**BatchNormalization**クラスの使用例です。

```
model = Sequential()
...
model.add(BatchNormalization())
...
```

- tf.keras.layers.BatchNormalization

  URL https://www.tensorflow.org/api_docs/python/tf/keras/layers/BatchNormalization

上記のバッチ正規化を**10.3**節のコードのGeneratorに導入し、GANの結果を

確認してみましょう。バッチ正規化層は、中間層の活性化関数の前後によく挿入されます。

10.6 解答例

リスト10.9 は解答例です。この例では、中間層の活性化関数の直後にバッチ正規化を**BatchNormalization**クラスにより導入しています。

リスト10.9 解答例

```python
from tensorflow.keras.models import Sequential
from tensorflow.keras.layers import Dense, LeakyReLU, ➡
BatchNormalization

# Generatorのネットワーク構築
generator = Sequential()
generator.add(Dense(256, input_shape=(n_noize,)))
generator.add(LeakyReLU(alpha=alpha))
generator.add(BatchNormalization())
generator.add(Dense(512))
generator.add(LeakyReLU(alpha=alpha))
generator.add(BatchNormalization())
generator.add(Dense(1024))
generator.add(LeakyReLU(alpha=alpha))
generator.add(BatchNormalization())
generator.add(Dense(img_size**2, activation="tanh"))
```

10.7 Chapter10のまとめ

このチャプターでは、生成モデルの一種であるGANについて解説しました。

GANではGenerator、Discriminatorが競い合うように学習するのですが、それぞれの学習方法を解説し、Kerasによる実装を行いました。

GANを構築して訓練した結果、Generatorの学習の進行とともに次第に明瞭になる生成画像が確認されました。また、学習中にGeneratorとDiscriminatorの間で、一種のナッシュ均衡が観察されました。GeneratorはDiscriminatorをだまそうと、DiscriminatorはGeneratorが生成した偽画像を判別しようと学習していったのですが、ある種の人間らしさを感じられるのも興味深い点です。

GANは応用範囲が広く、様々なデータの生成を可能にします。VAEと同じように、AIの可能性を大きく広げていくのではないでしょうか。

近年、生成モデルの分野ではVAEやGAN以外にも新しいアプローチが登場しています。その中でも「拡散モデル」と呼ばれる手法が画像生成タスクで優れた性能を示し、注目を集めています。拡散モデルは、ノイズを段階的に除去していくことで高品質画像を生成する新しいパラダイムを提供しています。

本書では拡散モデルの詳細な解説は行いませんが、VAEやGANの概念を理解することは、より高度な生成モデルを学ぶ上で重要な基礎となります。AIの可能性は日々拡大しており、VAEや拡散モデルなどの技術はその一翼を担っています。興味のある読者は、これらの最新技術についても調べてみることをお勧めします。

Chapter
11
強化学習

　このチャプターでは、強化学習及びこれをディープラーニングと組み合わせた深層強化学習の原理と実装について解説します。強化学習では報酬を最大化するようにエージェントの行動が最適化されますが、教師データがなくてもエージェントが自発的に様々な行動パターンを獲得します。

　本チャプターには以下の内容が含まれます。

- 強化学習の概要
- 強化学習のアルゴリズム
- 深層強化学習の概要
- Cart Pole 問題
- 深層強化学習の実装
- 月面着陸船の制御（概要と実装）
- 演習

　まずは、強化学習の概要とアルゴリズムについて解説します。強化学習では、エージェントの状態と行動の組み合わせに価値を設定し、その価値を調整することで学習が行われます。次に、強化学習とディープラーニングを組み合わせた深層強化学習について概要を解説します。ディープラーニングを使うことで、エージェントが置かれた状態から取るべき行動を効率よく決めることができるようになります。

　次に、強化学習が扱うことのできる古典的な課題の、Cart Pole 問題について解説します。その上で、Keras を使って簡単な深層強化学習を実装し、強化学習用ライブラリを使って月面着陸船の制御を行います。そして、最後にこのチャプターの演習を行います。

　チャプターの内容は以上になりますが、本チャプターを通して学ぶことで強化学習の仕組みを理解し、自分で実装ができるようになります。それでは、本チャプターをぜひお楽しみください。

11.1 強化学習の概要

強化学習では、得られる報酬を最大化するように学習することで、AIが最適な行動を選択するようになります。本節では、強化学習の概要について、全体像を掴めるように解説をしていきます。

11.1.1 人工知能（AI）、機械学習、強化学習

まずは、人工知能と機械学習、そして強化学習について概念を整理したいと思います（図11.1）。

この中で一番広い概念は人工知能です。そして、この人工知能は機械学習を含みます。さらに、機械学習は、しばしば「教師あり学習」「教師なし学習」「強化学習」に分類されます。このように、強化学習は機械学習の一分野としてよく扱われます。

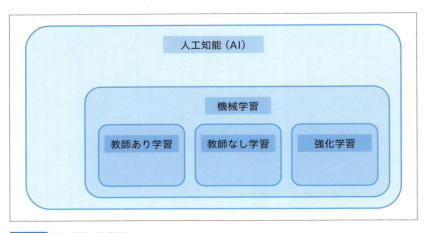

図11.1 強化学習の位置付け

ちなみに、ディープラーニングは教師あり学習に分類されることが多いですが、教師を必要としないVAEなどのディープラーニング技術もありますし、強化学習とディープラーニングを組み合わせた深層強化学習もあります。

11-1-2 強化学習とは？

　強化学習の概要ですが、強化学習は機械学習の一種であり、「環境において最も報酬が得られやすい行動」を「エージェント」が学習します。すなわち、エージェントが行動した結果、環境から報酬が得られると、エージェントはその報酬がより多くゲットできるように行動のルールを改善していくことになります。このような強化学習のイメージを、図11.2 に示します。

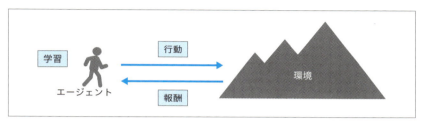

図11.2 強化学習のイメージ

　ここで、強化学習の応用例をいくつか挙げます。
　一番有名なのは、ゲームの攻略法なのではないでしょうか。囲碁チャンピオンに勝利したAlphaGoのAIは深層強化学習がベースであり、深層強化学習がブロック崩しやスペースインベーダー、ルービックキューブなどのゲームを攻略した例があります。また、ロボットの制御においても強化学習は活用されています。二足歩行ロボットの歩行や、産業用ロボットの動作制御などで、強化学習は有効に働きます。データセンターの電力削減に使われた例も報告されています。気候やサーバーの稼働状況に合わせて、空調を最適化するために、深層強化学習が活用されました。他にも、ビルの地震対策や広告の最適化など、様々な分野で強化学習は活用され始めています。

11.1.3 強化学習に必要な概念

ここで、強化学習に必要な概念を解説します。例として、以下に示すような迷路の攻略を考えましょう（図11.3）。

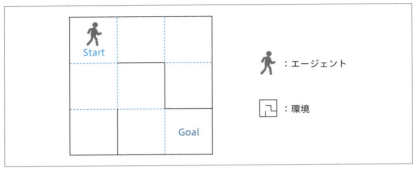

図11.3 強化学習による迷路の攻略

この迷路自体が環境で、この人型のアイコンがエージェントです。エージェントは隣り合うマス目に移動できますが、壁を抜けることはできません。この迷路で、エージェントがゴールまで最短でたどり着くために必要な強化学習のアルゴリズムを考えます。

このために必要な概念は、以下の4つです。

- 行動（action）
- 状態（state）
- 報酬（reward）
- 方策（policy）

以降、それぞれについて解説します。

1. 行動（action）

「行動」とは、エージェントが環境に働きかけることです。先程の迷路の例で言えば、エージェントが迷路内を移動することが行動にあたります。迷路内でエージェントが移動する方向には上下左右が考えられますが、エージェントはこの中から1つの行動を選択することになります（図11.4）。

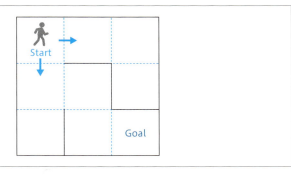

図11.4 行動（action）の例

2. 状態（state）

「状態」とは、エージェントが環境において、置かれた状態のことです。今回の迷路の例では、エージェントの位置が状態になります。この迷路の例では 図11.5 のようにS1からS9までの9通りの状態が存在することになります。

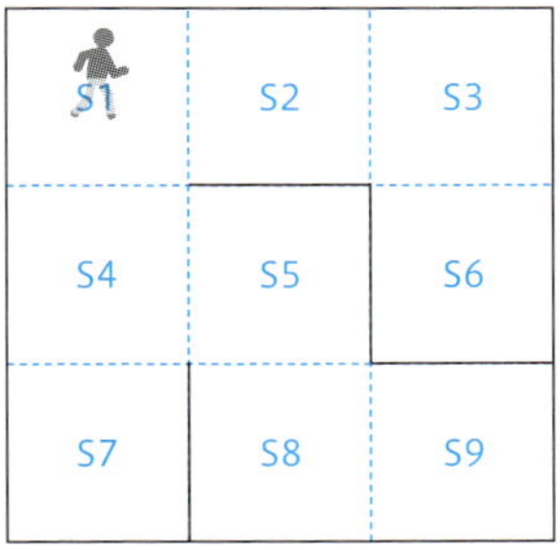

図11.5 状態（state）の例

このような状態ですが、行動によって変化します。エージェントの移動という行動により、エージェントの位置、すなわち状態が変化することになります。

3. 報酬（reward）

「報酬」とは、エージェントが受け取る報酬です。この迷路の例で言えば、図11.6 のようにエージェントがゴールに到達すれば+1の報酬、エージェントが罠に到達すれば-1の報酬、のような報酬の設定を考えることができます。

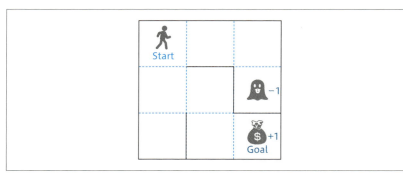

図11.6 報酬（reward）の例

　この報酬を元に、エージェントは最適な行動を学習していきます。

4. 方策（policy）

　「方策」とは、状態を踏まえ、エージェントがどのように行動するのかを定めたルールのことです。エージェントは、現在の状態から考えて将来的に最も報酬が得られやすい行動は何かを、方策に従い決定することになります（ 図11.7 ）。

　強化学習では、この方策をコードで実装することになります。

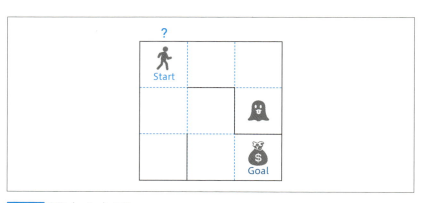

図11.7 方策（policy）の例

　以上の、行動、状態、報酬、方策の4つの要素を把握しておけば、強化学習が理解しやすくなります。

11.2 強化学習のアルゴリズム

強化学習の代表的なアルゴリズム、Q学習とSARSAについて解説します。

11.2.1 Q学習

「Q学習」は、強化学習の一種で、各状態と行動の組み合わせにQ値を設定します（図11.8）。Q学習においてエージェントは最もQ値の高い行動を選択することになります。Q学習では、「Q-Table」というものを設定します（図11.9）。Q-Tableとは、各状態を行とし、各行動を列とした表です。

以下の迷路の問題を考えます。迷路におけるエージェントの位置を状態とし、S1からS9で表します。

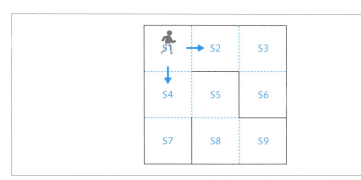

図11.8 エージェントの状態

そして、このときのQ-Tableは図11.9のようになります。

	↑	↓	←	→
S1	-	0.78	-	-0.21
S2	-	-	0.51	0.05
S3	-	-0.89	0.34	-
...	...	...	...	...

図11.9 Q-Table

例えばエージェントが左上のS1の状態にあるとき、取りうる行動は、下への移動と右への移動の2通りです。このとき、S1と下、S1と右の組み合わせそれぞれにQ値を設定します。この場合は下へ移動するQ値が、右に移動するQ値より大きいので、エージェントは下に移動する傾向が大きくなります。

同様に、エージェントがS2の状態にあるとき、取りうる行動は、左への移動と右への移動です。従って、S2と左、S2と右の組み合わせにそれぞれQ値を設定します。この場合は左へ移動するQ値が、右に移動するQ値より大きいので、エージェントは左に移動する傾向が大きくなります。

このようにして全ての状態と行動の組み合わせにQ値を設定しますが、このようなQ-Tableの各値を最適化するように学習が行われることになります。

⑪-②-② Q値の更新

Q値の更新について解説します。Q値は、エージェントが行動し、状態が変化する際に更新されます。これにより、学習が進むことになります。

迷路の例ではゴールで正の報酬、罠で負の報酬がもらえますが、これらの報酬が伝播することにより各Q値が変化します。

以下は、Q学習におけるQ値の更新式です。

$$Q(s_t, a_t) \leftarrow Q(s_t, a_t) + \eta \left(R_{t+1} + \gamma \max_a Q(s_{t+1}, a) - Q(s_t, a_t) \right)$$

この式で、添字のtは時刻を表します。$t+1$は次の時刻です。a_tは時刻tにおける行動、s_tは時刻tにおける状態、$Q(s_t, a_t)$はQ値、ηは学習係数、R_{t+1}は時刻$t+1$で得られる報酬、γは割引率と呼ばれる定数です。矢印はQ値の更新を表します。

行動の結果得られた報酬と、次の状態で最大のQ値に割引率をかけた値から、現在のQ値を差し引きます。次の状態で取りうる行動は複数ありますが、この中からQ値が最大となる行動のQ値を選択していることになります。次の時刻で実際に選択する行動のQ値ではないことに注意です。報酬は、迷路の例でいうとゴールと罠の箇所でしか得られません。

次の状態で最大のQ値には、割引率という値をかけて価値を差し引きます。これは、1つ先の時刻のQ値よりも、現在のQ値を低く設定するためです。こここの値は、あるべき理想のQ値と現在のQ値のギャップなのですが、これに0.1などの小さい学習係数をかけてQ値の更新量とします。学習係数が小さいので、Q値は少しずつ更新されていくことになります。

以上のように、エージェントが行動することでQ値は更新されていきます。エージェントはQ値が高い行動を選択する傾向が大きいのですが、Q値がうまく更新され続けるとエージェントは次第に最適な行動を取るようになります。

11-2-3 SARSA

次に、SARSAの式を見ていきます。SARSAはQ学習に似ていますが、次の時刻の状態における最大のQ値ではなく、次の時刻で実際に選択された行動のQ値を使用します。方策によっては必ずしもQ値が最大の行動が選択されるとは限らないので、SARSAはQ学習と比べてより実際の行動に基づいたアルゴリズムになります。

以下は、SARSAにおけるQ値の更新式です。

$$Q(s_t, a_t) \leftarrow Q(s_t, a_t) + \eta \left(R_{t+1} + \gamma Q(s_{t+1}, a_{t+1}) - Q(s_t, a_t) \right)$$

このように、Q学習は次の時刻の最大のQ値を、SARSAは次の時刻で実際に選択されたQ値を使用することになります。

11-2-4 ε-greedy法

「探索と活用のトレードオフ」は、探索にかける時間と、活用する時間をどう割り振るかによって起きるトレードオフです。

強化学習において、「探索」ではランダムな行動を選択します。通常、学習初期はこの探索が中心になります。「活用」では学習結果を活用し最適な行動を選択します。通常、学習が進むにつれてこの活用に移行していくことになります。

強化学習における探索と活用のトレードオフの問題を解決するための具体的なアルゴリズムとして、「ε-greedy法」がよく使われます。ε-greedy法では、確率εでランダムな行動を取るようにして、確率$1-\varepsilon$でQ値が最大の行動を取るようにします。そして、このεを学習を重ねるごとに減少させます。これにより、学習の初期ではランダムな探索が多く行われますが、次第にQ値に従い行動が決定されるようになります。

あえてランダムな行動を混ぜることは、探索範囲が狭い領域に囚われてしまうことを防ぐのにとても有効です。ランダムな行動を混ぜることで、学習が局所的な最適解に陥ることを防ぎます。

11.3 深層強化学習の概要

深層強化学習の概要について解説します。強化学習は、ニューラルネットワークを組み合わせることでより有効に機能するようになります。

11-3-1 Q-Tableの問題点と深層強化学習

まずは、前節で解説したQ-Tableの問題点を説明します。Q-Tableは扱う状態の数が多いと巨大になり、学習がうまく進まなくなってしまいます。

例えば、図11.10のQ-Tableは、マス目が100×100で10000個ある迷路のものです。この場合、状態の数は10000になり、Q-Tabelの行数は10000になります。このような巨大なQ-TableでうまくReward（報酬）を伝播させてQ値を最適化するのは困難なので、Q-Tableを使ったQ学習には限界があることになります。

	↑	↓	←	→
S1	-	0.78	-	-0.21
S2	-	-	0.51	0.05
...	...	...	...	...
S10000	-	-0.89	0.34	-

図11.10 巨大なQ-Table

このような問題に対処するために生まれたのが、「深層強化学習」です。深層強化学習は、強化学習に、深層学習、すなわちディープラーニングを取り入れたものです。Deep Q-Networkはこのような深層強化学習の一種ですが、Q学習におけるQ-Tableの代わりに、ニューラルネットワークを使用します。

11-3-2 Deep Q-Network（DQN）

それでは、Deep Q-Networkの例を見ていきましょう（図11.11）。ここでは、Deep Q-Networkによる、ゲームの自動プレイの例を考えます。

状態S_tは、プレイヤーの位置、プレイヤーの速度、敵キャラの位置、敵キャラの速度で決まるものとします。これらをニューラルネットワークの各入力としますが、各出力は各行動に対応したQ値となります。すなわち、ニューラルネット

ワークが状態から各Q値を計算することになります。

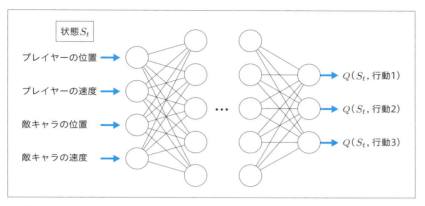

図11.11 Deep Q-Networkの例

なお、Q-Tableでは行が状態を表しましたが、Deep Q-Networkでは連続値で状態を表現することができます。

11-3-3 Deep Q-Networkの学習

Deep Q-Networkでは、ニューラルネットワークが学習を担います。Q値から誤差を計算し、その誤差を逆伝播させることによりニューラルネットワークに学習を行わせます。この際の誤差には、Q値の更新量を求める際に使った式の一部を使います。以下はDeep Q-Networkで使用される誤差の例です。

$$\frac{1}{2}\left(R_{t+1} + \gamma \max_{a} Q(s_{t+1}, a) - Q(s_t, a_t)\right)^2$$

報酬と次の状態におけるQ値の最大値に割引率をかけたものを足します。そして、これから現在のQ値を引いて、Q値のあるべき値からのずれとします。これを2乗して誤差とし、バックプロパゲーションにより学習が行われます。

以上のように、深層強化学習はディープラーニングと強化学習を組み合わせたものとなっています。

11.4 Cart Pole問題

強化学習の古典的な問題、Cart Pole問題について解説します。強化学習がどのように機能するのか、その例を見ていきましょう。

11.4.1 Cart Pole問題とは？

Cart Pole問題では、図11.12 に示すようにPoleが乗ったCartを左右に移動させて上に乗ったPoleが倒れないようにします。

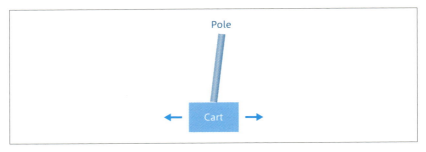

図11.12 Cart Pole問題

強化学習でこの問題を扱う場合、状態はCartの位置、Cartの速度、Poleの角度、Poleの角速度で決まります。また、行動はCartを左に動かす、Cartを右に動かすの2通りのみです。このように、Cart Pole問題では4つの状態と2つの行動を扱います。

Cart Pole問題は現実世界のロボットで実装されることもありますが、コンピュータ上のシミュレーションで実装されることも多いです。図11.13 は、Cart Pole問題で与えられる報酬の例になります。

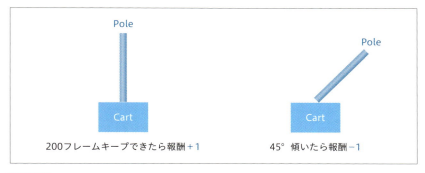

図11.13 Cart Pole 問題における報酬の例

　この例では、Poleが45°以上傾かない状態を200フレームキープできたら成功とし、+1の報酬が与えられます。また、Poleが45°傾いたら失敗とし、-1の報酬が与えられます。

　このように報酬を設定することで、エージェントは次第に報酬を最大化するように、すなわちPoleを立てるように行動するようになります。

11.4.2 Q-Tableの設定

　それでは、Q学習でCart Pole問題を扱う場合の、Q-Tableの設定について解説します。Cart Pole問題はCartの位置と速度がなくても実装できるので、簡単にするためにPoleの角度と角速度のみから状態を決める例を見ていきます。

　Poleの角度と角速度の値を、それぞれ12の領域に分けます。この結果、状態の数は12×12で144通りになります。図11.14にQ-Tableの例を示しますが、状態を表す行の数が144、行動を表す列の数は左に移動と右に移動で2になります。

	←	→
S1	0.43	-0.21
S2	0.51	0.05
…	…	…
S144	0.34	-0.47

図11.14 Cart Pole 問題におけるQ-Tableの例

この場合、144×2 = 288のマス目にQ値が設定されることになります。それぞれのQ値が、報酬を最大化するように調整されていくことになります。

11-4-3 ニューラルネットワークの設定

次に、Deep Q-Network、すなわちDQNでCart Pole問題を扱う場合のネットワークの構成について解説します。図11.15は、DQNのネットワークの構成例です。

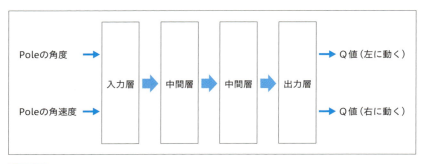

図11.15 Cart Pole問題を扱うDQNの構成例

この場合、入力層、中間層が2つ、出力層の4層構造になります。入力には、状態としてPoleの角度とPoleの角速度の2つがあり、出力には左に動く行動のQ値と、右に動く行動のQ値があります。

このように、DQNで使用するネットワークはQ-Tableをニューラルネットワークに置き換えたものになります。

11-4-4 デモ：Cart Pole問題

それでは、Cart Pole問題のデモを見ていきましょう。以下のリンク先は、DQNでCart Pole問題を扱った動画になります。iOSのアプリとしてCart Pole問題を実装した例になります。

- Cart Pole問題（DQN）
  URL https://youtu.be/gLi2kRYZAf8

なお、Q-Tableを使ったQ学習の場合も同じような結果になります。図11.16は、動画の一部を抜粋した画像です。

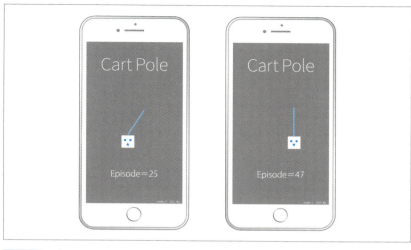

図11.16 アプリとしてCart Pole問題を実装（左：失敗例　右：成功例）

　このロボットに感情移入できるように、成功したときは笑顔、失敗したときは悲しい顔になるようにしています。各フレームごとに、状態に基づき左右どちらかに小さく移動しています。最初は失敗ばかりしていますが、このとき、負の報酬に基づき学習することで、次第に失敗につながる行動を繰り返さないようになります。やがて、ニューラルネットワークが学習することで安定してPoleを立てることができるようになります。ロボットが失敗を繰り返してもめげずに練習し、やがて成功する姿を見ると思わず感情移入してしまいますね。

11.5　深層強化学習の実装

　シンプルなDeep Q-Network（DQN）を実装します。わかりやすくするために、一般的に使われるDQNを大幅に簡略化しています。
　ここでは、DQNにより重力下で飛行する物体の制御を行います。

11.5.1　エージェントの飛行

　図11.17に、ここで扱う問題を示します。エージェントが右端までたどり着くことができれば成功で、右端にたどり着く前に上端、下端に触れてしまうと失敗です。

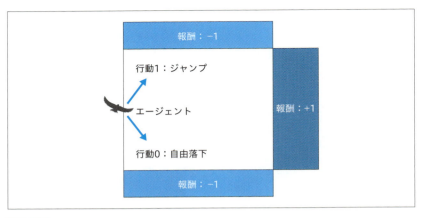

図11.17 エージェントの飛行

エージェントの飛行には以下のルールを設定します。

- エージェントの初期位置は、左端中央
- エージェントが右端に達した際は報酬として+1を与え、終了
- エージェントが上端もしくは下端に達した際は報酬として-1を与え、終了
- 水平軸方向には等速度で移動
- 行動は自由落下（行動0）とジャンプ（行動1）の2種類

上記を強化学習で実装するのですが、環境、エージェント、Brainをクラスとして 図11.18 のように実装します。

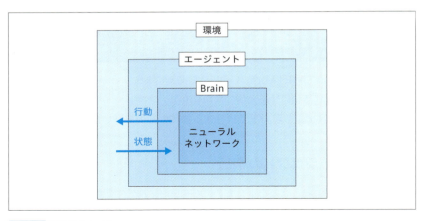

図11.18 実装のイメージ

Brainクラスはエージェントの頭脳となるクラスで、DQNのアルゴリズムが実装されます。環境におけるエージェントの状態から、Brainが行動を決定することになります。行動により状態が変わるのですが、これに基づきBrain内部のニューラルネットワークが学習することになります。

11.5.2 各設定

> **! ATTENTION**
>
> **リスト11.1を実行する前に**
>
> リスト11.1を実行する前にTensorFlowのバージョンを以下のコマンドで変更してください。
>
> In
> ```
> !pip install tensorflow==2.14.0
> ```
>
> Out
> (…略…)

必要なモジュールのインポート、及び最適化アルゴリズムの設定を行います（ リスト11.1 ）。

リスト11.1 モジュールのインポートと最適化アルゴリズムの設定

```
import numpy as np
import matplotlib.pyplot as plt
from matplotlib import animation, rc

from tensorflow.keras.models import Sequential
from tensorflow.keras.layers import Dense, ReLU
from tensorflow.keras.optimizers.legacy import RMSprop

optimizer = RMSprop()
```

11-5-3 Brainクラス

エージェントの頭脳となるクラスです。Q値を出力するニューラルネットワークを構築し、Q値が正解に近づくように訓練します。

Q学習に用いる式は以下の通りです。

$$Q(s_t, a_t) \leftarrow Q(s_t, a_t) + \eta \left(R_{t+1} + \gamma \max_a Q(s_{t+1}, a) - Q(s_t, a_t) \right)$$

ここで、a_tは行動、s_tは状態、$Q(s_t, a_t)$はQ値、ηは学習係数、R_{t+1}は報酬、γは割引率になります。

次の状態における最大のQ値を使用するのですが、ディープラーニングの正解として用いるのは上記の式のうちの以下の部分です。

$$R_{t+1} + \gamma \max_a Q(s_{t+1}, a_t)$$

リスト11.2 の Brain クラスにおける train() メソッドでは、正解として上記を用います。

また、ある状態における行動を決定する get_action() メソッドでは、ε-greedy法により行動が選択されます。

リスト11.2 Brainクラス

```
class Brain:
    def __init__(self, n_state, n_mid, n_action, ➡
gamma=0.9, r=0.99):
        self.eps = 1.0  # ε
        self.gamma = gamma  # 割引率
        self.r = r  # εの減衰率

        model = Sequential()
        model.add(Dense(n_mid, input_shape=(n_state,)))
        model.add(ReLU())
        model.add(Dense(n_mid))
        model.add(ReLU())
        model.add(Dense(n_action))
        model.compile(loss="mse", optimizer=optimizer)
        self.model = model
```

```python
    def train(self, states, next_states, action, ➡
reward, terminal):
        q = self.model.predict(states)
        next_q = self.model.predict(next_states)
        t = np.copy(q)
        if terminal:
            t[:, action] = reward   #  エピソード終了時の正解➡
は、報酬のみ
        else:
            t[:, action] = reward + self.gamma*np.max➡
(next_q, axis=1)
        self.model.train_on_batch(states, t)

    def get_action(self, states):
        q = self.model.predict(states)
        if np.random.rand() < self.eps:
            action = np.random.randint(q.shape[1], ➡
size=q.shape[0])  # ランダムな行動
        else:
            action = np.argmax(q, axis=1)  # Q値の高い行動
        if self.eps > 0.1:  # εの下限
            self.eps *= self.r
        return action
```

Ⅱ-5-4 エージェントのクラス

エージェントをクラスとして実装します（ リスト11.3 ）。

x座標が-1から1まで、**y**座標が-1から1までの正方形の領域を考えますが、エージェントの初期位置は左端中央とします。そして、エージェントが右端に達した際は報酬として+1を与え、終了とします。また、エージェントが上端もしくは下端に達した際は報酬として-1を与え、終了とします。**x**軸方向には等速度で移動します。

行動には、自由落下とジャンプの2種類があります。自由落下の場合は重力加速度を**y速度**に加えます。ジャンプの場合は、**y速度**をあらかじめ設定した値に変更します。

リスト11.3 エージェントをクラスとして実装

```
class Agent:
    def __init__(self, v_x, v_y_sigma, v_jump, brain):
        self.v_x = v_x  # x速度
        self.v_y_sigma = v_y_sigma  # y速度、初期値の標準偏差
        self.v_jump = v_jump  # ジャンプ速度
        self.brain = brain
        self.reset()

    def reset(self):
        self.x = -1  # 初期x座標
        self.y = 0  # 初期y座標
        self.v_y = self.v_y_sigma * np.random.randn()  ➡
# 初期y速度

    def step(self, g):  # 時間を1つ進める g:重力加速度
        states = np.array([[self.y, self.v_y]])
        self.x += self.v_x
        self.y += self.v_y

        reward = 0  # 報酬
        terminal = False  # 終了判定
        if self.x>1.0:
            reward = 1
            terminal = True
        elif self.y<-1.0 or self.y>1.0:
            reward = -1
            terminal = True
        reward = np.array([reward])
```

```python
            action = self.brain.get_action(states)
            if action[0] == 0:
                self.v_y -= g    # 自由落下
            else:
                self.v_y = self.v_jump  # ジャンプ
            next_states = np.array([[self.y, self.v_y]])
            self.brain.train(states, next_states, action, ➡
reward, terminal)

            if terminal:
                self.reset()
```

11-5-5 環境のクラス

環境をクラスとして実装します。このクラスの役割は、重力加速度を設定し、時間を前に進めるのみです（ **リスト11.4** ）。

リスト11.4 環境をクラスとして実装

```python
class Environment:
    def __init__(self, agent, g):
        self.agent = agent
        self.g = g

    def step(self):
        self.agent.step(self.g)
        return (self.agent.x, self.agent.y)
```

11-5-6 アニメーション

ここでは、matplotlibを使って物体の飛行をアニメーションで表します（ **リスト11.5** ）。アニメーションには、**matplotlib.animation** の **FuncAnimation()** 関数を使用します。

リスト11.5 物体の飛行をアニメーションで表すFuncAnimation()関数

```python
def animate(environment, interval, frames):
    fig, ax = plt.subplots()
    plt.close()
    ax.set_xlim(( -1, 1))
    ax.set_ylim((-1, 1))
    sc = ax.scatter([], [])

    def plot(data):
        x, y = environment.step()
        sc.set_offsets(np.array([[x, y]]))
        return (sc,)

    return animation.FuncAnimation(fig, plot, interval=➡
interval, frames=frames, blit=True)
```

🔘5️⃣7️⃣ ランダムな行動

　まずは、エージェントがランダムに行動する例を見ていきましょう（ **リスト11.6** ）。**r**の値を1に設定し、ε が減衰しないようにすることで、エージェントは完全にランダムな行動を選択するようになります。

　リスト11.6 のコードを実行すると、エージェントが飛行を始めます。指定したフレーム数の行動が終了すると、動画が表示されますので再生してみましょう。

リスト11.6 エージェントがランダムに行動

```python
n_state = 2   # 状態の数
n_mid = 32   # 中間層のニューロン数
n_action = 2   # 行動の数
brain = Brain(n_state, n_mid, n_action, r=1.0)  # εが➡
減衰しない

v_x = 0.05   # 水平方向の移動速度
v_y_sigma = 0.1   # 初期移動速度（垂直方向）の広がり具合
```

```
v_jump = 0.2   # ジャンプ時の垂直方向速度
agent = Agent(v_x, v_y_sigma, v_jump, brain)

g = 0.2   # 重力加速度
environment = Environment(agent, g)

interval = 50   # アニメーションの間隔（ミリ秒）
frames = 1024   # フレーム数
anim = animate(environment, interval, frames)
rc('animation', html='jshtml')
anim
```

Out

(…中略…)

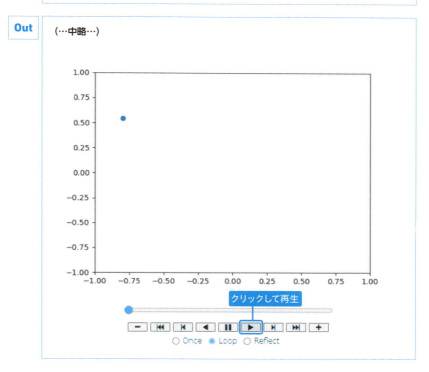

　動画において、エージェントは運良く右端に到達することもありますが、大抵は上端もしくは下端にぶつかってしまいます。ランダムな行動では、右端に到達するのは困難なようです。

　図11.19は10フレーム間隔で記録した、エージェントの位置です。

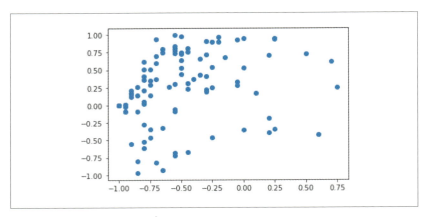

図11.19 エージェントの位置（ランダムな行動）

やはり、大抵は上端か下端にぶつかってしまい、めったに右端までは到達しないようです。

11-5-8 DQNの導入

rの値を0.99に設定し、εが減衰するようにします。これにより、次第にQ値が最大の行動が選択されるようになります。

リスト11.7 のコードを実行するとエージェントが飛行を始めますが、ここではDQNによる学習を伴います。指定したフレーム数の行動が終了すると、動画が表示されますので再生してみましょう。

リスト11.7 DQNによる学習

```
n_state = 2    # 状態の数
n_mid = 32    # 中間層のニューロン数
n_action = 2    # 行動の数
brain = Brain(n_state, n_mid, n_action, r=0.99)    # εが
減衰する

v_x = 0.05    # 水平方向の移動速度
v_y_sigma = 0.1    # 初期移動速度（垂直方向）の広がり具合
v_jump = 0.2    # ジャンプ時の垂直方向速度
agent = Agent(v_x, v_y_sigma, v_jump, brain)
```

```
g = 0.2    # 重力加速度
environment = Environment(agent, g)

interval = 50    # アニメーションの間隔（ミリ秒）
frames = 1024    # フレーム数
anim = animate(environment, interval, frames)
rc('animation', html='jshtml')
anim
```

Out (…中略…)

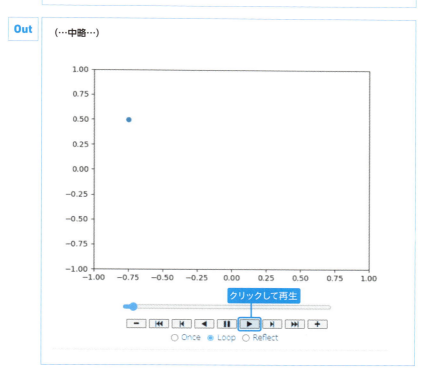

　動画において、時間が経過するとエージェントは上下の端にぶつからずに右端まで飛べるようになることが確認できます。なお、初期条件によっては学習に失敗することもあるので、その際は学習をやり直してみましょう。図11.20は10フレーム間隔で記録した、エージェントの位置です。

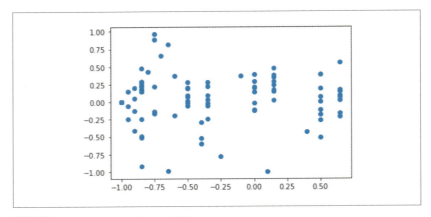

図11.20 エージェントの位置（DQNを伴う）

　画面中央付近にエージェントの位置は集中しており、飛行が安定するようになったことが確認できます。正の報酬をよりたくさん得られるように、負の報酬を避けるように学習した結果、エージェントは適切な行動を取れるようになりました。

11-5-9 DQNのテクニック

　この節の最後に、Deep Q-Network（DQN）でしばしば使われるテクニックを紹介します。

Experience Replay

　各ステップの内容をメモリに保存しておき、メモリからランダムに記録を取り出して学習を行います。これにより、ミニバッチ法を使用することが可能になります。また、ミニバッチに時間的にばらけた記録が入ることになるので、学習が安定します。

Fixed Target Q-Network

　行動を決定するのに用いるmain-networkと、誤差の計算時に正解を求めるのに用いるtarget-networkを用意します。target-networkのパラメータは一定時間固定されますが、main-networkのパラメータはミニバッチごとに更新されます。そして、定期的にmain-networkのパラメータがtarget-networkに上書きされます。これにより、正解が短い時間で揺れ動く問題が低減され学習が安定すると考えられています。

11.6 月面着陸船の制御 —概要—

深層強化学習を使い、コンピュータ上の月面着陸船を制御します。今回は、強化学習による制御の概要を解説します。

11.6.1 使用するライブラリ

月面着陸船の環境には、OpenAIが開発した「OpenAI Gym」（注意参照）の「LunarLander」を利用します。OpenAI Gymは、強化学習のためのツールキットで、ゲームやロボットの制御などの様々な強化学習用の環境が用意されています。

> **! ATTENTION**
>
> ### OpenAI Gymについて
>
> 2022年10月にOpenAIはOpenAI GymのメインテナンスをFarama Foundationに引き継ぐことを発表。Farama FoundationはOpenAI GymをフォークしたGymnasiumを提供しています。本書ではOpenAI Gymを利用しています。

- LunarLander-v2

  URL https://www.gymlibrary.dev/environments/box2d/lunar_lander/

また、深層強化学習の実装には「Stable Baselines」を利用します。Stable Baselinesは、様々な強化学習のアルゴリズムを含む、強化学習の実装集です。

- DQN

  URL https://stable-baselines.readthedocs.io/en/master/modules/dqn.html

11.6.2 LunarLanderとは？

OpenAI Gymが提供する環境「LunarLander」は、月面着陸船がスムーズに目的地に着陸できるように制御する問題を提供します。図11.21 は、LunarLanderの概略図です。

図11.21 LunarLanderの概略図

月面着陸船が選択可能な行動は以下の4つです。

- 何もしない
- 左向きエンジンの噴射
- メインエンジンの噴射
- 右向きエンジンの噴射

上記のうちいずれかを選択し、着陸船を制御することになります。また、取得可能な着陸船の状態は以下の8つです。

- X座標
- Y座標
- 水平速度
- 垂直速度
- 角度
- 角速度
- 左足が地面に接しているか（0 or 1）
- 右足が地面に接しているか（0 or 1）

これらの状態が、ニューラルネットワークの入力となります。
報酬は以下のように与えられます。

- 目的地で速度がゼロになったときの報酬はおおよそ100〜140ポイント
- 目的地から離れるとマイナスの報酬
- 墜落で-100ポイント、着陸で100ポイント
- 足が地面に接触すると10ポイント
- メインエンジンの噴射は毎フレームごとに-0.3ポイント
- サイドエンジンの噴射は毎フレームごとに-0.03ポイント
- 目的達成で200ポイント

　以上の設定を使い、深層強化学習を実装して着陸船のスムーズな着陸を目指します。

11.7 月面着陸船の制御 —実装—

深層強化学習により、月面着陸船をスムーズに着陸させることにトライします。

11 7 1 ライブラリのインストール

　Stable Baselinesなどの必要なライブラリをインストールします（ リスト11.8 ）。ランタイムの再起動を求められた場合は、Google Colaboratoryのメニューから「ランタイム」→「ランタイムを再起動」によりランタイムを再起動します。

リスト11.8 必要なライブラリのインストール

```
!pip install pip==24.0
!pip install setuptools==65.5.1 wheel==0.38.4 -U
!apt-get update
!apt install swig cmake libopenmpi-dev zlib1g-dev
!pip install stable-baselines3==1.6.0 box2d ➡
box2d-kengz pyvirtualdisplay
!apt-get install -y xvfb freeglut3-dev ffmpeg
!pip install PyOpenGL PyOpenGL_accelerate
!pip install pyglet==1.5.27
!pip uninstall box2d-py
!pip install box2d-py
```

Out	(…略…)

⑪-⑦-② ライブラリの導入

OpenAI Gym、Stable Baselinesなどの必要なライブラリを導入します（**リスト11.9**）。

リスト11.9 ライブラリの導入

```
import os
import io
import glob
import base64

import gym

import numpy as np

from stable_baselines3.common.vec_env import ➡
DummyVecEnv  # ベクトル化環境
from stable_baselines3 import DQN
from stable_baselines3.common.vec_env import ➡
VecVideoRecorder

from IPython import display as ipythondisplay
from IPython.display import HTML

import warnings
warnings.filterwarnings("ignore")
```

⑪-⑦-③ 環境の設定

OpenAI Gymを使って月面着陸船の環境を設定します（**リスト11.10**）。Dummy VecEnvの設定のために、環境の作成は関数の形にする必要があります。

DummyVecEnvを設定することにより、環境がベクトル化され処理が高速になります。

リスト11.10 月面着陸船の環境を設定

```
In
```

```
def env_func():   # 環境を作る関数
    return gym.make("LunarLander-v2")


env_vec = DummyVecEnv([env_func])   # 環境のベクトル化
```

11 - 7 - 4 モデル評価用の関数

DQNのモデルを評価するための関数を用意します（**リスト11.11**）。得られた報酬の大きさを、そのモデルの評価指標とします。

以降、「エピソード」という言葉が使われます。エピソードは環境が開始してから終了するまでの期間です。終了条件が満たされると、エピソードは終了となり新たなエピソードが始まります。

リスト11.11 モデルを評価するための関数の用意

```
In
```

```
def evaluate(env, model, n_step=10000, n_ave=100):

    epi_rewards = [0.0]   # エピソードごとの報酬を格納
    states = env.reset()

    for i in range(n_step):
        action, _h = model.predict(states)   # _hはRNNで➡
使用（今回は使用しない）
        states, rewards, dones, info = env.step(action)

        epi_rewards[-1] += rewards[0]   # 最後の要素に累積
        if dones[0]:   # エピソード終了時
            states = env.reset()
            epi_rewards.append(0.0)   # 次のエピソードの報酬
```

```
ave_reward = round(np.average(epi_rewards[:n_ave]), ➡
2)   # 最初の100エピソードで報酬の平均をとる
return (ave_reward, len(epi_rewards))
```

11 7 5 動画表示用の関数

結果を動画として表示するための関数を用意します（ リスト11.12 ）。指定された
フォルダに保存されている動画を1つ読み込み、再生します。 リスト11.12 のコー
ドは動画の再生用のコードなので、スキップして問題ありません。

リスト11.12 動画として表示するための関数の用意

```
In    os.system("Xvfb :1 –screen 0 1024x768x24 &")
      os.environ['DISPLAY'] = ':1'

      def show_video(video_dir):
        video_list = glob.glob(video_dir+"/*.mp4")
        if len(video_list) > 0:
          mp4 = video_list[0]
          video = io.open(mp4, 'r+b').read()
          encoded = base64.b64encode(video)
          ipythondisplay.display(HTML(data='''<video alt=➡
      "test" autoplay
                      loop controls style="height: 400px;">
                      <source src="data:video/mp4;base64,➡
      {0}" type="video/mp4" />
                      </video>'''.format(encoded.decode➡
      ('ascii'))))
```

11 7 6 モデルの評価（訓練前）

DQNのモデルを設定し、訓練前に評価します（ リスト11.13 ）。訓練前なので、
月面着陸船にまともな制御は行われていません。

リスト11.13 DQNのモデルを設定して訓練前に評価する

In
```
env = VecVideoRecorder(env_vec, video_folder=➡
"videos_before_train/",  # 動画記録の設定
                            record_video_trigger=➡
lambda step: step == 0, video_length=500,
                            name_prefix="")

model = DQN("MlpPolicy", env, verbose=0)  # DQNの設定

ave_reward, n_episode = evaluate(env, model, ➡
n_step=10000, n_ave=100)   # モデルの評価
print("ave_reward:", ave_reward, "n_episode:", ➡
n_episode)
```

Out
```
ave_reward: -579.01 n_episode: 149
```

この時点での動作を動画で確認します（**リスト11.14**）。

リスト11.14 動作の確認

In
```
show_video("videos_before_train")
```

Out

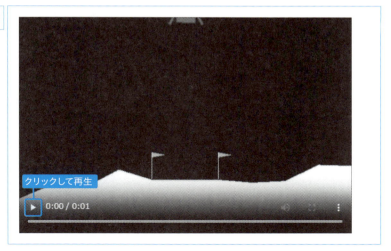

エピソードの開始後、着陸船はでたらめな動きを始めます（図11.22）。訓練前なので、まだ適切な動きを学習していません。

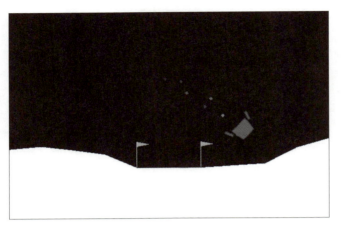

図11.22 学習前の月面着陸船

11-7-7 モデルの訓練

月面着陸船が正しく着陸できるように、モデルを訓練します（リスト11.15）。訓練済みのモデルは、いつでも利用できるように保存しておきます。

リスト11.15 モデルの訓練

```
trained_model = DQN("MlpPolicy", env_vec, verbose=0)   # モデルの初期化

trained_model.learn(total_timesteps=100000)   # モデルの訓練
trained_model.save("lunar_lander_control")    # モデルの保存
```

11 7 8 訓練済みモデルの評価

学習がうまく進めば、月面着陸船は適切に着陸できるようになります（**リスト11.16**）。

リスト11.16 訓練済みモデルの評価

```
In
env = VecVideoRecorder(env_vec, video_folder=➡
"videos_after_train/",  # 動画記録の設定
                           record_video_trigger=➡
lambda step: step == 0, video_length=500,
                           name_prefix="")

ave_reward, n_episode = evaluate(env, trained_model, ➡
n_step=10000, n_ave=100)  # モデルの評価
print("ave_reward:", ave_reward, "n_episode:", ➡
n_episode)
```

```
Out
Saving video to /content/videos_after_train/➡
-step-0-to-step-500.mp4
Saving video to /content/videos_after_train/➡
-step-1897-to-step-2397.mp4
ave_reward: -116.27 n_episode: 30
```

リスト11.16 を実行した結果、報酬の平均、**ave_reward**が先程よりも大幅に大きくなっていることが確認できるはずです。エージェントは、より多くの報酬を獲得できるようになっています。この時点での動作を動画で確認します（**リスト11.17**）。

リスト11.17 動作の確認

```
In
show_video("videos_after_train")
```

Out

最初は降下速度が速いですが、地面が近づくにつれてゆっくりとした降下になります。また、目的地を大きく外れることもありません。月面着陸船は目的地にスムーズに着陸できるようになりました（図11.23）。

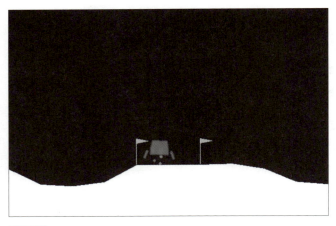

図11.23 学習後の月面着陸船

11.8 演習

ディープラーニングを利用したSARSAを実装しましょう。シンプルなDQN の**Brain**クラス、エージェントクラスに変更を加える必要がありますが、今回 の演習では**Brain**クラスの変更箇所を記述していただきます。

11 8 1 各設定

各設定を行ってください（ リスト11.18 ）。

リスト11.18 各設定

```
In     import numpy as np
       import matplotlib.pyplot as plt
       from matplotlib import animation, rc

       from tensorflow.keras.models import Sequential
       from tensorflow.keras.layers import Dense, ReLU
       from tensorflow.keras.optimizers.legacy import RMSprop

       optimizer = RMSprop()
```

11 8 2 Brainクラス

エージェントの頭脳となるクラスです。Q値を出力するニューラルネットワー クを構築し、Q値が正解に近づくように訓練します。

SARSAに用いる式は以下の通りです。

$$Q(s_t, a_t) \leftarrow Q(s_t, a_t) + \eta \left(R_{t+1} + \gamma Q(s_{t+1}, a_{t+1}) - Q(s_t, a_t) \right)$$

ここで、a_tは行動、s_tは状態、$Q(s_t, a_t)$はQ値、ηは学習係数、R_{t+1}は報酬、 γは割引率になります。Q学習では$t+1$の時刻における最大のQ値を使います が、SARSAでは$t+1$において実際に選択した行動のQ値を使います。

ディープラーニングの正解として用いるのは上記の式のうちの以下の部分で す。

$$R_{t+1} + \gamma Q(s_{t+1}, a_{t+1})$$

リスト11.19 の **Brain** クラスにおける **train()** メソッドでは、正解として上記を用います。まだコードが記述されてない箇所がありますので、上記の式を参考にコードを追記してSARSAの **Brain** クラスを構築しましょう。

リスト11.19 Brain クラス

In
```python
class Brain:
    def __init__(self, n_state, n_mid, n_action, ➡
gamma=0.9, r=0.99):
        self.eps = 1.0  # ε
        self.gamma = gamma  # 割引率
        self.r = r   # εの減衰率

        model = Sequential()
        model.add(Dense(n_mid, input_shape=(n_state,)))
        model.add(ReLU())
        model.add(Dense(n_mid))
        model.add(ReLU())
        model.add(Dense(n_action))
        model.compile(loss="mse", optimizer=optimizer)
        self.model = model


    def train(self, states, next_states, action, ➡
next_action, reward, terminal):
        q = self.model.predict(states)
        next_q = self.model.predict(next_states)
        t = np.copy(q)
        if terminal:
            t[:, action] = reward   #  エピソード終了時の➡
正解は、報酬のみ
        else:
            t[:, action] =    # ---- この行にコードを追記 ----
        self.model.train_on_batch(states, t)
```

```
def get_action(self, states):
    q = self.model.predict(states)
    if np.random.rand() < self.eps:
        action = np.random.randint(q.shape[1], ➡
size=q.shape[0])   # ランダムな行動
    else:
        action = np.argmax(q, axis=1)   # Q値の高い行動
    if self.eps > 0.1:   # εの下限
        self.eps *= self.r
    return action
```

⑪-⑧-③ エージェントのクラス

エージェントをクラスとして実装します。SARSAでは、現在の行動と次の時刻の行動を**Brain**に渡します（ リスト11.20 ）。

リスト11.20 エージェントのクラス

```
class Agent:
    def __init__(self, v_x, v_y_sigma, v_jump, brain):
        self.v_x = v_x   # x速度
        self.v_y_sigma = v_y_sigma   # y速度、初期値の標準偏差
        self.v_jump = v_jump   # ジャンプ速度
        self.brain = brain
        self.reset()

    def reset(self):
        self.x = -1   # 初期x座標
        self.y = 0   # 初期y座標
        self.v_y = self.v_y_sigma * np.random.randn()   ➡
# 初期y速度
        states = np.array([[self.y, self.v_y]])
        self.action = self.brain.get_action(states)
```

```python
    def step(self, g):  # 時間を1つ進める g：重力加速度
        states = np.array([[self.y, self.v_y]])
        self.x += self.v_x
        self.y += self.v_y

        reward = 0  # 報酬
        terminal = False  # 終了判定
        if self.x>1.0:
            reward = 1
            terminal = True
        elif self.y<-1.0 or self.y>1.0:
            reward = -1
            terminal = True
        reward = np.array([reward])

        if self.action[0] == 0:
            self.v_y -= g    # 自由落下
        else:
            self.v_y = self.v_jump  # ジャンプ
        next_states = np.array([[self.y, self.v_y]])

        next_action = self.brain.get_action(next_states)
        self.brain.train(states, next_states, ➡
self.action, next_action, reward, terminal)
        self.action = next_action

        if terminal:
            self.reset()
```

11 8 4 環境のクラス

環境のクラスを用意してください（ リスト11.21 ）。

リスト11.21 環境のクラス

```
class Environment:
    def __init__(self, agent, g):
        self.agent = agent
        self.g = g

    def step(self):
        self.agent.step(self.g)
        return (self.agent.x, self.agent.y)
```

11.8.5 アニメーション

アニメーションを設定してください（**リスト11.22**）。

リスト11.22 アニメーションの設定

```
def animate(environment, interval, frames):
    fig, ax = plt.subplots()
    plt.close()
    ax.set_xlim(( -1, 1))
    ax.set_ylim((-1, 1))
    sc = ax.scatter([], [])

    def plot(data):
        x, y = environment.step()
        sc.set_offsets(np.array([[x, y]]))
        return (sc,)

    return animation.FuncAnimation(fig, plot, ➡
interval=interval, frames=frames, blit=True)
```

11 8 6 SARSAの実行

SARSAを実行してください（リスト11.23）。

リスト11.23 SARSAの実行

```
n_state = 2   # 状態の数
n_mid = 32   # 中間層のニューロン数
n_action = 2   # 行動の数
brain = Brain(n_state, n_mid, n_action, r=0.99)   # εが➡
減衰する

v_x = 0.05   # 水平方向の移動速度
v_y_sigma = 0.1   # 初期移動速度（垂直方向）の広がり具合
v_jump = 0.2   # ジャンプ時の垂直方向速度
agent = Agent(v_x, v_y_sigma, v_jump, brain)

g = 0.2   # 重力加速度
environment = Environment(agent, g)

anim = animate(environment, 50, 1024)   # アニメーションの設定
rc('animation', html='jshtml')
anim
```

Out （…略…）

11.9 解答例

リスト11.24 はBrainクラスの実装例です。

リスト11.24 解答例

```
class Brain:
    def __init__(self, n_state, n_mid, n_action, ➡
gamma=0.9, r=0.99):
        self.eps = 1.0   # ε
```

```python
        self.gamma = gamma   # 割引率
        self.r = r   # εの減衰率

        model = Sequential()
        model.add(Dense(n_mid, input_shape=(n_state,)))
        model.add(ReLU())
        model.add(Dense(n_mid))
        model.add(ReLU())
        model.add(Dense(n_action))
        model.compile(loss="mse", optimizer=optimizer)
        self.model = model

    def train(self, states, next_states, action, ➡
next_action, reward, terminal):
        q = self.model.predict(states)
        next_q = self.model.predict(next_states)
        t = np.copy(q)
        if terminal:
            t[:, action] = reward   #  エピソード終了時の➡
正解は、報酬のみ
        else:
            t[:, action] = reward + self.gamma*next_q➡
[:, next_action]   # ---- この行にコードを追記 ----
        self.model.train_on_batch(states, t)

    def get_action(self, states):
        q = self.model.predict(states)
        if np.random.rand() < self.eps:
            action = np.random.randint(q.shape[1], ➡
size=q.shape[0])   # ランダムな行動
        else:
            action = np.argmax(q, axis=1)   # Q値の高い行動
        if self.eps > 0.1:   # εの下限
            self.eps *= self.r
        return action
```

11.10 Chapter11のまとめ

　本チャプターは、強化学習の概要とそのアルゴリズムについての解説から始まりました。そして、Q-Tableを使ったQ学習や、深層学習とQ学習を組み合わせたDQNなどについての解説へとつながっていきました。

　実際にシンプルなDQNを構築して訓練した結果、重力中で飛行するエージェントは次第に適切に飛行できるようになりました。また、DQNにより月面着陸船を制御し、スムーズな着陸を実現しました。

　強化学習は応用範囲が広く、より動物の知能に近い制御を可能にします。今後、様々な分野で強化学習の可能性が開拓されていくのではないでしょうか。

　なお、近年躍進しているChatGPTの訓練には、強化学習が重要な役割を果たしています。具体的には、強化学習の一種であるRLHF（Reinforcement Learning from Human Feedback, 人間のフィードバックによる強化学習）が使用されています。RLHFでは、モデルの出力に対して人間が評価を行い、その評価を基にモデルが改善されていきます。このプロセスにより、モデルは人間の意図や期待に沿った回答を生成する能力を高めていきます。例えば、ユーザーがChatGPTに質問をした際、その回答が適切であるかどうかを人間の評価者が判断し、そのフィードバックを元にモデルが調整されます。このような強化学習の手法により、ChatGPTはより自然で有益なコミュニケーションを実現しています。

Chapter
12
転移学習

　学習済みのモデルを利用する、転移学習の原理と実装について解説します。転移学習には、学習時間を大幅に短縮できることや、優れた既存の学習済みモデルを活用できることなどのメリットがあります。

　本チャプターには以下の内容が含まれます。

● 転移学習の概要
● 転移学習の実装
● ファインチューニングの実装
● 演習

　まずは、転移学習の概要について解説します。その上で、転移学習の実装を行います。既存の優れた学習済みモデルを読み込んで層を追加し、追加した層のみ訓練を行います。これにより、既存のモデルの優れた特徴抽出能力を利用できることになります。

　次に、転移学習と似た技術であるファインチューニングを実装します。ファインチューニングでは、追加した層に加えて既存のモデルの一部も追加で訓練します。精度や学習時間がどう変化するのか、転移学習の場合と比較してみましょう。そして、最後にこのチャプターの演習を行います。

　チャプターの内容は以上になりますが、本チャプターを通して学ぶことで転移学習の原理を理解し、自分で実装ができるようになります。

　転移学習では、既存のリソースを活用することでハイパーパラメータの探索の手間を省略し、学習時間を短縮できるので今大きな注目を集めています。原理を学びコードで実装することによりその可能性を感じていただければと思います。それでは、本チャプターをぜひお楽しみください。

12.1 転移学習の概要

転移学習では、既存の優れた学習済みモデルを手元のモデルに取り入れることができるので、今大きな注目を集めています。今回は、転移学習の概要をシンプルに解説します。

12-1-1 転移学習とは？

「転移学習」（Transfer Learning、TL）は、ある領域、すなわちドメインで学習したモデルを別の領域に適用します。これにより、多くのデータが手に入る領域で学習させたモデルを少ないデータしかない領域に適応させたり、シミュレーター環境で訓練したモデルを現実に適応させたりすることなどが可能になります。実は、複数のタスクに共通の「捉えるべき特徴」が存在します。転移学習はこれを利用して、他のモデルで捉えた特徴を他のモデルに転用することになります。

転移学習において、既存の学習済みモデルは「特徴抽出器」として用いられますが、この部分のパラメータは更新されません。出力側にいくつか新たに層を追加するのですが、これらの層のパラメータが更新されることにより学習が行われます。すなわち、入力に近い部分の重みを固定し、出力に近い部分だけ学習させることになるのですが、これにより既存のモデルを新しい領域へ適用することができるようになります。

転移学習には様々なメリットがあります。まずは、学習時間の短縮が挙げられます。ディープラーニングには長い時間がかかることが多いのですが、既存の学習モデルを特徴抽出に利用することで、学習時間を大きく短縮することができます。

また、転移学習ではデータ収集の手間を省くことができます。ディープラーニングで何かのタスクに取り組む際は、データ収集には大きな手間がかかります。しかしながら、学習済みのモデルをベースにすることで、追加するデータが少なくても精度の良いモデルを訓練することが可能になります。

その他に、既存の優れたモデルを利用できる、というメリットもあります。膨大なデータと多くの試行錯誤により確立された、既存のモデルの特徴抽出能力を利用することができるので、1からモデルを構築するよりも性能のいいモデルを構築できることが多いです。

以上のように、転移学習は実務上有益であるため、近年大きな期待を集めています。

12.1.2 転移学習とファインチューニング

ここで、転移学習と、転移学習と似たテクニックである「ファインチューニング」(fine tuning) を比較します。図12.1 に、転移学習とファインチューニングの概要を示します。

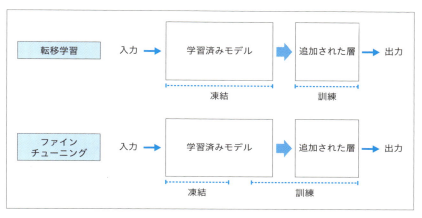

図12.1 転移学習とファインチューニング

学習済みモデルに入力して、追加された層から出力が出るのですが、転移学習では追加された層のみを訓練し、学習済みモデルは凍結します。凍結とは、パラメータを固定して訓練しないことを意味します。

それに対してファインチューニングでは、学習済みモデルの一部も追加で訓練します。訓練するのは追加された層と学習済みモデルの一部となり、残りは凍結します。ファインチューニングは転移学習よりも学習するパラメータの数が多くなりますが、特定のタスクに対してより適応しやすくなります。

12.2 転移学習の実装

巨大な画像データセット「ImageNet」により学習済みのモデルに、全結合層を追加します。学習済みのモデルは訓練せずに、新たに追加した層のみを訓練して画像の分類を行います。

12-2-1 各設定

必要なモジュールのインポート、最適化アルゴリズムの設定、及び各定数の設定を行います（**リスト12.1**）。ここではCIFAR-10の画像をサイズを2倍にして使うので、画像の幅と高さは64、チャンネル数は3に設定します。

リスト12.1 各設定

```
import numpy as np
import matplotlib.pyplot as plt

from tensorflow.keras.models import Sequential
from tensorflow.keras.layers import Dense, Dropout, ➡
Activation, Flatten
from tensorflow.keras.optimizers import Adam

optimizer = Adam()

img_size = 64   # 画像の幅と高さ
n_channel = 3   # チャンネル数
n_mid = 256   # 中間層のニューロン数

batch_size = 32
epochs = 20
```

12-2-2 VGG16の導入

ImageNetを使って訓練済みのモデル、VGG16を読み込みます（**リスト12.2**）。ここではこのモデルを特徴の抽出のために使用しますが、追加の訓練は行いません。

- VGG16
  URL https://keras.io/ja/applications/#vgg16

リスト12.2 VGG16の導入

In

```python
from tensorflow.keras.applications import VGG16

model_vgg16 = VGG16(weights="imagenet",  # ImageNetで➡
学習したパラメータを使用
                    include_top=False,  # 全結合層を含まない
                    input_shape=(img_size, img_size, ➡
n_channel))  # 入力の形状
model_vgg16.summary()
```

Out

```
Downloading data from https://storage.googleapis.com/➡
tensorflow/keras-applications/vgg16/vgg16_weights_tf_➡
dim_ordering_tf_kernels_notop.h5
58889256/58889256 ─────────────────────────── ➡
4s 0us/step
Model: "vgg16"
```

Layer (type)	Output Shape	Param #
input_layer (InputLayer)	(None, 64, 64, 3)	0
block1_conv1 (Conv2D)	(None, 64, 64, 64)	1,792
block1_conv2 (Conv2D)	(None, 64, 64, 64)	36,928
block1_pool (MaxPooling2D)	(None, 32, 32, 64)	0
block2_conv1 (Conv2D)	(None, 32, 32, 128)	73,856
block2_conv2 (Conv2D)	(None, 32, 32, 128)	147,584
block2_pool (MaxPooling2D)	(None, 16, 16, 128)	0
block3_conv1 (Conv2D)	(None, 16, 16, 256)	295,168
block3_conv2 (Conv2D)	(None, 16, 16, 256)	590,080
block3_conv3 (Conv2D)	(None, 16, 16, 256)	590,080
block3_pool (MaxPooling2D)	(None, 8, 8, 256)	0
block4_conv1 (Conv2D)	(None, 8, 8, 512)	1,180,160
block4_conv2 (Conv2D)	(None, 8, 8, 512)	2,359,808
block4_conv3 (Conv2D)	(None, 8, 8, 512)	2,359,808
block4_pool (MaxPooling2D)	(None, 4, 4, 512)	0
block5_conv1 (Conv2D)	(None, 4, 4, 512)	2,359,808
block5_conv2 (Conv2D)	(None, 4, 4, 512)	2,359,808
block5_conv3 (Conv2D)	(None, 4, 4, 512)	2,359,808
block5_pool (MaxPooling2D)	(None, 2, 2, 512)	0

```
Total params: 14,714,688 (56.13 MB)
 Trainable params: 14,714,688 (56.13 MB)
 Non-trainable params: 0 (0.00 B)
```

畳み込み層やプーリング層を何度も重ねており、学習可能なパラメータの数は
1500万近くあります。このような大きなモデルをゼロから訓練するには、かな
りの時間を要しそうです。

12-2-3 CIFAR-10

Kerasを使い、CIFAR-10を読み込みます。ここではこのうち飛行機と自動車
の画像を使い、画像が飛行機か自動車かを判定できるように新たに追加した層を
訓練します。

リスト12.3 では、CIFAR-10を読み込み、飛行機と自動車のランダムな25枚の
画像を表示します。元の画像サイズは32×32なのですが、VGG16の入力は48
×48以上のサイズである必要があるため、NumPyの **repeat()** メソッドによ
りサイズを2倍の64×64に調整します。

リスト12.3 CIFAR-10の導入

```python
from tensorflow.keras.datasets import cifar10

(x_train, t_train), (x_test, t_test) = ➡
cifar10.load_data()

# ラベルが0と1のデータのみ取り出す
t_train = t_train.reshape(-1)
t_test = t_test.reshape(-1)
x_train = x_train[t_train <= 1]
t_train = t_train[t_train <= 1]
x_test = x_test[t_test <= 1]
t_test = t_test[t_test <= 1]

print("Original size:", x_train.shape)
```

```python
# 画像を2倍に拡大
x_train = x_train.repeat(2, axis=1).repeat(2, axis=2)
x_test = x_test.repeat(2, axis=1).repeat(2, axis=2)

print("Input size:", x_train.shape)

n_image = 25
rand_idx = np.random.randint(0, len(x_train), n_image)
cifar10_labels = np.array(["airplane", "automobile"])
plt.figure(figsize=(10,10))   # 表示領域のサイズ
for i in range(n_image):
    cifar_img=plt.subplot(5,5,i+1)
    plt.imshow(x_train[rand_idx[i]])
    label = cifar10_labels[t_train[rand_idx[i]]]
    plt.title(label)
    plt.tick_params(labelbottom=False, labelleft=➡
False, bottom=False, left=False)   # ラベルと目盛りを非表示に
```

Out

```
Downloading data from https://www.cs.toronto.edu/➡
~kriz/cifar-10-python.tar.gz
170498071/170498071 ───────────────── ➡
19s 0us/step
Original size: (10000, 32, 32, 3)
Input size: (10000, 64, 64, 3)
```

12.2.4 モデルの構築

導入したVGG16に全結合層を追加します（リスト12.4）。訓練するのは追加した全結合層のみで、VGG16の層は訓練しません。

リスト12.4 転移学習用のモデルを構築する

In
```
model = Sequential()
model.add(model_vgg16)

model.add(Flatten())  # 1次元の配列に変換
model.add(Dense(n_mid))
model.add(Activation("relu"))
model.add(Dropout(0.5))  # ドロップアウト
model.add(Dense(1))
```

```python
model.add(Activation("sigmoid"))

model_vgg16.trainable = False   # 訓練済みの層は訓練しない

model.compile(optimizer=Adam(), ➡
loss="binary_crossentropy", metrics=["accuracy"])
```

12-2-5 学習

モデルを訓練します（ リスト12.5 ）。過学習を防ぐために、Chapter7で解説したデータ拡張を導入します。

学習には時間がかかりますので、Google Colaboratoryのメニューから「編集」→「ノートブックの設定」の「ハードウェアアクセラレータ」で「T4 GPU」を選択しましょう。

リスト12.5 モデルの学習

```python
from tensorflow.keras.preprocessing.image import ➡
ImageDataGenerator

x_train = x_train / 255   # 0から1の範囲に収める
x_test = x_test / 255

# データ拡張
generator = ImageDataGenerator(
            rotation_range=0.2,
            width_shift_range=0.2,
            height_shift_range=0.2,
            shear_range=10,
            zoom_range=0.2,
            horizontal_flip=True)
generator.fit(x_train)

# 訓練
history = model.fit(generator.flow(x_train, t_train, ➡
```

```
                    batch_size=batch_size),
                              epochs=epochs,
                              validation_data=(x_test, t_test))
```

Out

```
Epoch 1/20
/usr/local/lib/python3.10/dist-packages/keras/src/➡
trainers/data_adapters/py_dataset_adapter.py:121: ➡
UserWarning: Your `PyDataset` class should call ➡
`super().__init__(**kwargs)` in its constructor. ➡
`**kwargs` can include `workers`, ➡
`use_multiprocessing`, `max_queue_size`. Do not pass ➡
these arguments to `fit()`, as they will be ignored.
  self._warn_if_super_not_called()
313/313 ─────────────────────────── ➡
29s 71ms/step - accuracy: 0.8540 - loss: 0.3219 ➡
- val_accuracy: 0.9365 - val_loss: 0.1640
Epoch 2/20
313/313 ─────────────────────────── ➡
18s 57ms/step - accuracy: 0.9175 - loss: 0.2133 ➡
- val_accuracy: 0.9475 - val_loss: 0.1505
Epoch 3/20
313/313 ─────────────────────────── ➡
21s 64ms/step - accuracy: 0.9233 - loss: 0.1875 ➡
- val_accuracy: 0.9330 - val_loss: 0.1732
(…略…)
Epoch 18/20
313/313 ─────────────────────────── ➡
18s 58ms/step - accuracy: 0.9449 - loss: 0.1431 ➡
- val_accuracy: 0.9580 - val_loss: 0.1145
Epoch 19/20
313/313 ─────────────────────────── ➡
18s 57ms/step - accuracy: 0.9417 - loss: 0.1486 ➡
- val_accuracy: 0.9590 - val_loss: 0.1120
Epoch 20/20
```

```
313/313 ━━━━━━━━━━━━━━━━━━━━━━ ➡
17s 55ms/step - accuracy: 0.9406 - loss: 0.1519 ➡
- val_accuracy: 0.9600 - val_loss: 0.1105
```

12·2·6 学習の推移

historyを使って、学習の推移を確認します（ リスト12.6 ）。

リスト12.6 学習の推移を表示する

```python
import matplotlib.pyplot as plt

train_loss = history.history['loss']   # 訓練用データの誤差
train_acc = history.history['accuracy']   # 訓練用データの精度
val_loss = history.history['val_loss']   # 検証用データの誤差
val_acc = history.history['val_accuracy']   # 検証用データ➡
の精度

plt.plot(np.arange(len(train_loss)), train_loss, ➡
label='loss')
plt.plot(np.arange(len(val_loss)), val_loss, label=➡
'val_loss')
plt.legend()
plt.show()

plt.plot(np.arange(len(train_acc)), train_acc, label=➡
'acc')
plt.plot(np.arange(len(val_acc)), val_acc, label=➡
'val_acc')
plt.legend()
plt.show()
```

Out

　学習とともに精度は95％程度に近づいており、高い精度で飛行機と自動車を分類できていることがわかります。追加した全結合層を特定のタスクに合わせて訓練することで、モデル全体がそのタスクで性能を発揮できるようになりました。

　転移学習を使うことで、多数のパラメータを持ち訓練に時間を要するモデルであっても、手軽に利用することが可能になります。

12.3　ファインチューニングの実装

　転移学習では学習済みモデルの訓練は行いませんでしたが、ファインチューニングでは一部を追加訓練します。今回は、学習済みのモデルの一部と、新たに追加した層を訓練して画像の分類を行います。

12.3.1 各設定

必要なモジュールのインポート、最適化アルゴリズムの設定、及び各定数の設定を行います（**リスト12.7**）。転移学習の際と同じくCIFAR-10の画像をサイズを2倍にして使うので、画像の幅と高さは64、チャンネル数は3に設定します。

リスト12.7 各設定

```python
import numpy as np
import matplotlib.pyplot as plt

from tensorflow.keras.models import Sequential
from tensorflow.keras.layers import Dense, Dropout, →
Activation, Flatten
from tensorflow.keras.optimizers import Adam


optimizer = Adam()


img_size = 64   # 画像の幅と高さ
n_channel = 3   # チャンネル数
n_mid = 256   # 中間層のニューロン数


batch_size = 32
epochs = 20
```

12.3.2 VGG16の導入

ImageNetを使って訓練済みのモデル、VGG16をkeras.applicationsから導入します（**リスト12.8**）。

・VGG16
URL https://keras.io/api/applications/vgg/

リスト12.8 VGG16の導入

In
```python
from tensorflow.keras.applications import VGG16

model_vgg16 = VGG16(weights="imagenet",  # ImageNetで➡
学習したパラメータを使用
                    include_top=False,  # 全結合層を含まない
                    input_shape=(img_size, img_size, ➡
n_channel))  # 入力の形状
model_vgg16.summary()
```

Out
```
Downloading data from https://storage.googleapis.com/➡
tensorflow/keras-applications/vgg16/vgg16_weights_tf_➡
dim_ordering_tf_kernels_notop.h5
58889256/58889256 ──────────────────── ➡
0s 0us/step
Model: "vgg16"
```

Layer (type)	Output Shape	Param #
input_layer (InputLayer)	(None, 64, 64, 3)	0
block1_conv1 (Conv2D)	(None, 64, 64, 64)	1,792
block1_conv2 (Conv2D)	(None, 64, 64, 64)	36,928
block1_pool (MaxPooling2D)	(None, 32, 32, 64)	0
block2_conv1 (Conv2D)	(None, 32, 32, 128)	73,856
block2_conv2 (Conv2D)	(None, 32, 32, 128)	147,584
block2_pool (MaxPooling2D)	(None, 16, 16, 128)	0
block3_conv1 (Conv2D)	(None, 16, 16, 256)	295,168
block3_conv2 (Conv2D)	(None, 16, 16, 256)	590,080
block3_conv3 (Conv2D)	(None, 16, 16, 256)	590,080
block3_pool (MaxPooling2D)	(None, 8, 8, 256)	0
block4_conv1 (Conv2D)	(None, 8, 8, 512)	1,180,160
block4_conv2 (Conv2D)	(None, 8, 8, 512)	2,359,808
block4_conv3 (Conv2D)	(None, 8, 8, 512)	2,359,808
block4_pool (MaxPooling2D)	(None, 4, 4, 512)	0
block5_conv1 (Conv2D)	(None, 4, 4, 512)	2,359,808
block5_conv2 (Conv2D)	(None, 4, 4, 512)	2,359,808
block5_conv3 (Conv2D)	(None, 4, 4, 512)	2,359,808
block5_pool (MaxPooling2D)	(None, 2, 2, 512)	0

```
Total params: 14,714,688 (56.13 MB)
Trainable params: 14,714,688 (56.13 MB)
Non-trainable params: 0 (0.00 B)
```

12 - 3 - 3 CIFAR-10

Kerasを使い、CIFAR-10を読み込みます（ リスト12.9 ）。ここでは、読み込んだデータのうち飛行機と自動車の画像のみを使い、画像が飛行機か自動車かを判定できるように訓練を行います。

リスト12.9 CIFAR-10の読み込み

In
```python
from tensorflow.keras.datasets import cifar10

(x_train, t_train), (x_test, t_test) = ➡
cifar10.load_data()

# ラベルが0と1のデータのみ取り出す
t_train = t_train.reshape(-1)
t_test = t_test.reshape(-1)
x_train = x_train[t_train <= 1]
t_train = t_train[t_train <= 1]
x_test = x_test[t_test <= 1]
t_test = t_test[t_test <= 1]

print("Original size:", x_train.shape)

# 画像を拡大
x_train = x_train.repeat(2, axis=1).repeat(2, axis=2)
x_test = x_test.repeat(2, axis=1).repeat(2, axis=2)

print("Input size:", x_train.shape)
```

Out

```
Downloading data from https://www.cs.toronto.edu/~kriz/➡
cifar-10-python.tar.gz
170498071/170498071 ─────────────────── ➡
4s 0us/step
Original size: (10000, 32, 32, 3)
Input size: (10000, 64, 64, 3)
```

12-3-4 モデルの構築

導入したVGG16に全結合層を追加します（ リスト12.10 ）。訓練するのはVGG16の一部、及び追加した全結合層です。VGG16では、**block5**にある複数の畳み込み層を訓練可能に設定します。

リスト12.10 ファインチューニング用のモデルを構築する

In

```python
model = Sequential()
model.add(model_vgg16)

model.add(Flatten())   # 1次元の配列に変換
model.add(Dense(n_mid))
model.add(Activation("relu"))
model.add(Dropout(0.5))   # ドロップアウト
model.add(Dense(1))
model.add(Activation("sigmoid"))

# block5のみ訓練する
for layer in model_vgg16.layers:
    if layer.name.startswith("block5_conv"):
        layer.trainable = True
    else:
        layer.trainable = False

model.compile(optimizer=Adam(), ➡
loss="binary_crossentropy", metrics=["accuracy"])
```

12 3 5 学習

モデルを訓練します（**リスト12.11**）。学習には時間がかかりますので、Google Colaboratoryのメニューから「編集」→「ノートブックの設定」の「ハードウェアアクセラレータ」で「T4 GPU」を選択しましょう。

リスト12.11 モデルの学習

In

```python
from tensorflow.keras.preprocessing.image import ➡
ImageDataGenerator

x_train = x_train / 255  # 0から1の範囲に収める
x_test = x_test / 255

# データ拡張
generator = ImageDataGenerator(
            rotation_range=0.2,
            width_shift_range=0.2,
            height_shift_range=0.2,
            shear_range=10,
            zoom_range=0.2,
            horizontal_flip=True)
generator.fit(x_train)

# 訓練
history = model.fit(generator.flow(x_train, t_train, ➡
batch_size=batch_size),
                    epochs=epochs,
                    validation_data=(x_test, t_test))
```

Out

```
Epoch 1/20
/usr/local/lib/python3.10/dist-packages/keras/src/➡
trainers/data_adapters/py_dataset_adapter.py:121: ➡
UserWarning: Your `PyDataset` class should call ➡
`super().__init__(**kwargs)` in its constructor. ➡
`**kwargs` can include `workers`, ➡
```

12.3

ファインチューニングの実装

```
`use_multiprocessing`, `max_queue_size`. Do not pass ➡
these arguments to `fit()`, as they will be ignored.
  self._warn_if_super_not_called()
313/313 ——————————————— ➡
26s 59ms/step – accuracy: 0.8055 – loss: 0.4992 ➡
– val_accuracy: 0.9695 – val_loss: 0.0874
Epoch 2/20
313/313 ——————————————— ➡
13s 40ms/step – accuracy: 0.9441 – loss: 0.1568 ➡
– val_accuracy: 0.9700 – val_loss: 0.0862
Epoch 3/20
313/313 ——————————————— ➡
12s 39ms/step – accuracy: 0.9634 – loss: 0.1108 ➡
– val_accuracy: 0.9760 – val_loss: 0.0823
(…略…)
Epoch 18/20
313/313 ——————————————— ➡
12s 39ms/step – accuracy: 0.9797 – loss: 0.0559 ➡
– val_accuracy: 0.9805 – val_loss: 0.0572
Epoch 19/20
313/313 ——————————————— ➡
12s 39ms/step – accuracy: 0.9794 – loss: 0.0515 ➡
– val_accuracy: 0.9875 – val_loss: 0.0474
Epoch 20/20
313/313 ——————————————— ➡
13s 40ms/step – accuracy: 0.9821 – loss: 0.0550 ➡
– val_accuracy: 0.9845 – val_loss: 0.0565
```

　訓練するパラメータの数が増えるので、転移学習の際よりも学習に時間がかかります。

12-3-6 学習の推移

historyを使って、学習の推移を確認します（**リスト12.12**）。

リスト12.12 学習の推移を表示する

```python
import matplotlib.pyplot as plt

train_loss = history.history['loss']  ➡
# 訓練用データの誤差
train_acc = history.history['accuracy']  ➡
# 訓練用データの精度
val_loss = history.history['val_loss']  ➡
# 検証用データの誤差
val_acc = history.history['val_accuracy']  ➡
# 検証用データの精度

plt.plot(np.arange(len(train_loss)), train_loss,  ➡
label='loss')
plt.plot(np.arange(len(val_loss)), val_loss,  ➡
label='val_loss')
plt.legend()
plt.show()

plt.plot(np.arange(len(train_acc)), train_acc,  ➡
label='acc')
plt.plot(np.arange(len(val_acc)), val_acc,  ➡
label='val_acc')
plt.legend()
plt.show()
```

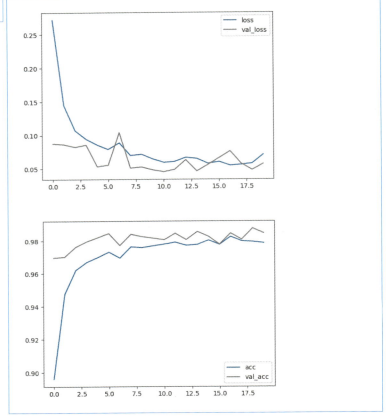

　学習とともに精度は98%程度に近づいており、転移学習の際よりも高い精度で飛行機と自動車を分類できているようです。学習済みモデルの一部、及び追加した層に対して訓練を行うことで、特定のタスクにより特化した学習が可能になります。

12.4　演習

　転移学習もしくはファインチューニングのコードを書いて、カエルの画像と船の画像を識別しましょう。

12.4.1 各設定

必要なモジュールのインポート、最適化アルゴリズムの設定、及び各定数の設定を行います（リスト12.13）。転移学習の際と同じくCIFAR-10の画像をサイズを2倍にして使うので、画像の幅と高さは64、チャンネル数は3に設定します。

リスト12.13 各設定

```
import numpy as np
import matplotlib.pyplot as plt

from tensorflow.keras.models import Sequential
from tensorflow.keras.layers import Dense, Dropout, ➡
Activation, Flatten
from tensorflow.keras.optimizers import Adam

optimizer = Adam()

img_size = 64  # 画像の幅と高さ
n_channel = 3  # チャンネル数
n_mid = 256  # 中間層のニューロン数

batch_size = 32
epochs = 20
```

12.4.2 VGG16の導入

ImageNetを使って訓練済みのモデル、VGG16を`keras.applications`から導入します（リスト12.14）。

- VGG16
  URL https://keras.io/ja/applications/#vgg16

リスト12.14 VGG16の導入

```
from tensorflow.keras.applications import VGG16


model_vgg16 = VGG16(weights="imagenet",  ➡
# ImageNetで学習したパラメータを使用
                    include_top=False,  # 全結合層を含まない
                    input_shape=(img_size, img_size,  ➡
n_channel))  # 入力の形状
model_vgg16.summary()
```

12 4 3 CIFAR-10

Kerasを使い、CIFAR-10を読み込みます。ここではこのうちカエルと船の画像のみを使い、画像がカエルか船かを判定できるように訓練します。

リスト12.15 のコードでは、CIFAR-10を読み込み、ランダムな25枚の画像を表示します。元の画像サイズは32×32なのですが、VGG16の入力は48×48以上のサイズである必要があるため、NumPyの **repeat()** 関数によりサイズを2倍に調整します。

リスト12.15 CIFAR-10の読み込み

```
from tensorflow.keras.datasets import cifar10


(x_train, t_train), (x_test, t_test) = ➡
cifar10.load_data()


# インデックスが6と8のデータのみ取り出す
cifar10_labels = np.array(["airplane", "automobile",  ➡
"bird", "cat", "deer",
                            "dog", "frog", "horse",  ➡
"ship", "truck"])
t1, t2 = 6, 8  # frogとship
t_train = t_train.reshape(-1)
t_test = t_test.reshape(-1)
```

```python
mask_train = np.logical_or(t_train==t1, t_train==t2)  ➡
# 6と8のみTrue
x_train = x_train[mask_train]
t_train = t_train[mask_train]
mask_test = np.logical_or(t_test==t1, t_test==t2)  ➡
# 6と8のみTrue
x_test = x_test[mask_test]
t_test = t_test[mask_test]

# 画像を拡大
print("Original size:", x_train.shape)
x_train = x_train.repeat(2, axis=1).repeat(2, axis=2)
x_test = x_test.repeat(2, axis=1).repeat(2, axis=2)
print("Input size:", x_train.shape)

n_image = 25
rand_idx = np.random.randint(0, len(x_train), n_image)
plt.figure(figsize=(10,10))  # 画像の表示サイズ
for i in range(n_image):
    cifar_img=plt.subplot(5,5,i+1)
    plt.imshow(x_train[rand_idx[i]])
    label = cifar10_labels[t_train[rand_idx[i]]]
    plt.title(label)
    plt.tick_params(labelbottom=False, labelleft=➡
False, bottom=False, left=False)  # ラベルと目盛りを非表示に

# 正解を0もしくは1に
t_train[t_train==t1] = 0  # frog
t_train[t_train==t2] = 1  # ship
t_test[t_test==t1] = 0  # frog
t_test[t_test==t2] = 1  # ship
```

12-4-4 モデルの構築

転移学習、もしくはファインチューニングのモデルを構築しましょう。
リスト12.16 の指定した範囲にコードを記述して、転移学習、もしくはファイン
チューニングが行われるようにしましょう。

リスト12.16 モデルの構築

```
model = Sequential()
model.add(model_vgg16)

model.add(Flatten())  # 1次元の配列に変換
model.add(Dense(n_mid))
model.add(Activation("relu"))
model.add(Dropout(0.5))  # ドロップアウト
model.add(Dense(1))
model.add(Activation("sigmoid"))

# 以下にコードを追記する
# ----------------- ここから -----------------




# ----------------- ここまで -----------------

model.compile(optimizer=Adam(), ➡
loss="binary_crossentropy", metrics=["accuracy"])
```

 学習

モデルを訓練します（リスト12.17）。学習には時間がかかりますので、Google Colaboratoryのメニューから「編集」→「ノートブックの設定」の「ハードウェアアクセラレータ」で「T4 GPU」を選択しましょう。

リスト12.17 学習

```python
from tensorflow.keras.preprocessing.image import ImageDataGenerator

x_train = x_train / 255  # 0から1の範囲に収める
x_test = x_test / 255

# データ拡張
generator = ImageDataGenerator(
            rotation_range=0.2,
            width_shift_range=0.2,
            height_shift_range=0.2,
            shear_range=10,
            zoom_range=0.2,
            horizontal_flip=True)
generator.fit(x_train)

# 訓練
history = model.fit(generator.flow(x_train, t_train, batch_size=batch_size),
                    epochs=epochs,
                    validation_data=(x_test, t_test))
```

12 4 6 学習の推移

history を使って、学習の推移を確認します（ リスト12.18 ）。

リスト12.18 学習の推移の確認

```
import matplotlib.pyplot as plt

train_loss = history.history['loss']   # 訓練用データの誤差
train_acc = history.history['accuracy']  ➡
# 訓練用データの精度
val_loss = history.history['val_loss']   # 検証用データの誤差
val_acc = history.history['val_accuracy']  ➡
# 検証用データの精度

plt.plot(np.arange(len(train_loss)), train_loss,  ➡
label='loss')
plt.plot(np.arange(len(val_loss)), val_loss,  ➡
label='val_loss')
plt.legend()
plt.show()

plt.plot(np.arange(len(train_acc)), train_acc,  ➡
label='acc')
plt.plot(np.arange(len(val_acc)), val_acc,  ➡
label='val_acc')
plt.legend()
plt.show()
```

12.5 解答例

リスト12.19 は転移学習の解答例です。 リスト12.20 はファインチューニングの解答例です。

12 5 1 転移学習

転移学習の解答例です（ リスト12.19 ）。

リスト12.19 転移学習の解答例

```
In
model = Sequential()
model.add(model_vgg16)

model.add(Flatten())  # 1次元の配列に変換
model.add(Dense(n_mid))
model.add(Activation("relu"))
model.add(Dropout(0.5))  # ドロップアウト
model.add(Dense(1))
model.add(Activation("sigmoid"))

# 以下にコードを追記する
# ----------------- ここから -----------------
model_vgg16.trainable = False
# ----------------- ここまで -----------------

model.compile(optimizer=Adam(), ➡
loss="binary_crossentropy", metrics=["accuracy"])
```

12 5 2 ファインチューニング

ファインチューニングの解答例です（ リスト12.20 ）。

リスト12.20 ファインチューニングの解答例

```
In
model = Sequential()
model.add(model_vgg16)

model.add(Flatten())  # 1次元の配列に変換
model.add(Dense(n_mid))
model.add(Activation("relu"))
```

```python
model.add(Dropout(0.5))  # ドロップアウト
model.add(Dense(1))
model.add(Activation("sigmoid"))


# 以下にコードを追記する
# ---------------- ここから ----------------
for layer in model_vgg16.layers:
    if layer.name.startswith("block5_conv"):
        layer.trainable = True
    else:
        layer.trainable = False
# ---------------- ここまで ----------------


model.compile(optimizer=Adam(), ➡
loss="binary_crossentropy", metrics=["accuracy"])
```

12.6 Chapter12のまとめ

　本チャプターは、転移学習の概要の解説から始まりました。その上で、転移学習及びファインチューニングの実装を行いました。多数のパラメータを持つ訓練済みのモデルを活用することで、特定のタスク用のモデルを効率的に訓練することができました。

　転移学習、ファインチューニングは応用範囲が広く実用的なテクニックです。今後、様々な分野で転移学習が活用されていくのではないでしょうか。

Appendix さらに学びたい方の ために

本書の最後に、さらに学びたい方へ有用な情報を提供します。

AP.1 さらに学びたい方のために

さらに学びたい方へ向けて有用な情報を提供します。

AP 1 1 コミュニティ「自由研究室 AIRS-Lab」

「AI」をテーマに交流し、創造するWeb上のコミュニティ「自由研究室 AIRS-Lab」を開設しました。

メンバーにはUdemy新コースの無料提供、毎月のイベントへの参加、Slackコミュニティへの参加などの特典があります。

- 自由研究室 AIRS-Lab
  URL https://www.airs-lab.jp/

AP 1 2 著書

著者の他の著書を紹介します。

『生成AIプロンプトエンジニアリング入門 ChatGPT と Midjourney で学ぶ基本的な手法』（翔泳社）

URL https://www.shoeisha.co.jp/book/detail/9784798181981

生成AIを利用したプロンプトエンジニアリングの実践手法について解説した書籍です。生成AIの概要と基本的な利用手法から始まり、文章生成AIや画像生成AIを利用したコンテンツ生成の基本的な手法を解説します。最終章では今後の生成AIの展望についても触れています。

『BERT実践入門 PyTorch + Google Colaboratory で学ぶあたらしい自然言語処理技術』（翔泳社）

URL https://www.shoeisha.co.jp/book/detail/9784798177816

PyTorchとGoogle Colaboratoryの環境を利用して、ライブラリTransformersを使った大規模言語モデルBERTの実装方法を解説します。

Attention、Transformerといった自然言語処理技術をベースに、BERTの仕組みや実装方法についてサンプルを元に解説します。

『PyTorchで作る！深層学習モデル・AIアプリ開発入門』（翔泳社）

URL https://www.shoeisha.co.jp/book/detail/9784798173399

PyTorchを使い、CNNによる画像認識、RNNによる時系列データ処理、深層学習モデルを利用したAIアプリの構築方法を学ぶことができます。

本書でPyTorchを利用した深層学習のモデルの構築からアプリへの実装までできるようになります。

『あたらしい脳科学と人工知能の教科書』（翔泳社）

URL https://www.shoeisha.co.jp/book/detail/9784798164953

本書は脳と人工知能のそれぞれの概要から始まり、脳の各部位と機能を解説した上で、人工知能の様々なアルゴリズムとの接点をわかりやすく解説します。

脳と人工知能の、類似点と相違点を学ぶことができますが、後半の章では「意識の謎」にまで踏み込みます。

『Pythonで動かして学ぶ！あたらしい数学の教科書 機械学習・深層学習に必要な基礎知識』（翔泳社）

URL https://www.shoeisha.co.jp/book/detail/9784798161174

この書籍は、AI向けの数学をプログラミング言語Pythonと共に基礎から解説していきます。手を動かしながら体験ベースで学ぶので、AIを学びたいけど数学に敷居の高さを感じる方に特にお薦めです。線形代数、確率、統計/微分といった数学の基礎知識をコードと共にわかりやすく解説します。

『はじめてのディープラーニング -Pythonで学ぶニューラルネットワークとバックプロパゲーション -』（SBクリエイティブ）

URL https://www.sbcr.jp/product/4797396812/

この書籍では、知能とは何か？ から始めて、少しずつディープラーニングを構築していきます。人工知能の背景知識と、実際の構築方法をバランス良く学んでいきます。TensorFlowやPyTorchなどのフレームワークを使用しないので、ディープラーニング、人工知能についての汎用的なスキルが身に付きます。

『はじめてのディープラーニング2-Pythonで実装する再帰型ニューラルネットワーク, VAE, GAN-』（SBクリエイティブ）

URL https://www.sbcr.jp/product/4815605582/

本作では自然言語処理の分野で有用な再帰型ニューラルネットワーク（RNN）と、生成モデルであるVAE（Variational Autoencoder）とGAN（Generative Adversarial Networks）について、数式からコードへとシームレスに実装します。実装は前著を踏襲してPython、NumPyのみで行い、既存のフレームワークに頼りません。

AP-1-3 News! AIRS-Lab

AIの話題、講義動画、Udemyコース割引などのコンテンツを毎週配信しています。

• note：我妻幸長
  URL https://note.com/yuky_az

AP-1-4 YouTubeチャンネル「AI教室 AIRS-Lab」

著者のYouTubeチャンネル「AI教室 AIRS-Lab」では、無料の講座が多数公開されています。また、毎週月曜日、21時から人工知能関連の技術を扱うライブ講義が開催されています。

• AI教室 AIRS-Lab
  URL https://www.youtube.com/channel/UCT_HwlT8bgYrpKrEvw0jH7Q

AP-1-5 オンライン講座

著者は、Udemyでオンライン講座を多数展開しています。AI関連のテクノロジーについてさらに詳しく学びたい方は、ぜひご活用ください。

• Udemy：講師　我妻 幸長 Yukinaga Azuma
  URL https://www.udemy.com/user/wo-qi-xing-chang/

AP・1・6 著者のX/Instagramアカウント

著者のX/Instagramアカウントです。様々なAI関連情報を発信していますので、ぜひフォローしてください。

・X

URL https://x.com/yuky_az

・Instagram

URL https://www.instagram.com/yuky_az/

おわりに

『Google Colaboratoryで学ぶ！あたらしい人工知能技術の教科書 第2版』を最後まで読んでいただきありがとうございました。

AIは我々をサポートする重要な技術になりつつあり、AIを学ぶことは実務、教養を含む様々な視点でとても意義のあることです。本書の目的は、このようなAI技術をスムーズに学べる機会を提供し、可能な限り多くの方がAIを学ぶことの恩恵を受けられるようにすることでした。本書により、AIを馴染みのある技術に感じることができるようになったのであれば、著者としてうれしい限りです。

本書は、Udemyの私が講師を務める講座「AIパーフェクトマスター講座-Google Colaboratoryで隅々まで学ぶ実用的な人工知能／機械学習-」をベースにしています。この講座の運用の経験なしに、本書を執筆することは非常に難しかったと思います。講座をいつも支えていただいているUdemyスタッフの皆様に、この場を借りて感謝を申し上げます。また、受講生の皆様からいただいた多くのフィードバックは、本書を執筆する上で大いに役に立ちました。講座の受講生の皆様にも、感謝を申し上げます。

また、翔泳社の宮腰様には、本書を執筆するきっかけを与えていただいた上、完成へ向けて多大なるご尽力をいただきました。改めてお礼を申し上げます。本書の第1版を執筆するにあたり資料の整理を手伝ってくれた元NTTデータのデータサイエンティスト、柏田祐樹さんにも感謝を申し上げます。

皆様の今後の人生において、本書の内容が何らかの形でお役に立てれば著者としてうれしい限りです。

それでは、またお会いしましょう。

2024年9月吉日
我妻幸長

INDEX

記号・数字

_ _call_ _()メソッド	056
_ _init_ _()メソッド	054
ε-greedy法	393
12時間ルール	029
2次元配列	138
2層間の順伝播	145
3次関数の描画	087
3次元	063
3次元モデリング技術	016
90分ルール	029

A/B/C

a_func()関数	069
action	388
Activation	102
AdaGrad	175
Adam	176
Adaptive moment estimation	176
add()メソッド	054, 101
AI	385
AI技術	003
AlphaGo	015, 019
Anthropic	002
array()関数	062
Artificial Intelligence	008
Artificial Neural Network	094
Artificial Neuron	094
as	062
ave_reward	419
average	070
AveRooms	183
batch	171
BatchNormalizationクラス	381
BERT	014
beta-VAE	351
block5	444
Brainクラス	402, 421, 426
CalcNextクラス	055, 056
Calcクラス	055
Cart Pole問題	385, 396, 397
Cartの位置	396
Cartの速度	396
chain rule	151
ChatGPT	002, 020, 119, 428
CIFAR-10	241, 432, 434, 443, 450
Claude	002
Claude 3	020
CNN	002, 109, 217, 218, 219, 241
CNNのモデル	257
CNTK	098
col2im	227, 230
Colab Notebooks	024
concat()メソッド	080

D/E/F

DALL-E	119
DALL-E 2	020
DataFrame	080, 083
DCGAN	357
Decoder	314, 348
Deep Convolutional GAN	357
Deep Q-Network	394, 398, 399
Deep Q-Networkの学習	395
DeepMind社	015
def	051
Dense	102
Dense()関数	101
DESCR	183
describe()メソッド	083
Discriminator	355, 356, 357, 362, 366, 367, 377, 383
divide()メソッド	055
DQN	394, 408, 411, 428
Dummy VecEnv	414
dot()関数	141, 147
dying ReLU	365
Encoder	314
End of Sentence	315
EOS	315
epoch	171
evaluate	107
exp()関数	121
Experience Replay	410
Fashion-MNIST	352
fine tuning	431
fit	103
fit()メソッド	206, 309
Fixed Target Q-Network	410
Forget gate	284
for文	049, 227
Func Animation()関数	405

G/H/I

GAN	004, 355, 356, 358, 364, 369, 383
Gemini	002
Generative Pre-trained Transformer	014
Generator	355, 356, 362, 366, 367, 368, 377, 383
get_action()メソッド	402
GitHub	038
Google Colaboratory	002, 003, 023, 035
GoogLeNet	111
Googleアカウント	024
Googleドライブ	059
GPT	014
GPT-4	020
GPU	023, 028, 030
gradient descent	157
Graphics Processing Unit	031
GRU	004, 271, 293, 294
GRU層	296
Gymnasium	411
head()メソッド	082
history	106, 249, 439, 445, 454
if文	048
iloc()メソッド	084
ILSVRC	019
im2col	217, 227, 228, 229, 233
ImageDataGenerator()関数	251, 259
ImageNet	431
import	062
imshow()関数	076
index	078
Input gate	285

J/K/L

Keras	003, 097, 288, 341, 383, 443, 450
keras.applications	449
k平均法	010, 181, 191, 196
L2ノルム	274
Lambda Callback	308
Latitude	183
Leaky ReLU	365
linear_model.LinearRegression()関数	186
linspace()関数	072, 073
load_model	109
loc()メソッド	083, 085
log()関数	122, 156
Long Short Term Memory	282
LSTM	004, 271, 274, 282, 288
LSTM層	296
LunarLander	411
LunarLander-v2	411

M/N/O

main-network	410
matplotlib	041
matplotlibのインポート	072
matplotlibの基礎	071
max	070
max()関数	240
max()メソッド	083
MaxPooling2D()関数	244
Maxプーリング	224, 228
mean area	208
mean radius	208
Mean Squared Error	188
mean()メソッド	083

INDEX

Memory cell 285
Midjourney 002, 020
min 070
MNIST 331, 363
Modelクラス 333
Momentum 175
MSE 188
multiply()メソッド 054
n_learn 364
Natural Language Processing
.... 014, 313
NLP 014, 313
np 062
NumPy 041
NumPyの基礎 062
NumPyの配列 062
one-hot表現 099, 243, 304
OpenAI 020
OpenAI Gym 411, 414
Optimizer 174
Output gate 284

P/Q/R

pairplot()関数 204, 214
pandas 041
pandasの基礎 077
petal length 191
petal width 191
Petalica Paint 380
pix2pix 379
plot 073
Poleの角速度 396
Poleの角度 396
policy 388, 390
predict()メソッド 108
pyplot 072
Python 002, 041, 042
PyTorch 351
Q-Table 391, 392, 394, 428
Q学習 391
Q値 391, 392, 421
Reinforcement Learning from
    Human Feedback 428
ReLU 129
Reparameterization Trick
.... 327
repeat()関数 450
repeat()メソッド 434
Reset gate 293
reshape 087
reshape()メソッド 066, 067
return_sequences 277
reward 388, 389
RLHF 428
RMSProp 176
RNN 002, 271, 273, 317
RNNベース 014

S/T/U

SARSA 393, 421, 426
save 109
scatter()関数 075
scikit-learn 098, 181

seaborn 204
Self-Attention 014
sepal length 191
sepal width 191
Seq2Seq 314
sequence 314
Sequential 102
Sequential()関数 101
Series 078
SGD 174
shape 066, 082
show 073
SimpleRNN 288
SimpleRNN()関数 276
SimpleRNN層 296
sin()関数 274, 280, 286,
                 291, 294, 299
sort_values()メソッド 086
square()関数 154
square_sum()関数 154
StabilityAI 002
Stable Baselines 413, 414
Stable Diffusion 002, 020
StandardScaler()関数
.... 205, 215
state 388, 389
Stochastic Gradient Descent
.... 174
StyleGAN2 379
subtract()メソッド 055
sum 070
sum()関数
.... 120, 132, 154, 156
SVM 205
T4 GPU 033
tail()メソッド 082
tanh 128, 285
tanh()関数 128
target-network 410
Tensor Processing Unit ... 031
TensorFlow 098
tf.keras 098
Theano 098
TL 430
TPU 028, 030, 031
train()メソッド 402, 422
train_test_split()関数
.... 101, 185
Transfer Learning 430
Transformer 011
Transformerアーキテクチャ
.... 014
Update gate 293

V/W/X/Y/Z

VAE 004, 323, 325, 338,
            349, 350, 354
validation_split 278
Variational Autoencoder
.... 325
Vector Quantised-VAE 351
VGG16 .... 432, 441
VQ-VAE-2 351

where()関数 126, 130
while文 050
with構文 057, 061
y速度 404

あ

青空文庫 301
アダマール積 141
アップロード 061
アニメーション 405, 424
アラン・チューリング 018
アルコール濃度 200
アルゴリズム 006, 428
異常検知 016
一次視覚野 218
遺伝的アルゴリズム 009
緯度 183
医療データ 013
インスタンス 023, 028, 054
インデックス 068, 304
エージェント 385, 386, 392,
                 399, 400, 406
エージェントのクラス ... 403, 423
エキスパートシステム .. 009, 019
エピソード 415
エポック 171, 173, 300
エポック数 103, 364
演算 139
演算子 044
オートエンコーダ ... 323, 326,
             331, 332, 338, 354
オープンソース 042
重み . 094, 124, 159, 161, 167
重みの勾配 161, 167, 170
音声 011
音声アシスタント 014, 314
音声合成 002, 011
オンライン学習 173

か

回帰 181, 182
学習の推移 439, 454
顔認証 013, 251, 437
回帰直線 188
拡散モデル 383
確率分布 361
学習 103, 116, 246, 259,
         268, 278, 290, 297,
         320, 335, 344, 369,
         437, 445, 452, 453
学習回数 364
学習係数 421
学習済みモデル 280, 430
学習の推移 106, 116, 249,
         262, 269, 280, 290, 298,
         312, 439, 447, 454
拡大率 255
がくの長さ 191
がくの幅 191
確率的勾配降下法 174
確率・統計 002
可視化 346
画像 011

画像サイズ	225
画像生成AI	002
画像データセット	431
画像認識	009, 013
画像認識技術	013
画像の生成	348
画像分類	004
画像編集	011
画像や動画を扱う	011
型	042
活性化関数	094, 102, 119, 124, 125, 147, 170, 366
花弁の長さ	191
花弁の幅	191
カリフォルニア住宅価格	191
環境のクラス	405, 424
関数	051
記憶セル	283, 321
機械学習	008, 009, 181
期待値	361
逆伝播	119, 133, 135, 395
強化学習	002, 003, 010, 016, 385, 386
教師あり学習	016
教師強制	315
教師データ	012
教師なし学習	016
行列	136, 137, 145
行列積	136, 139, 230
クラス	054
クラスタリング	326
クラスの継承	055
グラフの装飾	074
グラフの描画	073
グローバル変数	052
群知能	009
訓練済みモデル	107
訓練済みモデルの評価	107
訓練用データ	091, 101, 207, 274, 286, 294, 331, 363
形状の変換	066
ゲート	321
ゲーム	015
ゲームで活躍するAI	011
結合荷重	094
月面着陸船	412
月面着陸船の制御	385, 413
交差エントロピー誤差	155, 165
更新ゲート	293
合成関数	150
行動	388, 421
恒等関数	130, 164
勾配	119, 158, 159, 274
勾配クリッピング	274
勾配降下法	119, 157
勾配消失	274
コーディング	015
コードスニペット	037
コードセル	025
誤差	096, 106, 107, 376
誤差の推移	280
言葉を扱う	011
コメント	043

さ	
再帰	111, 272
再帰型ニューラルネットワーク	004, 110, 271, 272
再構成誤差	329
最適化アルゴリズム	174, 441
サインカーブ	280, 321
サポートベクターマシン	010, 181, 199, 208
産業上の応用	011
算術演算子	044
散布図	075
サンプリング	378
シアー強度	255
ジェフリー・ヒントン	019
視覚	218
しきい値	274
識別モデル	324
軸索端末	093
シグマ	120, 125
シグモイド関数	127, 170, 283, 294, 360, 366
時系列データ	292
自己注意機構	014
辞書	047
指数関数	019
自然言語処理	014, 271, 313
自然対数	122
自然対数log	122
実行時間	035
シナプス	093
ジャンプ	404
重回帰	182
シューティングゲーム	015
自由落下	404
樹状突起	124
主成分分析	016
出力	096
出力画像	338
出力ゲート	283, 284
出力層	111, 119, 134, 159, 161, 272, 341
出力層の勾配	160
順伝播	119, 133, 135
少数精鋭	031
小説の執筆	314
状態	388, 389, 421
ジョン・マッカーシー	018
人海戦術	031
シンギュラリティ	019
神経細胞	092
神経細胞のモデル化	123
人工知能	002, 003, 007, 385
人工知能の歴史	017
人工ニューロン	094
深層強化学習	385, 394
垂直方向	254
水平方向	253
水門	283
数学	002
数式	124
スーパーコンピュータ	009
スカラー	136

スクラッチコードセル	036
ステップ関数	126
ストライド	220, 226
スパムフィルタ	314
スパムメールの自動判別	014
スペースインベーダー	387
スポーツ	012
正解	096
正解データ	099, 107
正解ラベル	357, 369
正解率	106, 376
正規表現	303, 316
生成AI	002, 011
生成結果	337
生成モデル	002, 324
正則化項	329
精度	106, 270, 376
セッション	023, 028
セッションの管理	029
セット	047
説明変数	182, 214
ゼロパディング	225
線形サポートベクターマシン	199
線形代数	002, 119
全結合層	101, 110, 219, 220
潜在空間	326, 329, 346, 354
潜在変数	341, 348, 349
全微分	152
層	101
層間の計算	144
層の分類	135
総和	120
ソフトマックス関数	131, 165
損失関数	119, 154, 341
た	
第1次AIブーム	017
第3次AIブーム	017, 019
大規模画像認識コンペティションILSVRC	113
大規模言語モデル	002, 011
対数	122
第2次AIブーム	017, 019
第4次AIブーム	017, 020
対話システム	314
対話文コーパス	315
畳み込み	217, 221, 236
畳み込み層	110, 219, 221
畳み込みニューラルネットワーク	004, 013, 109, 217, 218, 220
縦ベクトル	137
タプル	045
単一ニューロン	123, 124
単回帰	182, 186
探索	393
単純型細胞	218
チャンネル	230
チャンネル数	222
中間層	111, 119, 134, 159, 167, 272, 337, 338, 365, 366
中間層の勾配	167

超平面 199
著作権 011
ディープラーニング 002, 004,
　　007, 008, 010, 013, 091,
　　092, 096, 119, 385
データ拡張 217, 251
データセット 182
データセットの読み込み
　　.............................. 191, 266
データとラベル 078
データの特徴 082
データの前処理 099
データ分析 077
手書き文字 363
テキスト 011
テキストデータ 011
テキストファイル 058
敵対的生成ネットワーク 355
テスト用データ
　　.... 091, 101, 207, 250, 263
転移学習 ... 004, 429, 430, 431
伝達効率 094
転置 143
動画 011
動画作成 002, 011
動画表示用の関数 416
導関数 148
動作制御 387
特化型人工知能 009
トレードオフ 393
ドロップアウト 251, 267

な

内包表記 050
二乗和誤差 154, 164
偽情報の拡散 011
偽データ 357
偽物のデータ 360
ニューラルネットワーク
　　............ 010, 018, 091, 095,
　　109, 133, 398
ニューラルネットワークベース
　　..................................... 009
入力ゲート 285
入力層 111, 134, 159, 272
入力データ 107
入力の勾配 163, 167, 170
入力の標準化 099
ニューロン 119, 124, 125,
　　145, 146, 341
ニューロン数 366
人間のフィードバックによる強化学習
　　..................................... 428
ネイピア数 e 121
ネイピア数 153
ノイズ
　　.... 276, 326, 358, 361, 368
ノートブック 023
ノンプレイヤーキャラクター
　　.............................. 002, 015

は

パーセプトロン 018
ハードウェアの進化 015
バイアス 094, 124, 125, 146,
　　159, 161, 167, 274
バイアスの勾配 ... 162, 167, 170
ハイパーパラメータ 267, 429
ハイパボリックタンジェント 128
配列形状の操作 087
配列の演算 064
バックプロパゲーション
　　.... 096, 158, 328, 341, 395
バッチ 171
バッチ学習 172
バッチサイズ 172, 342
バッチ正規化 381
パディング 220, 225
パラメータ 172
汎化性能 251
反転 256
汎用人工知能 009
比較演算子 044
ピクセル 221, 222
微分 002, 119, 148
微分の公式 149
評価 263
評価関数 361
標準偏差 099, 205, 341
ファイナンス 016
ファインチューニング
　　.... 429, 431, 440, 454, 456
ファジィ制御 009
フィルタ 221, 222
フィルタ高 230
フィルタ幅 230
プーリング 220
プーリング層
　　.... 110, 219, 220, 224
複雑型細胞 218
複数チャンネル 227
複数バッチ 227
不正検知アルゴリズム 016
ブラックボックス化 017
フランク・ローゼンブラット ... 018
フレームワーク 352
ブロードキャスト 065
分散の対数 342
文章生成用の関数 319
文章の自動生成 011, 300
文脈 272
分類問題 166
平均値 205, 342
平均二乗誤差 188
平均半径 208
平均面積 208
平均の部屋数 183
べき乗 153
ベクトル 136, 146
偏導関数 151
変数 042
変数のスコープ 052
返答文 315
偏微分 151

変分オートエンコーダ 323
変分自己符号化器 325
忘却ゲート 283, 284
方策 388, 390
報酬 388, 389, 412, 421
ボルツマンマシン 113
本物のデータ 360, 361
凡例 074

ま

マージン最大化 199, 200
マービン・ミンスキー 018
前処理 266, 316
マッピング 354
身近なAI 011, 012
ミニバッチ学習 172, 173
ミニバッチ法 410
未来予測 321
目的変数 182
文字のベクトル化 304, 317
文字列 057
モデル 244
モデル化 123
モデルの訓練 418
モデルの結合 367
モデルの構築 004, 101, 114,
　　215, 244, 305, 318, 333,
　　341, 436, 444, 452, 459
モデルの評価 416
モデルの保存 108, 265
モデル評価用の関数 415
問題解決力 005

や

要素 068
横ベクトル 137
予測 108, 264
予測変換 314

ら

ライティング支援 002
ラベル 347
ランタイム 029
ランダム 255
ランプ関数 129
リスト 045, 063
リセットゲート 293
リンゴ酸濃度 200
倫理的な問題 011
ルービックキューブ 387
ループ 050
ループ処理 227
レイ・カーツワイル 019
レコメンド 012
連鎖律 151
ローカル 058
ローカル変数 052

わ

ワインのデータセット 200

著者プロフィール

PROFILE

我妻 幸長（あづま・ゆきなが）

「ヒトとAIの共生」がミッションの会社、SAI-Lab株式会社（ URL https://sai-lab.co.jp）の代表取締役。AI関連の教育と研究開発に従事。

東北大学大学院理学研究科修了。理学博士（物理学）。

法政大学デザイン工学部兼任講師。

Web上のコミュニティ「自由研究室 AIRS-Lab」を主宰。

オンライン教育プラットフォームUdemyで、15万人以上にAIを教える人気講師。複数の有名企業でAI技術を指導。

著書に、『はじめてのディープラーニング』『はじめてのディープラーニング2』（SBクリエイティブ）、『生成AIプロンプトエンジニアリング入門』『Pythonで動かして学ぶ！あたらしい数学の教科書』『あたらしい脳科学と人工知能の教科書』『PyTorchで作る！深層学習モデル・AIアプリ開発入門』『BERT実践入門』（翔泳社）。共著に『No.1スクール講師陣による　世界一受けたいiPhoneアプリ開発の授業』（技術評論社）。

・X
@yuky_az

・SAI-Lab
URL https://sai-lab.co.jp

装丁・本文デザイン	大下 賢一郎
装丁写真	iStock.com/phochi
DTP	株式会社シンクス
校正協力	佐藤 弘文
Special Thanks	柏田 祐樹

Google Colaboratoryで学ぶ！
あたらしい人工知能技術の教科書 第2版
機械学習・深層学習・強化学習で学ぶAIの基礎技術

2024年10月11日　初版第1刷発行

著　者	我妻 幸長（あづま・ゆきなが）
発行人	佐々木 幹夫
発行所	株式会社翔泳社（https://www.shoeisha.co.jp）
印刷・製本	株式会社ワコー

©2024 Yukinaga Azuma

※本書は著作権法上の保護を受けています。本書の一部または全部について（ソフトウェアおよびプログラムを含む）、
株式会社 翔泳社から文書による許諾を得ずに、いかなる方法においても無断で複写、複製することは禁じられています。
※本書へのお問い合わせについては、ivページに記載の内容をお読みください。
※落丁・乱丁の場合はお取替えいたします。03-5362-3705までご連絡ください。

ISBN978-4-7981-8609-2　Printed in Japan